高等职业教育畜牧兽医类专业系列教材

牛羊生产

主编◎赵　玮

NIUYANG

U0338682

北京师范大学出版集团
BEIJING NORMAL UNIVERSITY PUBLISHING GROUP
北京师范大学出版社

图书在版编目(CIP)数据

牛羊生产/赵玮主编.—北京:北京师范大学出版社,2023.1
ISBN 978-7-303-26637-1

Ⅰ.①牛… Ⅱ.①赵… Ⅲ.①养牛学 ②羊-饲养管理
Ⅳ.①S823 ②S826

中国版本图书馆 CIP 数据核字(2021)第 008010 号

图 书 意 见 反 馈　　　gaozhifk@bnupg.com 010-58805079
营 销 中 心 电 话　　　010-58802181　58805532

出版发行:北京师范大学出版社　www.bnupg.com
　　　　　北京市西城区新街口外大街 12-3 号
　　　　　邮政编码:100088
印　　刷:北京天泽润科贸有限公司
经　　销:全国新华书店
开　　本:787 mm×1092 mm　1/16
印　　张:19.75
字　　数:410 千字
版　　次:2021 年 7 月第 1 版
印　　次:2023 年 1 月第 2 次印刷
定　　价:49.80 元

策划编辑:华　珍　周光明　　责任编辑:华　珍　周光明
美术编辑:李向昕　　　　　　　装帧设计:李向昕
责任校对:陈　民　　　　　　　责任印制:赵　龙

本书编审人员

主　　编　赵　玮（黑龙江职业学院）

副 主 编　刘汉玉（黑龙江职业学院）

　　　　　陈晓华（黑龙江职业学院）

参　　编　丁为国（广州优百特科技有限公司）

　　　　　王玉梅（黑龙江职业学院）

　　　　　刘广亮（黑龙江职业学院）

　　　　　邬立刚（黑龙江农业职业技术学院）

　　　　　徐松琪（黑龙江职业学院）

主　　审　丁　威（江苏农林职业技术学院）

内容简介

　　本教材遵循高职学生的认知规律和成果导向教育理念，面向专业培养目标，以典型工作任务为载体，对原学科体系的知识内容进行了工作过程系统化的设计，突出理论知识的应用和实践能力的培养，强调以职业岗位能力培养为核心。

　　本教材将牛羊生产的全过程划分为生产筹划、品种识别及其外貌评定、生产性能及评价、后备牛饲养管理、泌乳牛饲养管理、肉用牛饲养管理、羊的饲养管理和牛羊场运行管理八个项目，每个项目下设若干任务，共设计了49个任务，项目和任务设计紧贴生产实践。书中每个任务都由目标呼应、情境导入、知识链接、任务工单组成。目标呼应紧扣成果蓝图中的专业能力指标和课程目标。在任务工单中，包括准备工作、实施步骤和考核评价。任务工单既是对所学内容的总结，又是学习效果检验，同时还是学生学习的过程性评量。

　　教学建议：本课程总学时为108学时，根据各校地域经济发展状况可有所侧重删减，以完成"任务"为目标，使学生在实际工作情境下进行学习，在完成"任务"学习中培养学生的专业能力和社会能力，做到"教、学、做"结合，理论与实践一体化，激发学生的兴趣与思维，让学生在解决实际问题的过程中享受成功的喜悦，增强自信心。通过学习本教材，学生可具备组织牛羊生产和经营管理的能力。

　　本教材可供高职高专畜牧兽医类专业学生使用，也可供广大牛、羊生产一线工作人员学习参考。

序

    随着畜牧业进入新的发展阶段，新工艺、新技术在生产中广泛应用，企业管理、动物饲养、动物繁育和疾病防治等生产领域对技术技能人才的需求越来越迫切，培养具有扎实畜牧兽医专业知识和较强动物生产实践能力的技术技能人才已成为本专业高职教育教学的紧迫使命。为实现这一人才培养目标，编写紧跟畜牧产业发展趋势和行业人才需求、面向典型岗位职业能力要求的"工单式"教材，已成为职业教育改革的首要任务。

    按《国家职业教育改革实施方案》和教育部《关于组织开展"十三五"职业教育国家规划教材建设工作的通知》相关要求，联合规范化畜牧企业的资深技术人员，引入新型工艺与实用技术，我们编写了本套高职畜牧兽医专业的"工单式"教材。这套教材遵循高职学生的认知规律和成果导向教育理念，面向专业培养目标，以典型工作任务为载体，对原学科体系的知识内容进行了工作过程系统化设计；依据人才需求调查，绘制了以"培养具有参与沟通合作和独立思考能力的终身学习者，具备畜牧兽医专业必备知识和较强动物生产管理实践能力的技术技能人才，成为具有敬业精神和全面发展的负责任公民"为总目标的人才培养蓝图，按蓝图分解能力构成，分科目实现职业能力，保证了专业培养目标能通过典型工作任务与典型学习任务的训练得以实现。

    开发教材是人才培养最为重要的基础工作，而开发优质教材需要丰富的经验，由于作者队伍水平有限，加之时间仓促，本套教材定会有不足之处，欢迎各位专家和读者提出宝贵意见和建议。

前　言

本教材为贯彻落实成果导向教学理念，改变教学方式，推行以学生为主体、教师为主导的教学改革而撰写。我校早在2014年就开始进行了成果导向教学改革，成果导向教学理念要求反向设计原则，认真分析企业用人需求，确定学校培养目标和毕业生应该达到的毕业要求。教材同时结合了"1+X"家庭农场畜禽养殖证书考核项目，探索"岗课赛证"融合的育人模式，重组课程内容。

将习近平新时代中国特色社会主义思想融入教材，挖掘"牛羊生产"课程中的"思政元素"，把"立德树人"作为教育的根本任务，绘制"成果蓝图"：课程目标是养成严谨认真、安全生产的工作态度；专业能力指标是具备遵守畜牧兽医职业规范、爱岗敬业的职业素养。

本教材在开发过程中以学生认知事物的规律为前提，以企业实际工作过程为载体，由教学团队和企业人员共同研讨，突出理论知识的应用和实践能力的培养，强调以职业岗位能力培养为核心，充分体现高等职业教育的应用性、实用性、综合性和先进性。在教学内容选取上进行了大胆的改革与创新，和传统教材相比，删去了与别的课程相重复的牛羊饲料配制、牛羊繁育技术、牛羊产品检验技术等内容，增加了牧场适用的牛羊舍设施设备、奶牛的评分管理、牛羊场运行管理等知识，最终将教材内容确定为8个项目，即生产筹划、品种识别及其外貌评定、生产性能及评价、后备牛饲养管理、泌乳牛饲养管理、肉用牛饲养管理、羊的饲养管理和牛羊场运行管理。每个项目下又设若干任务，共设计了49个任务。

本教材由赵玮担任主编并负责全书的统稿工作，丁威担任主审。本教材具体编写分工如下：项目1的任务1、任务2由邰立刚编写，项目1的任务3～任务8、项目5由赵玮编写，项目2由徐松琪编写，项目3的任务2～任务4、项目4由刘汉玉编写，项目3的任务1、项目6和项目7的任务1由刘广亮编写，项目7的任务2～任务4由王玉梅编写，项目8由陈晓华编写。另外，广州优百特科技有限公司丁为国参与了本书资料搜集、内容设计与定稿工作。

在本教材编写过程中，作者参考了大量文献，收集了大量生产一线的图片和数据，未能一一列出，在此对文献作者及图片、数据提供者一并表示衷心的感谢！

由于编者水平有限，又是第一次尝试开发编写成果导向教材，书中难免存在不足之处，敬请读者批评指正。

编　者

成果蓝图

具有参与沟通合作和独立思考能力的终身学习者
具有必备畜牧兽医专业知识和较强动物生产管理实践能力的技术技能人才
具有敬业精神和全面发展的负责任公民

沟通整合	学习创新	专业技能	问题解决	责任关怀	职业素养
具备主动沟通、积极交流的能力	具备持续学习和信息处理的能力	具备精准应用畜牧兽医专业知识的能力	具备执行畜牧兽医行业标准和实施、分析实验的能力	具备关心时事、承担责任、关爱他人、爱护动物的能力	具备遵守畜牧兽医职业规范、爱岗敬业的职业素养
具备团队协作、尊重多元观点的能力	具备独立思考和基本的创业能力	具备熟练运用专业基本技术、畜牧业设施、设备的能力	具备确认畜牧业生产问题、提出解决方案并执行的能力	具备人文、艺术的基本涵养和保持身心健康的能力	具备职业生涯规划和适应岗位变迁的能力

课程目标	专业能力指标
能依据生产条件确定生产方式及选择生产设施设备	具备熟练选择牛羊场设施设备的能力
能辨别品种、评定外貌及其生产性能 掌握奶牛、肉牛及羊生产中常规饲养管理技术	具备熟练运用专业基本技术、精准应用畜牧兽医专业知识的能力
能应用饲养管理知识评价生产常见问题	具备确认畜牧业生产问题、提出解决方案并执行的能力
能安排牛羊场简单运行	具备执行畜牧兽医行业标准和实施、分析实验的能力
养成严谨认真、安全生产的工作态度	具备遵守畜牧兽医职业规范、爱岗敬业的职业素养

目 录

项目 1

生产筹划

牛羊场的生产筹划是进行养牛、养羊生产的前期准备阶段。筹划工作做得周密与否将直接影响生产投产以后的经济效益、社会效益和生态效益。因此，在实践生产过程中首先要做好牛羊场的筹划工作，为后续生产奠定基础。

任务 1 牛羊场的设计要求

● ● ● ● ● 目标呼应

任务目标	课程教学目标
明确场址选择的原则	
会分析场址选择是否合理	能依据生产条件确定生产方式
说明场区面积与饲养规模的关系	

● ● ● ● ● 情境导入

要想建场，就要设计，而场区选址是设计中的重要一环。场区选址不合理，会给后期的生产带来诸多不便，甚至会影响生产的正常运行以及动物的生产性能。那么，牛羊场在设计时要遵循哪些步骤？场区场址应满足哪些条件？

●●●● 知识链接

一、验证场址是否符合畜牧场选址原则

(一)符合发展规划

要依据城镇建设发展规划、农牧业发展规划、农田基本建设规划和农业产业化发展的政策导向等来规划选址。

(二)面向市场需求

要适应现代养牛业的发展趋势,因地制宜发展奶牛或奶水牛、肉牛、兼用牛,以满足市场对牛乳、牛肉需求,并根据资金、技术、场地和饲料等资源情况确定养殖规模。

要切实掌握市场对羊奶、羊肉、羊毛、羊绒等需求,评估养殖风险,确定养殖方向。

(三)交通通信发达

牛羊场每天都面临着大量的饲料、畜产品、兽药、淘汰个体、粪污等的运进和运出,以及人员的流动。因此,场区的位置应选择在距离饲料生产基地或放牧地较近,交通通信便利的地方,较大的牛场还要有专用道路与主干公路相接。

养殖场要求通信光纤、电缆相应匹配。没有网络,获取外界信息不发达,现代化管理软件也将成为摆设。

(四)利于卫生防疫

要与交通要道、工厂及住宅区保持 500~1 000 m 的距离,并在居民区的下风向,以防牛羊场有害气体和污水等对居民造成侵害,以利防疫及保持环境卫生。要符合兽医卫生和环境卫生的要求,并得到卫生防疫、环境保护等部门审查同意。必须遵循社会公共卫生准则,远离城市或工矿区、化工厂、医院、其他养殖场等易污染场所,在水源地、生态涵养区禁止建设,使养殖场不致成为周围环境的污染源,同时也不受周围环境所污染。

(五)地势高燥平坦

牛羊场地势高燥,避风向阳,地下水位 2 m 以下,平坦稍有缓坡(坡度以 1%~3% 为宜,最大坡度不得超过 20%)。地形要求开阔整齐,以方形最为理想,地形狭长或多角边都不便于场地规划和建筑物布局。场区面积可根据饲养规模、管理方式、饲料储存和加工等确定,同时考虑留有发展余地(如存栏 400 头奶牛场需要 6 hm² 以上的场区面积)。切不可建在低洼或风口处,以免汛期积水,造成排水困难及冬季防寒困难。在山坡地建场,应选择在坡度平缓,向南或向东南倾斜处,以避北方寒风,有利于阳光照射,通风透光。

(六)土质坚实通透

土质以沙壤土为佳,其透水性、保水性好,可防止病原菌、寄生虫卵等生存和繁殖;沙土次之;黏土最差。

(七)饲料资源丰富

牛羊场应尽量选择周边饲料丰富区域,减少饲料运输成本。同时,要求牧场周边具备种植青贮原料的种植地,满足牧场青贮需求。

(八)供电供水方便

水电方便是养殖场必备的前提。牛羊场用水量很大,要有清洁而充足的水源,以保证生活、生产用水。充分利用地下水源,井水、泉水等地下水水量充足,水质良好,且取用方便,设备投资少。切忌在严重缺水或水源严重污染地区建场。水是生命之源,每头奶牛

每天饮水 300～500 L，每只成年羊每天饮水 10 L 左右。

现代化牛场机械挤奶、牛奶冷却、饲料加工、饲喂以及清粪等都需要电力，信息化手段介入、计算机软件运行也同样离不开电，因此，养殖场要建在供电方便的地方，必要时，还需自行配备发电机组。

二、确定生产方向及饲养品种

在决定建场之前，必须充分了解市场需求，调查市场行情，确定所要养殖物种的生产方向及具体品种。生产方向的确定要求遵循以下原则。

(一)自然生态条件适宜

一定的自然生态条件只适宜饲养某种或几种生产方向的牛、羊，在适宜的生态条件下它们才能生长发育和繁殖，并表现出最高的生产性能，获得最好的产品。

(二)满足市场对产品的需求

在确定适宜当地生态条件方向的同时，还应对市场需求进行调查，了解当地需要哪些工业原料、人民生活需要哪些产品、市场容量多大、价格如何、对产品质量有什么具体要求、销售渠道怎样等。

(三)适合的生产条件和技术水平

在确定生产方向时必须根据自身现有和短期内能达到的生产条件和技术要求。生产条件还不具备或不能解决的技术关键问题，勉强发展必然适得其反。

奶牛，是以获得牛奶为最终目的的乳用家畜。奶牛饲养周期长，资金回笼慢，建设成本高，饲养中易应激，对环境要求严格。目前我国饲养的主要品种有荷斯坦牛和娟姗牛。

肉牛，是以生产量多、质优的牛肉为目的家畜。相对于奶牛，肉牛饲养管理环节简单，投资少，见效快。生产中包括繁殖母牛群和商品肉牛群两种饲养类型。目前我国饲养的主要品种包括安格斯牛、和牛、夏洛莱牛、西门塔尔牛等，以及这些品种和中国黄牛杂交改良的后代。

羊，可以分为绵羊和山羊。羊依据生产方向的不同，又可分为肉用羊、乳用羊、毛用羊、绒用羊、皮用羊等。养殖羊，首先要确定生产方向，进而选择羊的品种，综合评量品种的生产性能、养殖地的适应性及经济效益。

三、确定饲养规模

养殖场规模的确定，必须综合考虑市场需求、技术水平、投资能力等诸多方面因素。牧场的规模通常以饲养头数(即存栏头数)计算，肉用牛羊场则以繁殖母畜数进行统计。

(一)饲养规模制约因素

养殖场规模大小是场区规划与设计的重要依据，制约规模大小的因素如下。

1. 自然资源

自然资源包括饲草饲料资源、土地资源、水电资源以及气候和地理条件。其中，饲草饲料资源是影响饲养规模的主要制约因素。

以奶牛场为例，一般每头奶牛每天需要 3～7 kg 的精饲料、20 kg 左右的青贮饲料、4 kg 左右的干草。传统养殖模式中，匹配饲料占地要求每头牛大于 1 亩(1 亩＝666.67 m²)。生态环境对饲养规模也有很大影响，还要综合考虑周边土地消纳养殖场粪便的能力，如果土地承载不了这么多的粪便，就要考虑其他的粪便处理形式。

2. 资金情况

牛羊生产所需资金较多，资金周转时期长，报酬率低。如果资金雄厚，规模可相应扩大。

牛羊场内的设施设备性能不同，价格差距较大，一套挤奶杯组价格是 3 000～60 000 元，一般奶牛场每头牛的固定设施设备投资为 1 万～10 万元。资金投入要量力而行，留有一定数量的流动资金进行周转，以维持牛羊场的正常运行。

3. 经营管理水平

社会经济条件的好坏，社会化服务程度的高低，价格体系的健全与否，以及价格政策的稳定性、国家对畜牧场的扶持政策等，都对饲养规模有一定的制约作用，在确定饲养规模时，均应予以考虑。

4. 场地面积

生产、管理、职工生活及其他附属建筑等均需要一定场地、空间。规模大小可根据每头牛、羊所需面积，结合长远规划估算出来。畜舍及其他房舍的面积一般占场地总面积的 15%～20%。由于畜体大小、生产目的、饲养方式等不同，每头牛、羊占用的畜舍面积也不一样。奶牛场，要求每头牛占地面积为 60 m²，也可以按照每头牛 50～120 m² 计算牛场总的占地面积。肉牛繁育场，每头牛占地 25～40 m²，包括了产犊后犊牛的占地空间。育肥场，每头牛占地 5 m²。一般羊场按每只羊占地 15～20 m² 计算，种羊场每只羊占地面积可多一些，商品羊场每只羊占地面积可适当少一些。羊舍建筑按场地总面积的 10%～12% 规划。

(二)牛场规模

1. 奶牛场

奶牛养殖在 200～1 000 头为小规模，2 000～5 000 头为中等规模，5 000 头以上为大规模。奶牛场合理的牛群结构为：犊牛群(0～6 月龄)占整个牛群的 10%，育成牛群(7～15 月龄)占 20%，青年牛群(16～25 月龄)占 15%，成年母牛群占 55%。

2. 肉牛场

一般繁殖母牛场规模在 200～500 头。近年来，出现了越来越多规模在 2 000 头以上的大型肉牛场。

(三)羊场规模

农区和饲料资源不太充足的地区，农户饲养山羊的规模不宜太大，中小型养殖户饲养 30～100 只，养殖大户 100～200 只；牧区养殖大户可达 500～1 500 只。近年来，羊场的规模在不断扩大，大规模的奶山羊场规模都在 10 000 只以上。

对于种羊养殖，适合的羊群结构是：壮年羊(2～5 岁)占整个羊群的 75% 左右，青年羊(0.5～1.5 岁)占 15%～20%，6 岁羊占 10% 以下。若采用人工授精方式，种公羊占繁殖母羊的 0.5%～1%，另外配备 2%～3% 的试情公羊；若采用人工辅助自然交配方式，按每 30～40 只母羊配备 1 只公羊。对于商品羊养殖，其繁殖方式是自繁自养、自然交配。基础羊群的组建：能繁母羊 75% 以上，后备母羊 15%，种公羊 2%～3%。

●●●●● 任务工单

任务名称	牛羊场选址分析		
任务描述	针对牛场(或羊场)的航拍图,进行牛羊场选址合理性的分析,并进行饲养规模与场区面积评价分析,提出合理化建议		
准备工作	1. 收集一个牛场或羊场及其周边环境的航拍图 2. 调查家乡的牛场或羊场及其周边环境,以及牛场或羊场的场区面积及饲养规模		
实施步骤	1. 分析牛场(或羊场)的地形地势、常年主导风向 2. 分析牛场(或羊场)的道路及其周边环境,以及防疫情况 3. 分析牛场(或羊场)的水电情况 4. 分析牛场(或羊场)的饲料情况 5. 分析牛场(或羊场)的场区面积与饲养规模匹配情况		
考核评价	考核内容	评价标准	分值
	分析牛场(或羊场)地形地势、常年主导风向	地形地势分析正确(10分);常年主导风向分析正确(10分)	20分
	分析牛场(或羊场)周边道路及防疫情况	正确分析场区周边道路情况(10分);通过比例尺估计场区和主干道的距离(10分)	20分
	分析牛场(或羊场)的水电情况	正确分析养殖场水的来源(10分);正确分析养殖场电的供应情况,是否有发电装置(10分)	20分
	分析牛场(或羊场)的饲料情况	正确分析场区周边环境是否有农田用以满足牛场(或羊场)青贮或粗饲料的供应(20分)	20分
	分析牛场(或羊场)的场区面积与饲养规模匹配情况	根据饲养物种、生产方式不同,正确分析场区面积和规模匹配度(20分)	20分

任务2　场区规划与布局

●●●● 目标呼应

任务目标	课程教学目标
明确养殖场的规划分区	
明确各功能区的职责	能依据生产条件确定生产方式
能说明生产区内各种舍的分布要求	

●●●● 情境导入

通过本项目任务1的学习，知道了选择场址的重要性。但有了场址后，如何在一片场址上合理地建设建筑物？是否需要分区？如果需要分区，分几个区？各区的职责是什么？各区之间的联系又是什么？

●●●● 知识链接

场区的规划与布局应以经营方针、饲养规模、饲养水平、机械化程度、当地气候条件、地形、交通、水、电等为依据，在满足生产要求和经营管理的前提下，因地制宜、合理布局、统一规划，符合生产实际的需要；各类建筑整齐、紧凑，布局得当，提高土地利用率；饲养管理方便、高效，符合卫生防疫及防火要求；近期建设与长远规划协调一致，为以后的发展留有余地。

对乳牛场的规划与布局一般采用按功能分区规划布局的原则。乳牛场的规模、经营方向不同，按功能划分的区域有所不同。在《无公害食品奶牛饲养管理兽医防疫准则》(NY 5047—2001)中将乳牛场分为"生活和管理区、生产辅助区、生产和饲养区、粪便堆储区及病牛隔离区"，各区相互隔离。运送饲料和生鲜乳的道路与装运牛粪的道路应分设，并尽可能减少交叉点。

一、场区规划

根据地势和风的主导方向，各区的配置如图1-2-1所示。分区规划与布局重点是从卫生防疫角度出发，保证人、畜的健康，同时各区之间要有最佳的生产联系，提高工作效率。

图1-2-1　场区依地势、风向配置示意图
注：___为主风向；↘为坡度。

二、场区布局

(一)生活和管理区

生活和管理区应建在牛场的上风向和地势较高的地段,以便生活、工作和防疫。该区一般建有办公室、财务室、档案室、职工宿舍及接待室等。

该区人员来往频繁,很容易造成疫病传播,所以场外运输与场内运输应严格分开,负责场外运输的车辆严禁进入生产区和饲养区,车棚、车库等要设在该区内。外来办事人员不得进入生产区和饲养区。

(二)生产辅助区

生产辅助区应建在生活和管理区的下风向。此区主要包括精料库、干草棚、青贮窖、生产车库、维修间及配电室等。精料加工生产过程有较大的噪声,要求距牛舍100 m以上。此区应与生活和管理区隔离,以保证饲料的清洁卫生。饲料储备区要根据饲养规模、饲料供应制度确定大小,一般包括精料原料及成品库房、青贮窖(塔)、干草棚。干草棚距牛舍及其他建筑物60 m以上,以利防火。青贮窖(塔)不宜离牛舍太远,以方便取用为目的。

(三)生产和饲养区

生产和饲养区是乳牛场的核心区,为相对独立的单元,应建在生产辅助区的下风向。此区主要包括牛舍、运动场、挤奶厅和人工授精室等。

牛舍应根据牛群的规模、饲养管理方式等进行合理的分群,按群修建牛舍。大型乳牛场的牛舍一般采用分舍建筑,即分为成乳牛舍、产房、犊牛舍、育成牛舍、干乳牛舍等,也有采用部分分舍建筑,即将以上部分牛舍集中建舍;小型乳牛场可建混合牛舍,乳牛饲养农户可根据实际情况灵活建舍。挤奶厅应包括待挤室、准备室、挤奶厅、滞留间、牛奶处理室和储存室等。人工授精室常设有精液处理(储藏)室、输精器械的消毒设备、保定架等。

生产区的布局主要根据挤奶方式和牛群周转的方向确定。采用挤奶厅集中挤奶,第一,应以挤奶厅为中心布局泌乳牛舍,然后依次安排产房(犊牛岛)、干乳牛舍、初孕牛舍、育成牛舍、犊牛舍。为了便于防疫和管理,原则上每幢牛舍内各区不超过150头牛。第二,生产区的布局应充分利用地势地形,解决好排水问题,保持牛舍的干燥。为了减少施工的土方量,牛舍的长轴应与等高线平行,在兼顾牛舍的采光和通风的情况下,牛舍的长轴可与等高线成一定的角度。第三,在寒冷地区,生产区的布局除充分利用有利地形挡风和避开雨雪外,还应使牛舍的迎风面尽量减少,以防止寒风的侵袭和下雨雪吹入牛舍;在炎热地区,就要充分利用夏季的主风方向,以促进牛舍的通风降温。第四,生产区的布局应合理利用太阳光照,以利于牛舍的采光和温度调节。由于我国处在北纬20°～50°,太阳高度角冬季小、夏季大,牛舍采取南向(牛舍长轴与纬度平行),冬季有利于太阳光照入牛舍提高舍温,而夏季可减少太阳光的照射。第五,牛舍排列应平行整齐,牛舍与牛舍间的距离在20 m以上。净道、污道分开,尽量减少交叉。污道在下风方向,污水和雨水应分开,减小污水处理的压力。

(四)粪便堆储区

粪便堆储区应建在生产和饲养区的下风向、地势较低处,与牛舍有200～300 m的卫生间距。为了防止对牛场环境和对周边环境的污染,牛场应建有粪尿污水池和储粪池。粪尿的收集、储存、运输和施用,必须符合国家环境保护总局颁布的《畜禽养殖污染防治管理办法》,尽量减少臭味、杜绝蚊蝇,保证人畜健康和环境安全。乳牛每天的粪尿排泄量大，含水量高(约87%)。因此，建议采用干粪收集处理的办法，以节约水资源和减小污水处理的压力。

对于固体厩肥(粪便和垫草)的储存要考虑存取方便，并且要远离河流，进行防漏处理，防止对水体的污染。

(五)病牛隔离区

病牛隔离区应建在生产和饲养区的下风向。一般此区包括诊疗室、药房、病牛隔离室等。该区与其他区相对独立，与牛舍相距300 m以上，并有隔离屏障，设有单独的通道和入口，便于消毒和隔离。病牛区的污水和废弃物应进行消毒处理，防止疫病传播和环境污染。病牛隔离室中各室之间应相对独立，便于管理和隔离。

图1-2-2所示为蒙牛现代牧场规划图。

图1-2-2　蒙牛现代牧场规划图

三、生产和饲养区内畜舍布局

生产和饲养区内的畜舍种类，要根据生产方向的不同设置不同畜舍。

奶牛场包括犊牛舍、育成牛舍、青年牛舍、泌乳牛舍、干奶牛舍、围产牛舍和挤奶厅。在各牛舍布局上既要满足生产的便利，又要符合防疫要求。

肉牛场包括繁殖母牛舍、犊牛舍和育肥牛舍。

羊场根据生产方向的不同，要进行细致划分，一般包括种羊舍、羔羊舍、育成羊舍、生产羊舍等。

总的来说，各种舍的布局和建筑要根据群体结构及规模和畜体占地来合理分配建筑用地(图1-2-3为山东澳亚五场牧场鸟瞰图，图1-2-4为黑龙江贝因美现代牧业一角)。

图1-2-3　山东澳亚五场牧场鸟瞰图

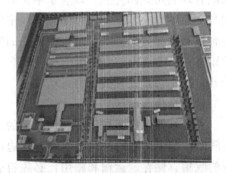

图1-2-4　黑龙江贝因美现代牧业一角

●●●●● **任务工单**

任务名称	牛羊场规划与布局		
任务描述	分析一个牛场(或羊场)布局图,指出养殖场的规划分区、说明各功能区的职责,分析生产区内各种建筑物的分布要求		
准备工作	1. 准备一个奶牛场布局图 2. 准备一个肉牛场布局图 3. 准备一个羊场布局图		
实施步骤	1. 在布局图上确定功能分区 2. 说明各功能区的职责 3. 说明各区内的建筑物种类和功能 4. 分析功能区与功能区间,各区内部之间是否布局合理,不合理之处会给生产带来怎样的影响,并提出改进方案		
考核评价	考核内容	评价标准	分值
	在布局图上确定功能分区	功能分区划分正确(15分)和标记正确(10分)	25分
	说明功能分区的功能	在布局图上注明各功能分区内容(15分)和职责(10分)	25分
	说明生产区内建筑物种类和功能	正确指出生产区内建筑物的种类(15分)和功能(10分)	25分
	分析布局合理性	正确分析布局是否合理(10分),并提出改进措施(15分)	25分

任务3　牛羊舍的类型

●●●● **目标呼应**

任务目标	课程教学目标
能依据地理条件确定牛羊舍的密闭程度	能依据生产条件确定生产方式
能依据自身条件确定不同饲养方式的舍	
能依据饲养规模确定舍内卧床排列形式	

●●●● **情境导入**

在生产中，牛羊舍的形式各式各样，不同类型的舍特点也各不相同。例如某奶牛场，饲养规模为1 500头，泌乳牛舍采用了双坡式屋顶，内部采用散栏头对头卧床排列形式，试分析这种牛舍的特点。

●●●● **知识链接**

一、奶牛舍

(一)牛舍屋顶样式及特点

根据牛舍屋顶样式的不同，可分为钟楼式、半钟楼式、双坡式、弧形式及LPCV牛舍。牛舍屋顶示意图见图1-3-1。

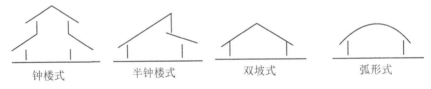

钟楼式　　　　半钟楼式　　　　双坡式　　　　弧形式

图1-3-1　牛舍屋顶示意图

(1)钟楼式牛舍(图1-3-2)：钟楼式牛舍屋顶的通风口至少宽31 cm，且牛舍宽度超过6 m，每3 m宽增加通风口5 cm，钟楼高至少为30.5 cm。本形式牛舍的特点是，通风良好，但构造比较复杂，耗料多，造价高。本形式牛舍适合于南方地区。

(2)半钟楼式牛舍(图1-3-3)：本形式牛舍的特点是通风较好，但夏天牛舍北侧较热，构造也比较复杂。

(3)双坡式牛舍(图1-3-4)：双坡式适用于较大跨度的牛舍，加大门窗面积可增强通风换气，冬季关闭门窗有利于保温。本形式牛舍的特点是造价较低，可利用面积大，易施工，实用性强。本形式牛舍在我国南北方采用均较为普遍。

(4)弧形式牛舍：本形式牛舍采用钢材和彩钢板做材料，结构简单，坚固耐用，造价低，适用于新建牛舍。

图 1-3-2　钟楼式牛舍

图 1-3-3　半钟楼式牛舍

（5）LPCV 牛舍（图 1-3-5）：LPCV(Low Profile Cross Ventilation)意为低屋面横向通风，是牛舍设计的一种类型。LPCV 牛舍建筑形式被引入我国后，以其全年可控舍内环境、可大规模化养殖等优势得到许多大型牧场的关注。LPCV 牛舍具有单体饲养量大、环境稳定等特点。LPCV 牛舍可以更靠近挤奶厅，因而减少奶牛离开饲料和饮水的时间。LPCV 牛舍占地面积比自然通风牛舍小，对朝向无特定要求（自然通风牛舍需要东西向布置以满足

图 1-3-4　双坡式牛舍

遮阴需要）。LPCV 牛舍还可以降低热应激对奶牛繁殖性能的影响，提高受胎率。控制好奶牛的生存环境还可以增加产奶量、提高饲料效率、增加单位饲料成本收益、实现光照控制、减少肢蹄病和减少蚊蝇。LPCV 牛舍的缺点是生产维持成本高，风机（图 1-3-6）需要 24 h 开启。

图 1-3-5　LPCV 牛舍

图 1-3-6　低屋面横向通风牛舍单侧墙体换气扇

（二）饲养方式

根据牛舍饲养方式的不同，可分为拴系式牛舍和散栏式牛舍两种类型。

1. 拴系式牛舍

拴系式牛舍是一种传统而普遍使用的牛舍，又分对头式和对尾式两种（图 1-3-7）。这种牛舍中，每头牛都有固定的床位（一般每头牛的牛床面积为 1.5～2.0 m²），用颈枷拴住牛只，奶牛饲喂、休息、挤奶都在牛舍内的固定床位上进行，并由专人负责。其优点是饲养管理可以做到精细化；缺点是费时、费工，难于实现高度的机械化，劳动生产率较低，牛体关节损伤等也较其他方式多。

图 1-3-7　对头式、对尾式示意图

2. 散栏式牛舍

散栏式牛舍(图 1-3-8)中牛的饲喂、休息、挤奶分别在专门的区域内进行，全部时间不拴系，任其自由活动。该种牛舍的优点是省工、省时，便于实行高度的机械化，劳动生产率高，牛体受损伤的概率减少；缺点是饲养管理群体化，难以做到个别照顾。又由于共同使用饲槽和饮水设备，故传染疾病的概率增加。目前，国内新建的机械化奶牛场大多采用散栏式饲养，已经成为现代奶牛业的发展趋势。

图 1-3-8　散栏式牛舍

散栏式牛舍形式根据封闭程度的不同，又分为房舍式、棚舍式和荫棚式三种。

(1)房舍式：房舍式牛舍(图 1-3-9)一般适用于气温在 −18～26℃的北方地区。

(2)棚舍式：棚舍式牛舍(图 1-3-10)一般适用于气候较温和的地区。其特点是四边无墙，只有屋顶，形如凉棚，通风采光好。在多雨地区饲槽可设在棚舍内，冬季北风大的地区可以在北面或北、东、西三面安装活动板墙或其他挡风装置，在夏季还可以增设排风扇、喷淋等降温设施。

图 1-3-9　房舍式牛舍

创造绿色环境，把健康献给您

图 1-3-10　棚舍式牛舍

(3)荫棚式：荫棚式牛舍(图 1-3-11)适用于气候干热、雨量不多、土质和排水都好、有较大运动场的地区。该种牛舍只有屋顶荫蔽牛床部位，其余露天。运动场要有 2% 的坡度，以利于排水，面积要求每头牛为 30 m² 以上，饲槽设于运动场内较高的地段。

散栏式牛床可设计成单列式、双列对头式、双列对尾式及三列式(图 1-3-12)等。目前最为常见的是双列对头式和三列式。

由于散栏式牛床与饲槽不直接相连，为了方便牛卧息，一般牛床总长为 2.5 m，其中牛床净长 1.7 m，前端长 0.8 m。为了防止牛的粪便污染牛床，在牛床上要加设调驯栏杆，以便牛站立时身体向后运动，牛的粪便不至于排在牛床上。调驯栏杆的位置可根据需要进行调整，一般设在牛床上方的 1.2 m 处。牛床一般较通道高 15～25 cm，边缘成弧形，常用垫草的牛床面可比床边缘稍低些，以便用垫草或其他垫料将之垫平。如不用垫料的床面可与边缘持平，并有 4% 的坡度，以保持牛床的干燥。牛床的隔栏由 2～4 根横杆组

图 1-3-11 荫棚式牛舍

成，顶端横杆高 1.2 m，底端横杆与牛床地面的间隔以 35～45 cm 为宜。牛舍内通道的结构视清粪的方式而定，一般为水泥地面，并有 2%～3% 的倾斜度，通道的宽度为 2～4.8 m。采用机械刮粪的通道宽应与机械宽相适应，采用水力冲洗牛粪的通道应用漏缝地板，漏缝间隔为 3～4 cm。饲架将休息区与采食区分开，散栏式饲养大多采用自锁式饲架，其宽度可按每头成年牛 65 cm 计。

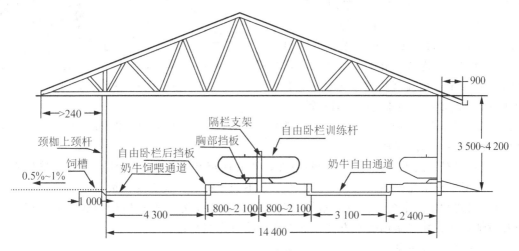

图 1-3-12 三列式散栏牛舍截面图(单位：cm)

(三)牛群类别

根据牛舍牛群类别的不同，可分为成年奶牛舍、育成牛舍和青年牛舍、产房和犊牛舍等。

1. 成年奶牛舍

这类牛舍在奶牛场中占的比例最大，是牛场的主要建筑，主要饲养产奶牛。我国已有标准奶牛舍的建筑设计规范。双列式牛舍使用最为普遍，有对头式和对尾式两种。

2. 育成牛舍和青年牛舍

育成牛为 7～15 月龄的奶牛，青年牛为 15 月龄后配种受孕到初次分娩前的奶牛。这类牛舍的基本建筑形式同成年牛舍，但牛床尺寸小、中间走道稍窄。

3. 产房和犊牛舍

较大规模的牛场应建有专门产房。产房的床位占成年奶牛头数的 10%，牛床应大一些，一般宽 1.5～2 m，长 2～2.1 m，粪沟不宜深，约 8 cm。

产房一般多与初生犊牛的保育间合建在同一舍内，这样既有利于初生犊牛哺饲初乳，又可节省犊牛的防护设施。有条件时，将产后半月内的犊牛养于特制的活动犊牛栏（保育笼）中，犊牛栏用轻型材料制成，长110～140 cm、宽80～120 cm、高90～100 cm，栏底离地面20～30 cm，以防犊牛直接与地面接触导致患病。保育间要求阳光充足，干燥，无贼风。

犊牛舍按成年母牛舍的40%设置。采用分群饲养，一般分成0.5～3月龄、3～6月龄两群。3月龄内犊牛分小栏饲养，栏长130～150 cm、宽110～120 cm、高110～120 cm；3月龄以上的犊牛可以通栏饲喂，牛床长130～150 cm、宽70～80 cm，饲料道宽90～120 cm，粪道宽140 cm。

二、肉牛舍

（一）拴系式肉牛舍（图1-3-13）

目前国内小规模舍饲的肉牛舍多为拴系式，尤其高强度肥育肉牛。拴系式饲养占地面积少，节约土地，适合精细管理，牛只活动少，饲料报酬高。拴系式牛舍内部排列与奶牛舍相似，分为双列式和单列式两种。双列式跨度10～12 m，高2.8～3 m；单列式跨度6 m，高2.8～3 m。可每25头牛设为一列。母牛床(1.8～2)m×(1.2～1.3)m，育成牛床(1.7～1.8)m×1.2 m；送料通道宽1.2～2 m，清粪通道宽1.4～2 m，两端通道宽1.2 m。地面最好建成防滑水泥地面，向排粪沟方向倾斜2%。牛

图1-3-13　拴系式肉牛舍

床前面设固定饲槽，饲槽宽60～70 cm，槽底为"U"形。排粪沟宽30～35 cm，深10～15 cm，并向暗沟倾斜，通向粪池。

（1）双列对头式牛舍：优点是饲喂方便，清粪通道有光照消毒；缺点是清污操作不方便，不利于牛只采光，牛只之间宜传染疾病，不利于疾病的检查和发情鉴定。

（2）双列对尾式牛舍：优点是清污操作方便，利于采光，不宜传染疾病，利于疾病检查和发情鉴定；缺点是饲喂不方便，清粪通道缺少光照消毒。

（二）围栏式肉牛舍

围栏式肉牛舍又叫无天棚、全露天牛舍。其是按牛的头数，以每头繁殖牛30 m²、幼龄肥育牛13 m²的比例加以围栏，将肉牛养在露天的围栏内，除树木、土丘等自然条件外，栏内一般不设棚舍或仅在采食区和休息区设凉棚。肉牛这种饲养方式投资少、便于机械化操作，适用于大规模饲养。

（三）散栏式肉牛舍（图1-3-14）

散栏式肉牛舍是随着肉牛养殖规模不断壮大，肉牛养殖技术不断完善，应运而生的形式。散栏式肉牛舍借鉴了奶牛散栏式养殖的模式，但不强制设有牛卧床，饲喂采用TMR形式，自由采食。

图1-3-14　散栏式肉牛舍

三、羊舍类型

(一)羊舍密闭程度

根据羊舍四周墙壁封闭的严密程度，可分为封闭舍、开放舍、半开放舍和棚舍。

1. 封闭舍

封闭舍(图1-3-15)四周墙壁完整，保温性能好，适合较寒冷的地区采用。

2. 开放舍与半开放舍

开放舍与半开放舍三面有墙，开放舍一面无长墙，半开放舍一面有半截长墙。它们保温性能较差，通风采光好，适合于温暖地区，是我国较普遍采用的类型。

图1-3-15 封闭式羊舍

(1)半开放单列式普通羊舍(图1-3-16)：这类羊舍适合于北方农区或牧区，土地广阔，规划中运动场占地较大。冬季羊只在舍内居住时间较长，夏、秋季羊只较多卧息于运动场。

(2)半开放双列式普通羊舍(图1-3-17)：这类羊舍适合于温暖潮湿地区饲养优良种羊，结构合理、科学，通风良好，采光能力强，易保持干净卫生，操作方便。

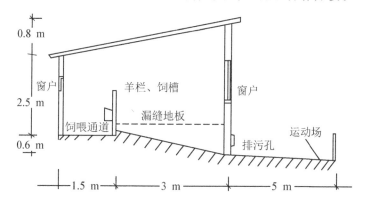

图1-3-16 半开放单列式普通羊舍构造示意图

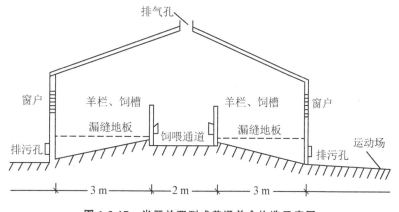

图1-3-17 半开放双列式普通羊舍构造示意图

3. 棚舍

棚舍只有屋顶而没有墙壁，仅可防止太阳照射，适合于炎热地区。

羊舍的发展趋势是将羊舍建成组装式类型，即墙、门窗可根据一年内气候的变化，进行拆卸和安装，组装成不同类型的羊舍。

(二)羊舍屋顶的形式

根据羊舍屋顶的形式，可分为单坡式、双坡式、拱式、钟楼式、双折式等类型。

单坡式羊舍，跨度小，自然采光好，适合于小规模羊群和简易羊舍选用；双坡式羊舍，跨度大，保暖能力强，但自然采光、通风差，适合于寒冷地区采用，是最常用的一种类型。在寒冷地区还可选用拱式、双折式等类型；在炎热地区可选用钟楼式羊舍。

我国幅员辽阔，气候各异，各地应根据当地气候特点、建筑材料、经济条件、羊的品种等分别选用墙、屋顶、排列形式组装，以满足不同羊的生理需求。

●●●●● 任务工单 1

任务名称	牛羊舍外部类型分析		
任务描述	能依据我国南北方地理位置、气候不同，选择不同类型牛羊舍，并说明不同舍的特点		
准备工作	1. 南北方各种类型牛羊舍照片 2. 收集家乡的牛羊舍照片		
实施步骤	1. 针对不同类型的牛羊舍照片，说明该类型舍的特点、适宜的地域 2. 分析自己家乡的气候条件及对牛羊舍类型的要求 3. 评价自己家乡的牛羊舍照片		
考核评价	考核内容	评价标准	分值
	分析牛羊舍照片	正确分析照片中牛羊舍类型(30分)；说明不同类型牛羊舍特点(30分)	60分
	分析自己家乡气候及对牛羊舍的要求	正确分析家乡气候条件(10分)及这种条件下对舍的要求(10分)	20分
	评价自己家乡的牛羊舍照片	正确分析牛羊舍的封闭程度(10分)；正确分析是否符合当地气候条件(10分)	20分

●●●●● 任务工单 2

任务名称	牛羊舍内部类型分析		
任务描述	针对一具体牛(或羊)舍，分析舍的类型，并说明运用何种饲养方式和卧床排列方式，同时总结这种方式的特点		
准备工作	南北方各种类型牛羊舍内部照片		
实施步骤	1. 根据牛羊舍照片，说明采用了何种饲养方式 2. 分析舍内部照片，指出卧床排列形式 3. 总结照片中饲养方式和卧床排列形式的特点		
考核评价	考核内容	评价标准	分值
	判断饲养方式	饲养方式判断正确(25分)	25分
	判断卧床排列形式	卧床排列形式判断正确(25分)	25分
	饲养方式和卧床排列形式特点分析	正确分析饲养方式特点(25分)；正确全面说明卧床排列特点(25分)	50分

任务4　牛羊舍内部设施

●●●● 目标呼应

任务目标	课程教学目标
能根据饲养方向、饲养类型确定舍内设施种类	能依据生产条件选择生产设施
能说明设施生产要求	
会分析设施设置合理性	

●●●● 情境导入

一个新投产的奶牛场，将牛群移入新牛舍后，通过一定时期的观察，发现牛只上卧床率明显不够；牛群牛体卫生较差，牛群乳房炎比例较高。那么，基于这些现象，应该从哪些方面着手找到问题的根源，并进行相应的改进？

●●●● 知识链接

一、牛舍

(一)卧床

卧床是牛只休息的主要场所，其设置的是否合理，直接影响着牛只趴卧的舒适性和牛只上床率。因此，卧床应具有舒适、保温、防潮、坚固耐用、易于清洁和消毒等特点。

1. 牛卧床长度和宽度

牛卧床应根据牛体形大小的不同，牛只不同生理时期，设置不同长度和宽度(表1-4-1、表1-4-2)。

表1-4-1　拴系式奶牛舍卧床尺寸

牛别	长度/m	宽度/m
成母牛	1.7～1.85	1.1～1.2
围产期牛	1.8～2	1.2～1.25
青年母牛	1.5～1.6	1.1
育成牛	1.3～1.4	0.95～1.05
犊牛	1.1	0.9

表 1-4-2 散栏式奶牛舍卧床尺寸

月龄/月	体重/kg	卧床间隔/m	头对头卧床推荐卧床长度/m	单列卧床推荐卧床长度/m
3～5	113～159	0.7	3.6	1.9
6～8	159～240	0.8	3.8	2.1
9～12	267～348	0.9	4.2	2.3
13～16	375 457	1	4.6	2.4
17～21	479～556	1.1	4.8	2.5
≥22	574～610	1.2	5	2.5

2. 自由卧栏

自由卧栏在将牛与牛有效分隔的同时，可以限制牛只的趴卧与站立位置。自由卧栏的科学设置，能有效将牛的粪便排放在卧床外，减少粪便污染卧床概率，降低乳房炎发病率，利于清粪。自由卧栏根据牛体站卧轨迹设计曲线，表面处理方式可选整体热浸镀锌或镀锌管，用卡件安装，无须再次焊接。牛自由卧栏示意图见图 1-4-1，参考尺寸见表 1-4-3。

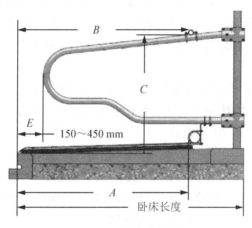

图 1-4-1 牛自由卧栏

表 1-4-3 自由卧栏参考尺寸

月龄/月	体重/kg	体高/cm	安装尺寸/mm			
			E	A	B	C
0～2	45～113	94	犊牛栏			
3～5	113～159	94～102	700	1 070	1 020	810
6～8	159～240	104～112	800	1 170	1 120	890
9～12	267～348	117～122	900	1 270	1 220	940
13～16	375～457	125～137	1 000	1 370	1 370	1 040
17～21	479～556	138～142	1 100	1 450	1 450	1 120
≥22	574～610	142～145	1 200	1 780	1 630	1 170/1 270

注：尺寸均为参考值，使用时还要根据奶牛品种、血统和选用的自由卧栏特点做出相应调整。

3. 牛床坡度

牛床应具有适当的坡度，要求头高尾低，并高于舍内地面 20 cm 左右，便于粪污清理的同时保持牛床干燥。坡度通常为 4%，但不宜过大，否则奶牛易发生子宫脱出和脱胯。

4. 卧床垫料（图 1-4-2）

为了满足牛只的舒适性、保暖性，牛卧床上通常铺以垫料。垫料的选择要符合干燥、不易滋生细菌、对牛体无损伤、来源广泛等特点。目前常用的垫料有沙子、干牛粪、橡胶垫、木屑、稻壳等。牛场应根据自身经济和管理条件，选择适合自己牛场的垫料。

铺以垫料的牛卧床，不管使用什么垫料，均应该定期进行抛撒添加新垫料和匀垫料，只有这样，才能让垫料起到应有的作用。

图 1-4-2　卧床垫料

（二）颈枷

颈枷使牛只固定，不能随意活动，控制牛不要退至排尿沟或前肢踏入饲槽，以免污损饲料或抢食其他牛的饲料，但又不妨碍牛的活动及休息。颈枷应轻便、坚固、光滑，操作方便。颈枷的高度一般为：犊牛 1.2～1.4 m；育成牛、青年牛和成乳牛 1.6～1.7 m。颈枷的样式很多，常见的有直链式颈枷、横链式颈枷、自锁颈枷等。

1. 直链式颈枷

直链式颈枷（图 1-4-3）主要由两条铁链构成，一条为长 120～150 cm 的直铁链，下端固定在饲槽的前壁上，上端挂在一条横木上或铁管上；另一条为长 50 cm 的直铁链或皮带，两端用两个铁环穿在直链上，能沿直链上下滑动，使牛头部上下左右自由的活动。

2. 横链式颈枷

横链式颈枷（图 1-4-4）主要由两条铁链构成，一条是横挂着的铁链，两端有滑轮挂在两侧牛栏的立柱上，可自由上下滑动；另一条铁链通过圆环固定在横链上，用于套住牛颈，使牛头部只能上下左右活动，不能拉长铁链，控制牛只抢食。

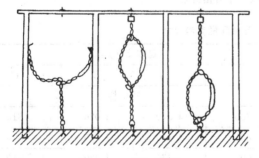

图 1-4-3　直链式颈枷

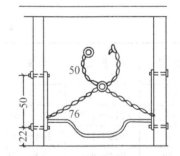

图 1-4-4　横链式颈枷（单位：cm）

3. 自锁颈枷

当牛只采食时，饲养员把控制开关拨到锁定位置，利用采食动作而达到自锁；下槽时把控制开关拨到开锁位置，利用牛抬头枷杆自动打开，也可利用人工单个开启。自锁颈枷（图

1-4-5)的优点是操作简便快捷,颈枷开张度大,安全可靠。但结构上比一般颈枷复杂,用料较多。自锁颈枷是目前各牛场普遍选择的一种形式。

自锁颈枷应根据牛只大小设置宽度,但最好向采食区倾斜 10°～20°,这样使用时不易出现采食损伤。

图 1-4-5 自锁颈枷

(二)采食区

依据饲养方式的不同,采食区也随之不同。拴系式牛舍的采食区为传统饲槽,散栏式牛舍不再设有饲槽。

1. 拴系式牛舍饲槽

拴系式牛舍饲槽一般位于牛床前,通常为统槽。长度与牛床总宽相等,底平面高于牛床。饲槽要求坚固、光滑、耐磨、耐酸、便于洗刷。饲槽尺寸见表 1-4-4。

表 1-4-4 乳牛饲槽尺寸 单位:cm

牛类别	槽上部内宽	槽底部内宽	前沿高	后沿高
泌乳牛	60～70	40～50	30～35	50～60
青年牛和育成牛	50～60	30～40	25～30	45～55
犊牛	30～35	25～30	15～20	30～35

2. 散栏式牛舍采食区

散栏式牛舍采食区(图 1-4-6)位于饲喂通道上,要求饲喂通道要适合饲喂机械的通行,建议宽度为 4.5～6 m。采食面(即料槽)要求具有光滑、耐酸、耐磨等特性,宽度为 60～80 cm。

(四)粪尿沟

老式牛舍设有粪尿沟,该沟位于牛床与清粪通道之间,沟沿做成圆钝角,以免损伤牛蹄。粪尿沟通常为明沟(犊牛为半漏缝地板),沟宽 20～30 cm,沟深 5～18 cm,沟底约有 6°的坡度以便于排水。

现代化乳牛舍粪尿沟多采用漏缝地板,或多安装链条刮板式自动清粪装置,链条刮板在牛舍往返运动,起到清理粪尿的作用。

图 1-4-6 散栏式牛舍采食区

(五)饮水设施

水是生命之源,必须保证牛群充足饮水。要求水槽设置数量能满足 15%的牛群同时饮水。成年牛水槽设置高度为 70～80 cm。水槽设计要利于日常清洗和排水,水槽周围做到不积水。在北方地区,水槽设计要具有加热、保温功能,供水主管线填埋深度要低于当地冻土层深度。

(六)牛体刷

为了满足牛体清洁，促进牛只血液循环，大多数牛场都设置了自动感应牛体刷(图1-4-7)，放置于牛舍通道旁。自动感应牛体刷要求每50头牛1台，牧场可根据自身条件进行设置。

图1-4-7 自动感应牛体刷

(七)风机

随着人们对奶牛的认识不断深入，人们意识到温度对奶牛生产性能的发挥起着一定的作用。为有效减少奶牛热应激，增加奶牛生产性能，各牛场纷纷引入风机、喷淋等设施(图1-4-8、图1-4-9)。

图1-4-8 牛舍风机

图1-4-9 牛舍有效使用风机和喷淋

(八)犊牛栏

犊牛栏主要为养殖2个月龄内(断奶前)犊牛而设计，依据形式可以将其进一步分为舍内犊牛单栏、犊牛通栏、室内犊牛岛和室外犊牛岛等多种形式。

舍内犊牛单栏(图1-4-10)通常采用钢材和钢网焊接，常用犊牛栏尺寸为长1.5 m、宽1 m、高1.2 m。犊牛栏正面为活动的门，门上配有可放饮水桶和料桶的环，两个桶之间相距10~15 cm。犊牛栏床距地面20~30 cm，便于清理犊牛粪便和污物。犊牛栏床可采用钢网、木板、竹板等，每块板材之间要间隔1 cm。犊牛栏下面地面由前向后设计2%左右的坡度。犊牛栏后面设有排水沟，以便及时将水排出。

犊牛岛(图1-4-11)和犊牛栏不同，不管是室内还是室外形式，都是呈现半封闭状态。室外犊牛岛，犊牛活动面积大，通风效果好，空气质量好，有阳光不同程度的照射，相对干燥，犊牛发病率低，饲养成活率高。犊牛岛通常坐北朝南摆放，北半部分放置犊牛笼，南半部分为犊牛小型运动场。犊牛岛基础要高于地面20 cm以上，室外占地面积长4 m×宽1.2 m。基础地面要留有坡度和预留排水口。我国内蒙古和东北三省地区，冬季过于寒冷，犊牛不适合使用犊牛岛在室外过冬，其他地区尚可。

图 1-4-10   舍内犊牛栏单栏

图 1-4-11   犊牛岛

二、羊舍

(一)饲草架

饲草架(图 1-4-12)是饲喂粗饲料、青绿饲料的专用设备。饲草架可以避免羊只采食时互相干扰，减少饲草浪费，不使羊蹄踏入草料架内，不使架内料草落在羊身上而影响羊毛质量。饲草架的形状及大小不尽一致，有靠墙设置的固定的单面草架，也有在运动场设置的双面草架。活动式草架多采用木制(也可用厚铁皮)，有的同时还可以补饲精饲料。

图 1-4-12   饲草架

(二)饲槽

饲槽主要用来饲喂精饲料、颗粒饲料、青贮饲料、青草或干草。根据建造方式主要可分为固定式、移动式和悬挂式三种。

1. 固定式饲槽

固定式饲槽一般是在羊舍、运动场或专门的补饲场内，用砖石、水泥砌成的固定饲槽。以舍饲为主的羊舍，若为双列式对头羊舍，饲槽应该修在中间走道两侧；若为对尾式羊舍，饲槽应修在靠窗户走道一侧。放牧为主的羊舍，一般饲槽修在运动场内或其四周墙角处。固定式长形饲槽一般要求上宽下窄，上宽 50 cm，深 20～25 cm，槽高 40～50 cm，槽底为圆弧形。

目前，大规模羊场也在采用牛场的自由采食的固定式饲槽形式(图 1-4-13)。

2. 移动式饲槽

移动式饲槽多用木料或铁皮制作，具有移动方便、存放灵活的特点。其大小、尺寸根据羊只大小、数量灵活掌握，一般做成一端高、一端低的长条形，横截面为梯形。饲槽两端最好安置装卸方便的临时固定架，用于冬、春季补饲。

3. 悬挂式饲槽

悬挂式饲槽主要用于断乳羔羊补饲，为防止羔羊攀踏、抢食翻槽，而将长条形小饲槽悬挂于羊舍补饲栏上方，高度以方便羔羊吃料为宜。

(三)水槽

舍内水槽(图 1-4-14)可与料槽通用，运动场可设立独立水槽。羊的水槽可分为长流水式或水沟式、水杯式或连通式。

(四)活动围栏

活动围栏可供随时分隔羊群之用。在产羔时，可以用活动围栏临时间隔为母子小圈，以保证羔羊安全，使产羔母羊有一个安静的环境，利于产羔、接羔及护羔。也可将带羔母羊、仔羊圈在一起，便于哺乳、补料和保护羔羊。

图 1-4-13　羊舍的固定式饲槽

图 1-4-14　羊舍水槽设置

(五)多用途栅栏、栅板或网栏

大、中型羊场常用木条、木板、圆竹、钢筋或铁丝网等材料加工制作栅栏、栅板或网栏，高 1 m，长 1.2～3 m，而且栏的两侧或四角装有可连接的挂钩、插销或铰链，部分网栏可在地面固定。原因是羊场经常要进行分群，母羊产羔后要母仔单独圈在一起，羔羊要单独补饲，甚至在药浴等活动时或户外牧地等地都要临时搭建活动式羊圈，那么，这样的多用途栅栏可以方便地满足上述各种需要。

各类羊场，特别是肉羊场经常要称测羊只体重。为了方便地称量羊体重，羊场应购置小型地磅(大型羊场应购置大型地磅)，在地磅上安置长 1.4 m、宽 0.6 m、高 1.2 m 的长方形竹、木或钢筋制羊笼，羊笼两端应安置进、出活动门。再利用多用途栅栏围成连接到羊舍(圈)的分群栏，而把安置羊笼的地磅置于分群栏的通道入口处，则可减少抓羊时的劳动强度，方便称量羊只体重。

(六)分羊栏

分羊栏供羊分群、鉴定、防疫、驱虫、测重、打号等生产活动时用。分羊栏由许多栅板连接而成。在羊群的入口处呈喇叭形，中部为一小通道，可容许绵羊单行前进。沿通道一侧或两侧，可根据需要设置 3～4 个可以向两边开门的小圈，利用这一设备，就可以把羊群分成所需要的若干小群。

(七)栏杆与颈枷

羊舍内的栏杆,材料可用木料,也可用钢筋,形状多样。公羊舍栏杆高1.2~1.3 m,母羊舍栏杆高1.1~1.2 m,羔羊舍栏杆高1.0 m。靠饲槽部分的栏杆,每隔30~50 cm的距离,要留一个羊头能伸出去的空隙,该空隙上宽下窄:母羊舍栏杆空隙上、下部宽分别为15 cm、10 cm,公羊舍分别为19 cm、14 cm,羔羊舍分别为12 cm、7 cm。

每10~30只羊可安装一个颈枷,以防止羊只在喂料时抢食,而且便于修蹄、检查羊只时保定。颈枷可上下移动,也可左右移动。

(八)药浴池

为了防治疥癣及其他体外寄生虫,每年要定期给羊群药浴。供羊群药浴的药浴池(图1-4-15)一般用水泥筑成,形状为长形沟状,池深约1 m,长约10 m,底宽50~60 cm,上宽60~100 cm,以一只羊能通过而不能转身为度。药浴池入口端呈陡坡,在出口端筑成台阶,以便羊只行走。在入口一端设有羊栏或围栏,羊群在内等候入浴,出口一端设滴流台。羊出浴后,在滴流台上停留一段时间,使身上的药液流回池内。滴流台用水泥修成。在药浴池旁安装炉灶,以便烧水配药。在药浴池附近应有水源,见图1-4-16。

图1-4-15 药浴池

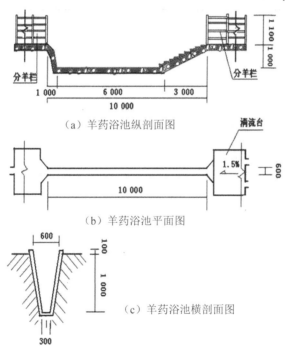

(a)羊药浴池纵剖面图

(b)羊药浴池平面图

(c)羊药浴池横剖面图

图1-4-16 羊药浴池设计图(单位:cm)

●●●● 任务工单

任务名称	牛羊舍内部设施组成		
任务描述	分析奶牛舍、肉牛舍和羊舍中设施设备的组成，指出在生产中的应用要求，并进行设置合理性分析		
准备工作	1. 奶牛舍图片及视频 2. 肉牛舍图片及视频 3. 羊舍图片及视频		
实施步骤	1. 分析奶牛舍设施设备的组成及合理性 2. 分析肉牛舍设施设备的组成及合理性 3. 分析羊舍设施设备的组成及合理性		
考核评价	考核内容	评价标准	分值
	奶牛舍设施设备分析	卧床分析正确（30分）；颈枷分析正确（15分）；水槽分析正确（15分）；粪污处理分析正确（10分）	70分
	肉牛舍设施设备分析	卧床及颈枷分析正确（10分）；粪污处理分析正确（5分）	15分
	羊舍设施设备分析	饲槽分析正确（10分）；水槽分析正确（5分）	15分

任务5 料库设置

●●●● 目标呼应

任务目标	课程教学目标
根据规模设置精料库	能依据生产条件确定生产方式及选择生产设施设备
根据规模设置干草棚	
根据规模设置青贮窖	

●●●● 情境导入

　　饲料对于牛羊场来说，意义重大，它不仅关系到牛羊日常营养和健康，还影响到生产性能的发挥。同时，饲料的良好储备是牛羊场的后勤保障，牛羊不可一日无粮。因此，要建设符合规模的精料库、粗料库和青贮窖。料库要面积好、通风好，才能实现饲料储存好。饲料要原料好、储存好，才能实现饲喂好。这一切都环环相扣，需要精细管理。

●●●● 知识链接

　　牛羊场料库要求位置适中，兼顾饲料由外运入，搅拌好的 TMR 饲料再运到牛羊舍的距离，有利于车辆运送饲料，减小劳动强度。

　　料库区主要包括精料库、干草棚、青贮窖、TMR 中心和设备间(图 1-5-1)。要求储存饲料的区域要彼此靠近，青贮窖的开口朝向精料库和干草棚，便于取料和 TMR 日粮配制，减少饲料车辆行走距离，提高日粮搅拌的工作效率。

　　干草棚要注意和其他建筑物保持 60 m 的防火距离。各建筑物的尺寸和面积设计应依据牧场的规模和工艺确定。

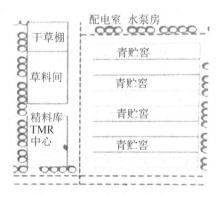

图 1-5-1　料库区平面布局图

一、精料库

　　精料是奶牛日粮的重要组成部分，占泌乳牛日粮干物质的 50%，直接关系到牛场产奶的数量和品质。图 1-5-2 所示为精料库实图。

　　1. 位置要求

　　精料库距离牛舍要适中，位置稍高，干燥通风。

图 1-5-2　精料库

2.建筑设计

精料库一般设计为轻钢结构，檐高5～6 m，墙体下部为50 cm砖混结构，之上为单层彩钢瓦，上下均留有通风口。地面为混凝土，比周围场地高20 cm。地面防潮、防湿，屋顶防止漏雨，挑檐长度不少于1.5 m，地面需向外走坡，并硬化处理。

3.其他要求

精料涉及品类较多，通常设置为多个间隔的仓位，车辆进出方便；如在当地购买散装玉米等原料，也需要设计2.5 m高隔墙将原料库隔成几个区。存放袋装原料的区域全部为通仓，只需要把地面硬化即可。特大型牧场需专门设计饲料加工车间，玉米等粒状谷物原料可使用立筒仓，如玉米使用立筒仓存放，则原料库面积可相应缩小。

4.面积要求

精料库的面积和牛群规模、日平均喂量、存储时间和堆垛高度有关。奶牛场按混合群日平均每头精料喂量7 kg，库存满足两个月饲喂量，原料平均堆放高度2 m，通道和堆垛间的通风间隙约占20%，加工机组占地100 m^2 计算。

例如：为1 000头规模的奶牛场设计精料库的建设面积。（储备60 d用量，精料600 kg/m^3）

分析：混合群日平均每头精料喂量7 kg，原料库存满足两个月饲喂量，原料平均堆放高度2 m，通道和堆垛间的通风间隙约占20%。

原料库的面积＝（1 000头×7 kg/头·d×60）÷600 kg/m^3÷2 m÷（1−20%）＝437.5 m^2，精料加工机组占地面积100 m^2，配合好的精料使用成品仓，整个精料库面积600 m^2即可满足需要。

二、干草棚

干草是牛羊重要的粗饲料，特别是苜蓿干草价格昂贵，所以干草棚的设计既要防雨又要兼顾防风、防火，确保干草储存品质的同时，保证安全。图1-5-3所示为干草棚实景。

1.位置要求

干草棚应设在下风向地段，与周围房舍至少保持60 m距离，离饲料加工或搅拌站近。单独建造，既防止散草影响牛舍环境美观，又要达到防火安全。

2.建筑设计

干草棚一般设计为轻钢结构，檐高6 m，室内外高差20 cm，屋面为彩钢板防水屋面，地面为混凝土，比周围场地高20 cm。

图1-5-3　干草棚

3.其他要求

大型牧场干草棚不要设计成一栋或连体式，干草棚之间要有适当的防火间隔，配置消防栓和消防器材，维修间、设备库、加油站要与干草棚保持安全的防火间距。

4.面积要求

按每头日均干草喂量4 kg、每立方草捆重200～300 kg、平均堆垛高度5 m、通道及通风间隙占20%，储存180 d用量，即可计算面积。

例如：为1 000头规模的奶牛场设计干草棚的建设面积。（储备6个月用量，干草储备

$0.23\ t/m^3$)

分析：平均每头奶牛每天按 4 kg 消耗，合计牧场每天消耗 4 t；

年消耗总量为 $4 \times 365 = 1\ 460(t)$，储备 6 个月的量，即 730 t；

干草储备 $0.23\ t/m^3$，需要储备空间为 $730 \div 0.23 \approx 3\ 174(m^3)$；

干草棚建筑高度如果为 5 m，建筑面积为 $3\ 174 \div 5 \approx 635(m^2)$；

加上预留行车等空间，$635 \div (1 - 20\%) = 800(m^2)$，所以，干草棚建筑为长 40 m、宽 20 m 即可。

三、青贮窖

青贮窖有地上式、地下式、青贮塔、半地下式、青贮袋等形式。图 1-5-4 所示为青贮窖隔墙设计及实景。

图 1-5-4 青贮窖隔墙设计及实景

1. 位置要求

青贮窖应临近场区外道路，防止运输饲料车辆穿行生产区和牛羊舍；与干草棚、精料库紧密相连，并靠近生产区；选择地势较高、地下水位低、排水和渗水条件好、地面干燥、土质坚硬的地方。

2. 建筑设计

青贮窖要坚固耐用、不透气、不漏水，采用砌体结构或钢筋混凝土结构建造，考虑到墙体承受的压力，不推荐使用砖混结构。青贮窖内墙要光滑、耐酸腐蚀，墙体气密性要好。地面比周围场地高 20 cm，设排水沟，并向窖的开口有 $0.1\% \sim 0.2\%$ 坡度。窖口要设收水井，通过地下管道将收集的雨水等排出场区，防止窖内液体和雨水任意排放。

3. 容积要求

宽度：主要取决于牛群规模和每天平均喂量，宽度不少于 6 m，满足机械作业要求，建议每天取料厚度不少于 0.3 m。

高度：青贮窖高度不宜超过 4 m，太高拖拉机压实有困难，取用亦不方便。

长度：$40 \sim 100$ m 为宜。长度主要取决于场地大小，同时要考虑窖的宽度和 TMR 搅拌机运行方式（固定、牵引式），若是牵引式 TMR 搅拌车，可以到窖内取青贮，青贮窖可以设计长一点。

4. 青贮窖的装填与封窖

(1)原料切短。

原料刈割后应立即运送到青贮地点切短青贮，也可以使用大型青贮机械直接切短。切割的长度取决于干物质含量多少，干物质含量低，增加切割长度；干物质含量高，降低切割长度。禾本科和豆科牧草宜切成 2～3 cm，青贮玉米的切割长度为 1～2 cm。原料切碎后直接送入青贮窖中，避免暴晒。装入青贮窖时，装填的速度要快，从切碎到进窖小于 4 h。

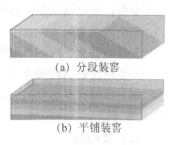

(a) 分段装窖

(b) 平铺装窖

图 1-5-5　装窖

（2）装填与压实。

第一车卸料位置为距离窖头 1.5～2 倍窖高处，直接向窖头推料，可一次形成 30°坡面。最合理的装窖方式是分段装窖［图 1-5-5(a)］。根据每日青贮装窖量，计算每天装料所需青贮窖的长度，每天分段封窖。分段装窖可以最大限度减少青贮原料与空气接触时间。若 48 h 内能完成封窖的，可采用平铺装窖方式［图 1-5-5(b)］。压窖可以选用专用压窖机、轮式装载机、链轨式推土机、挖掘机等。

（3）封窖。

封窖前要先对窖头坡面压实，再将覆盖两侧窖壁的塑料膜向内折回，用塑膜复合胶或胶带黏合，形成密闭环境，上层覆盖黑白膜并用轮胎或切片轮胎压实(图 1-5-6)。

图 1-5-6　封窖

四、TMR 日粮配制中心

大规模牧场还会设置 TMR 日粮配制中心(图 1-5-7)，以满足日常配制需求。要求建设 TMR 日粮配制中心时，地面要平整、硬化。各种车辆运转自如，行走距离最短，青贮、干草及精料的距离相对较近，同时要求设置 TMR 加水设施。

图 1-5-7　TMR 日粮配制中心

● ● ● ● ● **任务工单**

任务名称	料库设置		
任务描述	在已知奶牛场规模的前提下，设计牛场精料库、粗料库和青贮窖的建筑面积。可以针对具体案例牛场的精料库、粗料库和青贮窖设计进行合理性分析		
准备工作	1. 计算器、纸笔 2. 奶牛场精料库、粗料库、青贮窖的建设技术参数 3. 收集一例规模牛场精料库、粗料库和青贮窖照片及该牛场青贮窖体积数据		
实施步骤	1. 计算 3 000 头奶牛场的精料库占地面积 2. 计算 3 000 头奶牛场的粗料库占地面积 3. 计算 3 000 头奶牛场的青贮窖占地面积 4. 分析牛场精料库、粗料库和青贮窖图片，说明建设是否合理 5. 分析牛场青贮窖体积是否符合生产需要		
考核评价	考核内容	评价标准	分值
	精料库面积计算	正确应用精料库建设参数(10 分)；计算面积结果正确(10 分)	20 分
	粗料库面积计算	正确应用粗料库建设参数(10 分)；计算面积结果正确(10 分)	20 分
	青贮窖面积计算	正确应用青贮窖建设参数(10 分)；计算面积结果正确(10 分)	20 分
	图片料库分析	正确分析图片中精料库的建设问题(5 分)；正确分析粗料库的建设问题(5 分)；正确分析青贮窖的建设问题(5 分)	15 分
	青贮窖体积和规模吻合性	正确计算案例青贮窖体积(10 分)；正确分析青贮窖体积和饲养规模匹配度(15 分)	25 分

任务6　奶牛场奶厅设置

●●●● 目标呼应

任务目标	课程教学目标
了解挤奶厅的组成	
明确挤奶厅的形式及特点	能依据生产条件选择生产设施设备
能根据奶牛场规模和生产制度设置挤奶厅挤奶位	

●●●● 情境导入

　　奶牛场的建设中，每一处都需要精心设计，挤奶厅也不例外。挤奶厅是奶牛场的一个窗口，它不但要求卫生、干净、整洁，还要求空间大、宽敞、明亮。挤奶厅在设置中要兼顾生产效率和经济投入之间的关系。要科学合理地设置挤奶厅，在提高生产效率的同时，实现奶厅挤奶设备的最大利用率，是挤奶厅设计的核心理念。

●●●● 知识链接

　　挤奶厅是采用散栏式牛舍奶牛场的主要设施，是奶牛集中挤奶的地方。挤奶厅除了设置挤奶间外，还有牛乳处理间、洗涤室等。

　　挤奶厅的位置通常设置在泌乳牛舍区域的中央或多栋泌乳牛舍的一侧，这样可以满足泌乳牛日常多次挤奶的需要。

　　挤奶厅分为固定式和转盘式。固定式挤奶厅又包括直线形和菱形两种类型，直线形又可以划分为鱼骨式、并列式、中置式等。鱼骨式和并列式的区别在于牛只的站立方式、操作人员的行走距离、进牛出牛方式的不同。并列式挤奶厅以其出牛速度快，现被广泛应用。转盘式挤奶厅根据母牛站立的方式又有串联式、鱼骨式和放射形几种类型。建设挤奶厅，还要综合考量各种挤奶厅的效率，目前固定式中的并列式和移动转盘中的放射形比较常见。

一、固定式挤奶厅

1. 鱼骨式挤奶厅

　　鱼骨式挤奶厅(图1-6-1左)适用于32位(2×16)以下或全群500头以下的小型牧场。其特点是便于进行乳房检查，但出牛时间长，挤奶工走动距离较长，每批次挤奶用时较长，批次挤奶时间为12～15 min。

2. 并列式挤奶厅

　　并列式挤奶厅(图1-6-1右)牛只并列站立，初始投资设备较少。其特点是出牛速度快，坑道距离短，挤奶工走动用时少，批次挤奶时间为10～12 min。目前，新建的中小型奶牛场常采用这种挤奶厅，如图1-6-2所示。

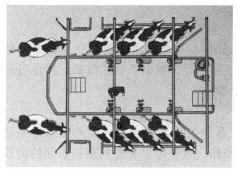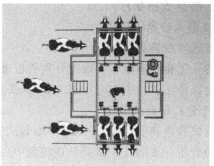

图 1-6-1   鱼骨式挤奶厅(左)和并列式挤奶厅(右)示意图

图 1-6-2   并列式挤奶厅

3. 直线形挤奶厅

奶牛进入直线形挤奶厅(图 1-6-3)内的挤奶台上,成两侧排列,挤奶员站在厅内两列挤奶台中间的地槽内,先完成一边的挤奶工作后,再进行另一边的挤奶工作。随后,放出挤完奶的牛,再放进一批待挤奶的母牛。此类挤奶设备经济实用,平均每个工时可挤 4~5 批奶牛。

4. 菱形挤奶厅

菱形挤奶厅(图 1-6-4)除形状(菱形或平行四边形)与直线形挤奶厅不同外,其他结构均与直线形挤奶厅相同。挤奶员在一边挤奶台操作时能同时观察其他三边母牛的挤奶情况,工作效率较直线形挤奶厅高,一般在中等规模或较大的奶牛场上使用。

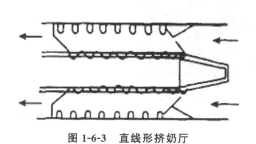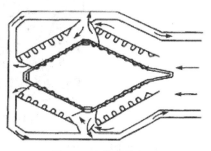

图 1-6-3   直线形挤奶厅   图 1-6-4   菱形挤奶厅

二、转盘式挤奶厅

1. 串联式转盘挤奶厅

串联式转盘挤奶厅(图 1-6-5)是专为一人操作而设计的小型挤奶厅。转盘上有 8 个位置,牛的头尾相继串联,牛通过分离栏板进入挤奶厅。根据运转的需要,转盘可通过脚踏开关开动或停止。每个工时可挤 70～80 头奶牛。

2. 鱼骨式转盘挤奶厅

鱼骨式转盘挤奶厅(图 1-6-6)与串联式转盘挤奶厅基本相似,所不同的是牛呈斜形排列,似鱼骨形,头向外,挤奶员在转盘中央操作,这样可以充分利用挤奶厅的面积。一人操作的转盘有 13～15 个位置,两人操作的可挤 20～24 头牛,配有自动饲喂装置和自动保定装置。优点是机械化程度高,劳动效率高,操作方便。但其设备造价较高。

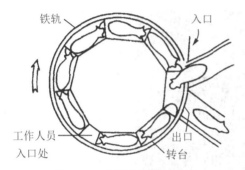

图 1-6-5　串联式转盘挤奶厅

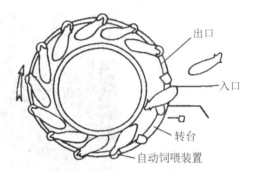

图 1-6-6　鱼骨式转盘挤奶厅

3. 放射形转盘挤奶厅

放射形转盘挤奶厅(图 1-6-7)要求牛头朝内,牛尾朝外,依据牛体前窄后宽的特性,操作人员站在转盘的外侧,面向牛尾。这种类型的挤奶厅要求面积大,牛只位置多,目前多为 60、72、80 位转盘。工作效率高,在大规模牧场广为应用。

放射形转盘挤奶厅多见于 5 000 头以上的大型牧场,要求奶厅跨度较大,初始投资较高。这种奶厅劳动生产效率高,挤奶工走动距离最短。挤奶效率高,批次挤奶时间 8～10 min。牛场可根据自身规模选择 48、60、72 或 80 位等。

图 1-6-7　放射形转盘挤奶厅

三、挤奶厅的附属设施

为充分发挥挤奶厅的作用,应配备与之相适应的附属设施,如待挤区、滞留栏、储奶间、设备间等，这些设施的自动化程度应与挤奶设备的自动化程度相适应，否则将影响设备潜力的发挥，造成无形的浪费。

1. 待挤区

待挤区用来将同一组挤奶的牛集中在一个区内等待挤奶，较为先进的待挤区内还配置有自动驱牛装置。待挤区常设计为方形，且宽度不大于挤奶厅。奶牛在待挤区停留的时间一般以不超过 0.5 h 为宜。同时，应避免在挤奶厅入口处设置死角、门、隔墙或台阶、斜坡，以免造成牛只阻塞。待挤区的地面要易清洁、防滑、色浅、明亮、通风良好，且有 3%～5%的坡度(由低到高至挤奶厅入口)。

2. 滞留栏

采用散栏饲养时，由于奶牛无拴系，如需进行修蹄、配种、治疗等，均需将奶牛牵至固定架或处理间，为了便于将牛只牵离牛群，多在挤奶厅出口通往奶牛舍的走道旁设一滞留栏，栅门由挤奶员控制。在挤奶过程中，如发现有需进行治疗或进行配种的奶牛，则在挤完奶放奶牛离开挤奶厅、走近滞留栏时，将栅门开放，挡住返回牛舍的走道，将奶牛导入滞留栏。目前最为先进的挤奶厅配有牛只自动分隔门，其由计算机控制，在奶牛离开挤奶厅后，自动识别，及时将门转换，将奶牛导入滞留栏，进行配种、治疗等。

3. 储奶间

储奶间通常包括奶罐、集奶组、过滤设备、管道冷却设备以及清洗设备的区域。储奶间的大小与奶罐的大小以及奶罐设置室内、室外有关。要按 1 个大罐 2 个小罐的标准来设计储奶间的大小，同时还要考虑到未来的扩张。

建议的最小距离是奶罐后面有 60 cm 的距离，前面与出奶阀和工作端有 90 cm 的距离。靠重量自流的过滤系统和大的奶罐，都要求屋顶高在 3 m 以上。许多大奶罐设计成一部分伸出储奶间墙外，这样可以减少储奶间的尺寸，降低造价。但支撑奶罐的墙壁要牢固，能够承受奶罐的重压。储奶间是存放牛奶、清洗设备的地方，因此要尽可能地减少异味和灰尘进入。

4. 设备间

设备间安放奶罐以及其他设备的地方。这些设备有真空泵、奶罐冷却设备、热水器、电风扇、暖风炉、电动门等。设备间应大小适中，并确保设备间留有足够的空间方便操作。设备间内光照、排水、通风要处理好。最好能采用卷帘门，方便进出设备间。将配电柜安装在设备间的内墙上可减少水汽凝结，减少对电线的腐蚀。在配电柜的上下及前面 1.5 m 的范围内不要安装设备，也不要在配电柜周围 1.0 m 范围内安装水管。

●●●●● 任务工单

任务名称	奶牛场挤奶厅设置		
任务描述	通过图片，分析挤奶厅的区域划分及设备组成，说明挤奶厅的形式及特点。根据生产规模、挤奶批次，自行设置一个固定式的挤奶厅挤奶位		
准备工作	1. 挤奶厅的沙盘图片 2. 提供一个牛场规模、挤奶次数、挤奶批次数据		
实施步骤	1. 辨别挤奶厅区域 2. 分析挤奶厅形式和特点 3. 自行计算牧场固定式挤奶厅挤奶位		
考核评价	考核内容	评价标准	分值
	挤奶厅区域识别	能根据图片，正确识别挤奶厅待挤区、挤奶区和牛奶制冷存放区(20分)	20分
	分析挤奶区的挤奶厅形式和特点	正确分析挤奶区是固定还是转盘(10分)。若固定，正确分析属于哪种类型挤奶厅及特点；若转盘，正确分析转盘位数和转速(30分)	40分
	固定式挤奶厅挤奶位设计	设计挤奶时间、挤奶批次正确(10分)；能运用牛群规模和泌乳牛比例，正确计算出泌乳牛数量(10分)；正确计算出挤奶厅挤奶位(20分)	40分

任务 7　卫生防疫及粪污处理设施

●●●●● 目标呼应

任务目标	课程教学目标
熟悉牛羊场卫生防疫要求	能依据生产条件确定生产方式及选择生产设施设备
熟悉牛羊场粪污处理的形式	

●●●●● 情境导入

　　养殖牛羊，就要考虑卫生防疫问题，如果没有做好防疫，感染流行性疾病，养殖的动物就会在短时间内患病甚至死亡，给生产带来诸多经济损失，所以一定要做好卫生防疫工作。

　　牛羊场的粪污处理也是重中之重，如果粪污处理不到位，对周边环境造成影响，那么养殖场的发展就会受到影响。

●●●●● 知识链接

一、牛羊场的卫生防疫管理

(一)入口管理

　　养殖场是防疫重地，没有预约，谢绝一切外来人员到访。预约后的人员，要在场区入口进行来访者登记，详细记录来访者到访时间、目的等事宜。来访车辆禁止进入场区。

　　生产区入口应设消毒池(图 1-7-1)，内置 3%~5%来苏儿、2%~3%NaOH 溶液或生石灰粉等消毒药，并应定期更换，以保证药效。

　　人员进出生产区，要求有严格的消毒程序。首先必须通过专用的消毒通道，消毒通道安装有紫外线灯、消毒喷雾等装置。为了确保消毒有效性，通道还可以设置 S 形回廊，保证消毒时间。

　　经过消毒室，工作人员要更换经过清洗消毒的工作服，清洗水靴，洗手。大型牧场要求更为严格，还需要盥洗。来访参观者要遵守牧场规定，更换经清洗消毒的或一次性的连体工作服，穿牢固的鞋套，洗手，戴帽子和口罩(图 1-7-2)。

(二)消毒管理

　　随着牛羊场的高度集约化生产，消毒防疫工作在牛羊生产中显得更加重要。牛羊场消毒主要包括牛羊舍的消毒、粪便的消毒、兽医诊疗室和诊疗器械的消毒以及水、空气等的消毒。

图 1-7-1   生产区入口消毒

图 1-7-2   生产区人员着装要求

1. 牛羊舍的消毒

牛羊舍的消毒是保证牛羊健康和饲养人员安全的一项重要措施。牛羊舍一般每月消毒一次，此外，在春秋季节或牛羊出栏后应对舍内、外进行彻底清扫和消毒。

2. 兽医诊疗室的消毒

兽医诊疗室是对患病牛羊进行诊疗的主要场所，患病牛、羊携带的病原微生物经各种途径排出体外后，会污染兽医诊疗室地面及墙壁等，在每次诊疗前后应用 $3\%\sim5\%$ 的来苏儿溶液进行消毒。

3. 兽医诊疗器械及用品的消毒

诊疗中使用的各种器械及用品，在使用前和使用后都必须按要求进行严格的消毒。根据器械及用品的种类和使用范围不同，其消毒的方法和要求也不一样，一般对进入牛羊体内或与黏膜接触的诊疗器械，必须经过严格的消毒灭菌；对不进入动物组织内，也不与黏膜接触的器具，一般要求去除细菌的繁殖体及亲脂病毒。

(三)牛羊场的免疫要求

有计划地给健康牛羊进行免疫接种，可以有效抵抗相应传染病的侵害。为使免疫接种达到预期的效果，必须掌握牧场当地传染病的种类及其发生的季节、流行规律，了解牛羊群的生产、饲养、管理和流动等情况，以便根据需要制订相应的防疫计划，适时地进行免疫接种。对于引入和输出牛羊群和施行外科手术前，或在发生复杂创伤之后，应进行临时性免疫注射。要密切观察，对疫区内尚未发病的动物，必要时可做紧急免疫接种。

执行免疫应遵循如下原则：

(1)加强饲养管理，使牛羊群处于良好的健康状态。

(2)制订和执行严格的卫生消毒制度，保持环境相对清洁，以减少或杜绝病原存在和污染的机会。

(3)了解本地区的疫病流行情况，制订和执行适合本场的免疫计划。

(4)选用高质量、安全可靠的疫苗。

(5)做好疫苗接种前后的抗体检测工作，以了解牛羊群免疫状况和接种效果。根据本场情况，适时调整免疫程序。

表 1-7-1 所示为牛免疫程序，表 1-7-2 所示为羊免疫程序。

表 1-7-1 牛免疫程序

疫病种类	疫苗名称	用法与用量	免疫期	注意事项
口蹄疫	口蹄疫弱毒疫苗	每年春、秋两季各用与流行毒株相同血清型的口蹄疫弱毒疫苗接种一次，肌内或皮下注射，1～2 岁牛 1 mL，2 岁以上牛 2 mL。本疫苗残余毒力较强，能引起一些幼牛发病。因此，1 岁以下的小牛不要接种	注射后 14 d 产生免疫力，免疫期 4～6 个月	接种本疫苗的牛、羊和骆驼不得与猪接触
牛瘟	牛瘟兔化弱毒疫苗	牛瘟免疫适用于受牛瘟威胁地区的牛。牛瘟疫苗有多种，我国普遍使用的是牛瘟兔化弱毒疫苗，适用于除朝鲜牛和牦牛以外的所有品种牛。无论大小牛一律肌内注射 2 mL，冻干苗按瓶签规定的方法使用	注射后 14 d 产生免疫力。免疫期 1 年以上	
炭疽	炭疽芽孢氢氧化铝佐剂苗	无毒炭疽芽孢苗或第二号炭疽芽孢苗的 10 倍浓缩制品，用时以 1 份浓缩苗加 9 份 20%氢氧化铝胶生理盐水稀释使用	注射后 14 d 产生免疫力。免疫期 1 年	
牛巴氏杆菌病	牛出血性败血症氢氧化铝菌苗	历年发生牛巴氏杆菌病的地区，在春季或秋季定期预防接种一次；在长途运输前随时加强免疫一次。体重在 100 kg 以下的牛 4 mL，100 kg 以上的牛 6 mL，皮下或肌内注射	注射后 21 d 产生免疫力。免疫期 9 个月	怀孕后期的牛不宜使用
布鲁氏菌病	流产布鲁氏菌 19 号毒菌苗	每年定期检疫为阴性的方可接种。只用于处女犊母奶牛(即 6～8 月龄)，公牛、成年母牛及怀孕牛均不宜使用	免疫期可达 7 年	使用菌苗前后 7 d 内不得使用抗生素和含有抗生素的饲料
	布鲁氏菌羊型 5 号冻干毒菌苗	用于 3～8 月龄母犊牛，皮下注射，每头用菌数 500 亿个。公牛、成年母牛及怀孕牛均不宜使用	免疫期 1 年	
	布鲁氏菌牛型 2 号冻干毒菌苗	公、母牛均可使用，孕牛不宜使用，本品可供皮下注射、气雾吸入和口服接种，为确保防疫效果，做皮下注射较好，注射菌数为 500 亿个/头	免疫期 2 年以上	

续表

疫病种类	疫苗名称	用法与用量	免疫期	注意事项
牛传染性胸膜炎	牛肺疫兔化弱毒菌苗	用20%氢氧化铝胶生理盐水稀释50倍。臀部肌内注射，牧区成年牛2 mL，6～12月龄小牛1 mL，农区黄牛尾端皮下注射用量减半	接种后21～28 d产生免疫力，免疫期1年	注射后出现反应者用"914"（新胂凡纳明）治疗
猝死病	牛型产气荚膜梭菌-巴氏杆菌二联菌苗	无论牛大小，各肌内注射5 mL。由产气荚膜梭菌和巴氏杆菌混合感染，引起最急性败血死亡。保护率85%	7 d产生免疫力，免疫期6个月	

表 1-7-2　羊免疫程序

疫苗种类	预防疫病	免疫时间	免疫方法及部位	免疫期
羔羊痢疾氢氧化铝菌苗	羔羊痢疾	怀孕母羊分娩前20～30 d和10～20 d时各注射1次	注射部位分别在两后腿内侧皮下。疫苗用量分别为每只2 mL和3 mL。注射后10 d产生免疫力	羔羊通过吃乳获得被动免疫，免疫期为5个月
羊四联苗或羊五联苗	羊快疫、羊猝狙、羊肠毒血症、羔羊痢疾、羊黑疫	每年春、秋季各免疫1次	不论羊只大小，一律皮下或肌内注射，每只5 mL。14 d产生免疫力	免疫期6个月
山羊痘鸡胚化弱毒疫苗	山羊痘	每年春季或秋季各免疫1次	不论羊只大小，一律在尾根内侧皮内注射，每只0.5 mL	免疫期1年
破伤风类毒素	破伤风	在怀孕母羊产前1个月、羔羊育肥阉割前1个月或羊只受伤时	羊颈部中间1/3处皮下注射，每只0.5 mL	1个月后产生免疫力，免疫期1年
第2号炭疽菌苗	炭疽病	每年春、秋两季各免疫1次	山羊皮内注射0.2 mL；其他动物一律每只皮内注射0.2 mL或皮下注射1 mL。14 d后产生免疫力	免疫期6个月
羊流产衣原体油佐剂卵黄灭活苗	衣原体性流产	在羊怀孕前或怀孕后1个月内	注射前充分摇匀，皮下注射2 mL	免疫期1年
口疮弱毒细胞冻干苗	洋口疮	每年3月、9月各注射1次	不论羊只大小，口腔黏膜内注射0.2 mL	免疫期5个月

续表

疫苗种类	预防疫病	免疫时间	免疫方法及部位	免疫期
山羊传染性胸膜肺炎氢氧化铝菌苗	山羊传染性胸膜肺炎	每年春、秋两季各免疫 1 次	皮下或肌内注射，6 月龄以下每只 3 mL，6 月龄以上每只 5 mL	免疫期 1 年
羊布鲁氏菌病活疫苗	羊布鲁氏菌病	在配种前 1～2 个月进行	皮下注射、室内气雾、滴鼻均为 10 亿活菌，室外气雾免疫 50 亿活菌，口服 250 亿活菌	免疫期 1.5 年
口蹄疫灭活苗	口蹄疫	每年春、秋两季各免疫 1 次	母羊分娩前 4 周接种一次，羔羊 4 月龄首免（20～30 d 后加强免疫 1 次），6 个月后二免，以后每 6 个月免疫 1 次。母羊的秋季免疫应注意选择在配种前 4 周进行	免疫期 6 个月
气肿疽灭活苗	气肿疽	每年春、秋两季各免疫 1 次	皮下注射。气肿疽灭活疫苗常规型，不论年龄大小，每只羊 1 mL；气肿疽灭活疫苗高效浓缩型，不论年龄大小，每只羊 0.3 mL	免疫期 6 个月

二、粪污处理

牛羊场的废弃物主要包括牛粪尿、污水、尸体及相关组织、垫料、过期兽药、残余疫苗、一次性使用的兽医器械及其包装物等。这些废弃物中，以未经处理或处理不当的粪尿及污水最多，其中含有大量有机物、氮、磷、钾、悬浮物及致病菌等，产生恶臭，造成对地表水、土壤和大气的严重污染，危害极为严重。我国 60％的畜禽养殖场未采取固液分离的清洁工艺，每天要排放大量的畜禽粪便及冲洗后的混合污水，造成严重的环境污染。据报道，1 000 头规模的奶牛场日产粪尿 50 t，1 000 头规模的肉牛场日产粪便 20 t。如此数量的牛粪尿处理得当可以变废为宝，处理不当则产生臭气、滋生蚊蝇，不但骚扰附近居民生活，而且是许多传染病的传染媒介。

(一)粪尿的处理

牛场粪尿及污水量大，处理难度非常大。根据我国现状，采用减量和固液分离处理粪尿及污水是养牛场合理利用资源和保护环境的基础。粪尿的清除工艺又直接影响着减量和固液分离。

1. 机械清除

当粪便与垫草混合或粪尿分离，呈半干状态时，常采用此法，属于干清粪。清粪机械包括人力小推车、地上轨道车、单轨吊罐、牵引刮板(图 1-7-3)、电动或机动铲车等。

图 1-7-3　刮粪板

采用机械清粪时，为使粪便与尿液及生产污水分离，通常在牛舍中设置污水排出系统，液态物经排水系统流入粪水池储存，而固形物则借助人或机械直接用运载工具运至堆放场。这种排水系统一般由排尿沟、降口、地下排出管及粪水池组成。为便于尿水顺利流走，牛舍的地面应稍向排尿沟倾斜。

2. 水冲清除

此方法多在不使用垫草或应用漏缝地面的牛舍。其优点是省工省时、效率高。缺点是漏缝地面下不便消毒，不利于防疫；土建工程复杂；投资大、耗水多、粪水储存、管理、处理工艺复杂；粪水的处理、利用困难；易于造成环境污染。此外，采用漏缝地面、水冲清粪易导致舍内空气湿度升高、地面卫生状况恶化，有时出现恶臭、冷风倒灌现象，甚至造成各舍之间空气串通。

3. 固液分离

固液分离（图1-7-4）是处理牛粪尿及污水的关键环节。它既可以对固态的有机物再生利用（制成肥料），又可减少污水中的有机悬浮物等，便于污水的进一步处理和排放。固液分离是采用机械法将牛粪尿或污水中的固体与液体部分分开，然后分别对分离物质加以利用的方法。例如，采用水冲式清粪工艺的奶牛场废水中含有大量的固体悬浮物，通过固液分离机（包括搅拌机、污物泵、分离主机、压榨机和清水泵等）分离，以减少污水处理的压力。

图1-7-4　固液分离

目前，出于保护环境角度考虑，固液分离技术正在我国新建的牧场被广泛应用。采用固液分离技术，分离后的液体被注入到专用的氧化塘（图1-7-5），经氧化发酵后还田；分离出的固体，运到专门的晾晒场，经过晾晒后的牛粪回填卧床或堆肥后还田。

（二）粪尿的利用

1. 用作肥料

牛粪尿含有机成分较多，是优质的有机肥料。必须经过无害化处理，符合《粪便无害化卫生标准》后才能施于土地利用，禁止未经处理的粪尿直接施入农田。用作肥料的牛粪尿无害化处理的常用方法有以下几种。

（1）堆肥法：将牛粪尿、垃圾、垫草经过一段时间的储存和用土密封发酵后，再作肥料施用，称为"堆肥"或"熟肥"。在堆肥过程中由于发酵产生高温和微生物的拮抗

图1-7-5　雪后的氧化塘

作用，可杀灭病原体和寄生虫卵，肥效没有遗散，是优质厩肥。此法是牛场对粪便无害化处理的一种有效方法。

（2）液体发酵法：将粪尿及牛场污水一起放入一个大储粪池内，让其自然发酵一段时间后，以水肥施用，施用时可用水泵直接抽取水肥给农作物灌溉或喷淋，余渣按前述方法

使用。

除此之外，还可采用机械强化发酵法或干燥法等生产有机肥，以杀死其中的病原菌和蛔虫卵，缩短堆制时间，实现无害化。

经过处理的粪尿作为肥料施用时，其用量不能超过作物当年生长所需养分的需求量，并应符合当地环境容量的要求，对没有充足土地消纳利用粪肥的，应建立处理粪便的有机肥厂。

2. 制取沼气

利用牛粪尿生产沼气，是我国农村推广的将能源建设和环境建设于一体，并且有经济、社会、环境等综合效益的系统工程。此法是牛场综合利用的一种较好形式。

(1)沼气的产生：牛粪尿是生产沼气的最好原料，可单独使用，也可与杂草、秸秆按一定的比例配合使用。将牛粪尿放入一个密封的沼气发酵池(罐)内，使有机质在厌氧条件下发酵产生甲烷(沼气)，通过一定的方法收集沼气用于发电、照明、燃料等。

(2)沼气肥的利用：沼气肥是投入沼气池内的原料(粪便、各种农作物秸秆等)经密封发酵后的残留物，包括沼气水肥(又称沼液)和渣肥(又称沼渣)。沼渣宜作基肥，是一种具有改良土壤功效的优质肥料；沼液宜作追肥，是一种速效性肥料，也可二者混合使用。沼气肥除应用于种植业外，还可应用于养殖业(如沼液养猪、沼肥养鱼、沼渣养蛆等)，均可取得良好的经济效益和社会效益。

3. 栽培蘑菇后作肥料

蘑菇具有较高的食用价值和药用价值。用牛粪栽培蘑菇(双孢蘑菇)以我国福建省栽培面积最广、产量最多，其次是广东省。我国生产的蘑菇，80%用于加工罐头出口，在国际市场上享有很高的声誉，是出口创汇产品之一，每1 t蘑菇罐头可换回16 t小麦或27 t化肥。可见用牛粪发展蘑菇生产前景广阔。

生产蘑菇后留下的栽培下脚料，仍含有比较丰富的有机质，尽管由于使用原料配方的不同，肥效有一定差异，但肥效很好，是优质有机肥料，可施用于果树、甘蔗、水稻等，增产效果明显。

4. 卧床垫料

经过固液分离处理后的固体牛粪经晾晒后回填到牛的卧床，是很多牛场的垫料选择。但应用时应考虑水分含量，夏季高温季节慎用，不可单独使用，通常和稻壳一起混用。

(三)粪污处理案例

图1-7-6所示为某牧场粪污处理工艺。

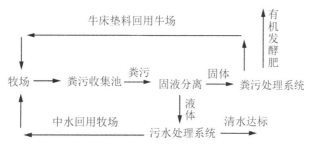

图1-7-6 某牧场粪污处理工艺

这种处理模式，优点在于：

(1)粪水通过达标处理，消除因配套土地不足，还田产生的环境压力。

(2)达到最终雨污分离的目的，减少雨水混合粪水产生的压力。

(3)处理后的水体，牧场回用，节省水资源使用成本。

(4)部分处理后的清洁水源排放到护场水渠中，形成循环水养鱼，达到牧渔有机结合的效果。

(5)利用现有水泥平台做干粪晾晒，回填牛卧床，增加舒适度，减少卧床垫料成本。

●●●●● 任务工单

任务名称	牛羊场卫生防疫与粪污处理		
任务描述	通过图片，分析牛羊场卫生防疫要求及粪污处理的形式		
准备工作	1. 牛场内部卫生照片 2. 羊场内部卫生照片 3. 牛场粪污处理照片 4. 羊场粪污处理照片		
实施步骤	1. 分析牛场进出生产区的消毒方式、环境消毒的方法和消毒频率 2. 分析羊场进出生产区的消毒方式、环境消毒的方法和消毒频率 3. 分析牛场粪污处理的形式 4. 分析羊场粪污处理的形式		
考核评价	考核内容	评价标准	分值
	牛场卫生防疫情况分析	正确分析进出口采用了何种消毒方式（15分）；正确分析牛舍的消毒方式（15分）	30分
	羊场卫生防疫情况分析	正确分析进出口采用了何种消毒方式（15分）；正确分析羊舍内的消毒方式（15分）	30分
	粪污处理形式分析	正确分析粪便的收集方式（15分）；正确分析图片牛场的粪污处理形式（15分）；说明这种粪污处理形式的特点（10分）	40分

任务 8　牛羊场所需车辆准备

●●●● **目标呼应**

任务目标	课程教学目标
熟悉饲喂设备	
熟悉清粪设备	能依据生产条件选择生产设施设备
熟悉生产辅助设备	

●●●● **情境导入**

　　牛羊场在生产中，有了基础设施还远远不够，还需要很多车辆设备运行来满足生产顺利进行。这些车辆包括 TMR 饲料搅拌车、TMR 饲料清扫车、铲车、垫料抛撒车、清粪车等。这些车辆的购置也占据了一定的建设成本，所以养殖场在掌握这些车辆性能基础上，要精心选购适合本场的所需车辆，避免错误的添置和不必要的资金浪费。

●●●● **知识链接**

　　随着牧场生产规模的扩大，为了满足牧场生产需求，需要配备相应的车辆，节省人力，提高工作效率，进而最大限度地挖掘牛羊的生产潜能，实现生产利益的最大化。

　　一、TMR 饲料搅拌车

　　TMR(Total Mixed Ration)日粮即是全混合日粮，是指根据牛群营养需要(个体需要×群体牛头数)，将各种粗饲料、精饲料、青贮饲料及各种饲料添加剂等，在专用搅拌车内，按一定比例充分均匀混合，并调整含水量至 45%±5% 的日粮。这里面使用的专用搅拌车，就是 TMR 饲料搅拌车。为了满足牧场现代化生产的需要，TMR 搅拌车已经成了牛羊场的必备车辆，是维持生产的前提和保障，直接影响着牛羊生产性能的发挥，与经济效益息息相关。

　　TMR 饲料搅拌车具有切割、搅拌饲料的功能。除固定式外，同时还具有分发饲料的功能。

　　(一)选择搅拌车的类型

　　1. 立式与卧式的选择

　　搅拌车根据内部饲料的混合方式不同，分为立式搅拌车和卧式搅拌车。立式箱体为圆锥形，卧式箱体为长方形，从生产便利性、运作费用最小性考虑，通常 12 m³ 以下牧场选择卧式、16 m³ 以上牧场选择立式、10～16 m³ 既可以用立式也可以用卧式。

　　(1)立式特点。

　　立式优点：可以切割大草捆，大型设备切割混合速度较快；易损件少，保养费用低。

　　立式缺点：箱体较高，原料装填不便；装满程度不足时无法生产；相同加工容积，动力需求较卧式大。

（2）卧式特点。

卧式优点：箱体比较低，便于装填原材料；可以满足小批量生产；饲料搅拌效果较立式柔软些。

卧式缺点：大型设备混合速度慢，刀片较立式磨损快。

立式和卧式搅拌车内部，见图 1-8-1。

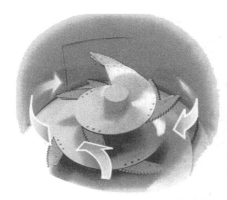

图 1-8-1 立式和卧式搅拌车内部

2. 移动式与固定式的选择

搅拌车根据性能不同，可分为移动式和固定式，其中移动式又分为牵引式和自走式。

（1）牵引式（图 1-8-2 左），由燃油拖拉机或牵引机作为动力，可连续完成搅拌和饲喂作业。机动性能高，可以随处取料和撒料。其适合饲喂通道较宽的牛舍（宽度大于 4 m）。

（2）自走式（图 1-8-2 右），取料、称重、切割、搅拌、运输、饲喂等作业自主完成。自动化程度高、效率高、加工成本低、操作舒适。其同样适合饲喂通道较宽的牛舍（宽度大于 4 m）。

（3）固定式（图 1-8-3），放置在各种饲料储存相对集中、取运方便的位置。饲料搅拌结束后，用手推车、小型机动车或专用投料车将 TMR 运至牛舍进行饲喂。其适合 TMR 加工配送中心使用。

新建的散栏牛舍，可选择移动式。老式旧舍，应选择固定式，以解决牛舍结构、饲槽、饲喂通道、建筑物及道路布局对 TMR 饲养技术应用的限制。相同容积的搅拌车，移动式中的自走式价格贵于牵引式和固定式。

图 1-8-2 牵引式和自走式 TMR 饲料搅拌车

超大型牛场也要选择固定式搅拌车，由于牛头数过多，移动式搅拌车的容积限制不能满足生产需求。将搅拌车安放在固定位置（搅拌站），动力由电机提供，从尾部由人工或用传送带装料。原料及搅拌好的 TMR 日粮，由小型机动车分别运送到 TMR 搅拌站和牛舍，即通过二次搬运方式实现 TMR 日粮配送。

需要注意的是，固定式饲料搅拌车要考虑到青贮饲料的二次搬运对其中营养价值的影响。牛羊场可根据自身条件选择适合的搅拌车类型。

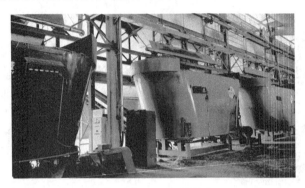

图 1-8-3　固定式搅拌车

（二）选择搅拌车的容积

容积应根据牛群规模而定，实际应用中，考虑未来牛群的发展，应遵循宁大勿小的原则。通常 700 头以下选择 5～7 m³，700～1 200 头选择 8～12 m³，1 500 头以上选择 16～25 m³ 设备。因搅拌车厂家不同，在选择时应考虑有效的加工容积，最大生产能力应达到所标容积的 70%～80%。

最低容积选择应满足：

$$日加工次数 \times 批生产量 = 全群奶牛 \ TMR \ 耗量/日$$
$$日加工次数 = 日工作时 \div 批生产耗时$$
$$批生产量 = 搅拌车容积 \times 80\% \times TMR \ 容重$$

（搅拌车容积按有效工作容积 80% 计算）

估算法：按全群计算，牵引和自走式设备 70 头牛需要 1 m³，固定式设备 120 头牛需要 1 m³。

通常批生产耗时 25～45 min，这与原料的装填速度，各原料点分布距离有关。TMR 容重为 240～290 kg/m³，主要与日粮类型有关，泌乳牛等精料比例较高的日粮密度较大，干奶牛等饲草比例较大的日粮密度较小。按 TMR 干物质含量 50% 计算，一般高产奶牛日采食量可达到 50 kg，干奶牛 20～28 kg。

图 1-8-4　TMR 饲料推料车

二、TMR 饲料推料车

随着 TMR 日粮的普及，TMR 饲料推料车（图 1-8-4）也应运而生。搅拌好的 TMR 日粮，牛在采食时，会将饲料推向远处，如果没有专用的 TMR 饲料推料车，紧靠人力推送，将是很大的一个工作量。为了满足牛只饲料的采食量，要求 2 h 推料一次。

三、铲车

在牛羊生产中，经常会用到铲车(图 1-8-5)。如粗饲料的堆垛和取用，青贮饲料的取用，牛舍内的铲车清粪等。

要根据场区自身需要，合理选购铲车。在牛羊场选用铲车时一定要关注铲车的起升高度，这决定了干草等粗饲料的堆垛高度，决定了青贮饲料的贮存高度，否则将无法取用粗饲料和青贮饲料，给生产带来不便。

图 1-8-5　铲车

四、垫料抛撒车

随着自由卧栏形式在现代化牧场中的应用，牧场中对于卧床垫料的维护变成了一项越来越有挑战性的工作。正常的卧床需要每周 3～5 次的维护，每次维护的可观工作量和如何控制维护质量的一致性是每个牧场都不可回避的问题。卧床垫料抛撒车(图 1-8-6)的出现极大地缓解了这一情况。

性能优良的垫料抛撒车要求抛撒角度可调，并且可以抛撒多种不同垫料，包括堆肥后的固体垫料、锯末、碎稻草、刨片或沙子等。

图 1-8-6　垫料抛撒车

垫料抛撒车的出现，大大节约了劳动力，增加了牛羊趴卧舒适性，提高了动物福利，为生产性能的提高奠定基础。

五、吸粪车

尽管牧场粪污的处理需要一个系统化的解决方案，但真空吸粪车(图 1-8-7)以其独具特色的灵活性，既可以作为主要的清粪方式，也可以作为辅助的清粪方式服务于日常牧场运营。其特点是快速、高效、一扫而净。

图 1-8-7　吸粪车

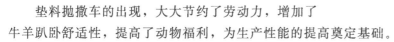

●●●●● 任务工单

任务名称	场区生产车辆识别		
任务描述	识别场区内生产用各类车辆及功能；能根据场区规模确定所需 TMR 饲料搅拌车的体积		
准备工作	1. 利用网络资源收集各类车辆的图片 2. 收集牛群规模和 TMR 饲料搅拌车的体积关系数据		
实施步骤	1. 识别各类车辆及功能 2. 分析 TMR 饲料搅拌车类型及适用范围 3. 根据牧场规模，确定 TMR 饲料搅拌车的体积		
考核评价	考核内容	评价标准	分值
	车辆及功能识别	车辆识别正确(15 分)；车辆功能说明正确(15 分)	30 分
	辨析 TMR 饲料搅拌车类型及特点	TMR 饲料搅拌车类型分析正确(20 分)；正确说明该类型 TMR 饲料搅拌车的特点(20 分)	40 分
	规模牧场 TMR 饲料搅拌车容积确定	正确评估规模牧场适宜的饲料搅拌车类型(15 分)；正确评估该规模牧场饲料搅拌车的容积(15 分)	30 分

项目 2
品种识别及其外貌评定

　　不同的品种或类型是人类长期辛勤选育的结果，由于产区生态环境、选育方向及饲养管理条件等的不同，各品种具有不同的生物及遗传特性、生产性能和对生态环境的适应性，同时还选育出了符合生产性能的体形外貌。牛分为乳用品种、肉用品种、役用品种及兼用品种四类；羊分为绵羊和山羊两大类。牛羊品种不同，生产性能不同，与之相适应的体形外貌不同。通过外貌评定，可以鉴定品种纯度、生产性能、健康状况等，因此，对牛羊的外貌评定也是生产、培育不可缺少的重要依据。

任务 1　奶牛品种识别

●●●●● 目标呼应

任务目标	课程教学目标
掌握各奶牛品种的外貌特征和生产性能	能辨别奶牛品种
能分析奶牛外貌特征与生产性能的联系	

●●●●● 情境导入

　　我国的奶牛品种，主要有荷斯坦牛、娟姗牛以及几种乳肉兼用牛。荷斯坦牛是多数饲养者的首选，北方地区炎热持续时间较短，可以选择饲养荷斯坦牛；南方地区则宜选择耐热性相对较好、抗病力较强、乳脂含量高、抗逆性较好的娟姗牛。在选购奶牛时，要查阅有关资料，越详细越好，例如防检疫记录、生产记录、系谱等，避免假品种和黄牛杂交牛。

●●●●● **知识链接**

一、荷斯坦牛

荷斯坦牛(图 2-1-1)原产于荷兰北部的北荷兰省和西弗里生省，因被毛为黑白相间的斑块又称为黑白花牛，以产奶量高而闻名于世，被各国引入后形成了乳用和乳肉兼用两大类型。

图 2-1-1　荷斯坦牛

(一)乳用型荷斯坦牛

美国、加拿大、日本和澳大利亚等国的荷斯坦牛都属于此类。

1. 外貌特征

乳用型荷斯坦牛的体格高大，全身棱角分明，具有典型的乳用型牛外貌特征。毛色黑白相间，花片分明，被毛细短而有光泽，体质结实，皮薄骨细，血管显露，肌肉不发达，皮下脂肪沉积不多，体高躯长，前胸宽深，肋骨开张弯曲，背腰平直，腹大而不下垂，尻部宽长，平而不斜，四肢结实，肢势端正，蹄部坚实，蹄底圆正。额部多有白星，四肢下部(腕、跗关节以下)、腹下及尾帚为白色。乳房硕大，附着良好，前伸后展，具有明显发达的泌乳器官。全身细致、紧凑而清秀，从侧望、上望、前望均呈楔形。成年公牛体重 900~1 200 kg，母牛 650~750 kg，犊牛初生重 38~50 kg。公牛平均体高 145 cm，平均体长 190 cm，胸围 206 cm，管围 23 cm；母牛平均体高 135 cm，平均体长 170 cm，胸围 195 cm，管围 19 cm。

2. 生产性能

乳用型荷斯坦牛泌乳性能为各乳牛品种之冠，平均年产奶量 6 000~7 000 kg，优秀的可产 8 000~12 000 kg 及以上。乳脂肪球小，乳色发白，平均乳脂率 3.5%~3.8%，乳蛋白率 3.3%。

3. 品种特征

乳用型荷斯坦牛成熟较晚，一般在 14~16 月龄开始配种，6~8.5 岁产奶量达到高峰，性情温顺，易于管理，外界的刺激对其产奶量影响较大，体重和毛色的遗传性稳定，乳房形状好，产奶量高，但乳脂率较低。目前，世界上许多国家都从美国及加拿大引进乳用型荷斯坦牛，用于提高本国荷斯坦牛的产奶性能，取得了较好的效果。乳用型荷斯坦牛由于生产性能高，对饲料条件以及外界环境的要求高，耐寒但不耐热，适合于在比较温暖的地区饲养。

(二)兼用型荷斯坦牛

在德国、法国、丹麦、瑞典、挪威等国饲养的比较多。

1. 外貌特征

兼用型荷斯坦牛的体格较小，体躯宽深，略呈矩形。鬐甲宽厚，胸宽且深，背腰宽平，尻部方正，发育良好，四肢短而开张，肢势端正。乳房附着良好，前后伸展，发育匀称，呈方圆形，乳头大小适中，乳静脉发达。毛色呈黑白花相间，花片要比乳用型荷斯坦牛更加美观。体重略小于乳用型荷斯坦牛，公牛体重为 900~1 100 kg，母牛为 550~700 kg，犊牛初生重为 35～45 kg。

2. 生产性能

兼用型荷斯坦牛的平均产奶量低于乳用型荷斯坦牛，但乳脂率高于乳用型荷斯坦牛。平均产奶量为 4 500 kg，高产者可达 10 000 kg，乳脂率一般为 3.8%～4%。兼用型荷斯坦牛肥育后屠宰率可达 55%～60%，小公牛肥育后可生产出多汁的大理石纹牛肉。肥育的成年公牛，从 8～18 月龄，活体重可从 250 kg 增加到 500 kg；肥育淘汰的母牛，一般经 100～150 d 的肥育后，平均日增重可达 0.9～1 kg。

(三)中国荷斯坦牛

中国荷斯坦牛(图 2-1-2)是 19 世纪末期由中国黄牛与当时引进我国的荷斯坦牛杂交，经过不断选育而逐渐形成的牛品种。目前，中国荷斯坦牛在不断选育培养过程中，和乳用型荷斯坦相比，体形略小，清秀度稍差，其他没有太大区别。

图 2-1-2　中国荷斯坦牛

二、娟姗牛

(一)产地及分布

娟姗牛(图 2-1-3)原产于英国的娟姗岛，是主要乳用牛品种中体形最小的品种之一。其耐热性强，采食性好，乳脂、乳蛋白率较高，耐粗饲。

(二)外貌特征

娟姗牛体形小而清秀，轮廓清晰，头小而轻，两眼间距宽，额部稍凹陷，耳大而薄，角中等大小，琥珀色，角尖黑，向前弯曲。颈细长，有皱褶，颈垂发达，鬐甲狭窄，肩直立，胸深宽，背腰平直，腹围大，尻长、平、宽。乳房发育匀称，形状好，乳静脉粗大而弯曲，乳头略小。后躯较前躯发

图 2-1-3　娟姗牛

达，体形呈楔形。被毛细短而有光泽，毛色有灰褐、浅褐及深褐色，以浅褐色为最多。鼻镜和舌为黑色，嘴、眼周围有浅色毛环，尾尖为黑色。成年公牛体重为 650～750 kg，成年母牛体重为 340～450 kg，犊牛初生重为 23～27 kg。成年母牛平均体高 113.5 cm，体长 133 cm，胸围 154 cm，管围 15 cm。

(三)生产性能

娟姗牛年平均产奶量 4 000～5 000 kg，乳脂率 5%～7%，乳中干物质含量为各乳用品种之冠，乳脂肪球大而呈黄色，风味佳，适于制作黄油。

(四)品种特征

娟姗牛性成熟早，初配 13～15 月龄，通常在 24 月龄产犊。性情活泼，耐热性强，适

于南方的热带气候，乳脂率高，在育种上既可以提高牛群的乳脂率，也可以改良我国南方热带的奶牛品种。

三、其他奶牛品种

(一)更赛牛

更赛牛(图 2-1-4)原产于英国更赛岛，以高乳脂、高乳蛋白以及奶中较高的胡萝卜素含量而著名。其被毛为浅黄或金黄，也有浅褐个体，腹部、四肢下部和尾帚多为白色，额部常有白星，鼻镜为深黄或肉色。头小，颈长而薄，后躯发育较好，乳房发达，呈方形。成年公牛体重 800 kg，母牛 500 kg，犊牛初生重 27～35 kg。平均产奶量为 6 659 kg，乳脂率为 4.49%，乳蛋白率为 3.48%。

(二)爱尔夏牛

爱尔夏牛(图 2-1-5)原产于英国艾尔夏郡，该品种外貌的重要特征是其奇特的角形及被毛有小块的红斑或红白纱毛。其角细长，形状优美，角根部向外方凸出，尖端稍向后弯，为蜡色，角尖呈黑色。鼻镜、眼圈浅红色，尾帚白色。被毛为红白花，有些牛白色占优势。体格中等，结构匀称，乳房发达，发育匀称呈方形，乳头中等大小，乳静脉明显。成年公牛体重 800 kg，母牛 550 kg，犊牛初生重 30～40 kg。

图 2-1-4　更赛牛

图 2-1-5　爱尔夏牛

●●●●● 任务工单

任务名称	辨析奶牛品种
任务描述	结合不同个体牛外貌特征和生产性能，总结荷斯坦牛典型外貌特征，分析外貌特征和生产性能的联系
准备工作	1. 乳用和兼用型荷斯坦牛的模型、图片、PPT 2. 不同年龄、不同体况的荷斯坦牛的生产记录
实施步骤	1. 结合图片、模型，概括乳用和兼用型荷斯坦牛的主要外貌区别、生产性能、饲养特点和适应性 2. 详细描述荷斯坦牛的典型外貌特征 3. 查阅生产记录和比较不同奶牛个体的外貌图片，简述奶牛生产性能与体形外貌特征间的联系

考核评价	考核内容	评价标准	分值
	乳用和兼用型荷斯坦牛外貌区别、生产性能、饲养特点和适应性	能准确描述外貌区别（10 分）；能正确说明生产性能（10 分）；能正确阐述饲养特点和适应性（10 分）	30 分
	荷斯坦牛外貌特征	能正确描述外貌特征（30 分）	30 分
	奶牛生产性能与体形外貌联系	能明确指出不同个体牛的外貌区别（20 分）；能正确分析生产性能与外貌特征的联系（20 分）	40 分

任务2　肉用及兼用品种识别

●●●● 目标呼应

任务目标	课程教学目标
掌握各品种肉用牛、兼用牛的产地、饲养特点、外貌特征和生产性能	能辨别肉用和兼用牛品种
能因地制宜地选择牛品种饲养	

●●●● 情境导入

　　肉牛养殖选择合适的品种很重要，要想获得理想的经济效益，必须根据当地的地理特征、气候条件、环境资源、市场需求等条件，综合分析各个品种的适应性、生产力等特点，加以比较、合理取舍后，选择最为恰当的品种。具体应遵循适宜性、适时性、适用性、适应性的原则。兼用牛饲养较多的品种主要有西门塔尔牛、蒙贝利亚牛等。

●●●● 知识链接

一、肉用牛品种

(一)安格斯牛

　　安格斯牛(图 2-2-1)原产于苏格兰东北部。其早熟易配，性情温和，易管理，体质紧凑、结实，易放牧，肌肉大理石纹明显。

　　1. 外貌特征

　　安格斯牛以被毛黑色和无角为其重要特征，故也称无角黑牛，部分牛只腹下、脐部和乳房部有白斑。红色安格斯牛被毛暗红色(主要分布在加拿大、英国、美国)，与黑色安格斯牛在体躯结构和生产性能方面基本没有差异。安格斯牛体形较小，体躯低矮，体质紧凑、结实，全身肌肉丰满，腰和尻部肌肉发达，大

图 2-2-1　安格斯牛

腿肌肉延伸到飞节，皮肤松软富弹性，被毛光亮滋润。头小而方正，额部宽而额顶凸起，眼圆大而明亮、灵活有神，嘴宽阔，口裂较深，上下唇整齐，鼻梁正直，鼻孔较大，鼻镜较宽，颜色为黑色。颈中等长且较厚，垂皮明显，背线平直，腰荐丰满，体躯宽深，呈圆筒状，四肢短直，两前肢、两后肢间距均较宽，体形呈长方形。成年公牛体重 $700\sim750$ kg，母牛 500 kg，犊牛初生重 $25\sim32$ kg。成年公牛体高 130.8 cm，母牛 118.9 cm。

　　2. 生产性能

　　安格斯牛肉用性能良好，早熟易肥、饲料转化率高，日增重约为 1 kg，被认为是世界

上专门化肉用品种中肉质最优秀的品种。胴体品质好、净肉率高、大理石花纹明显、屠宰率为 60%～65%。安格斯母牛乳房结构紧凑，泌乳力强，是肉牛生产配套系中理想的母系，年平均泌乳量 1 400～1 700 kg，乳脂率 3.8%～4.0%。母牛 12 月龄性成熟，发育良好的可在 13～14 月龄初配，头胎产犊年龄 2～2.5 岁，产犊间隔一般 12 个月左右，发情周期 20 d 左右，发情持续期平均 21 h，情期受胎率 78.4%，妊娠期 280 d 左右，可利用到 17～18 岁。安格斯牛体形较小、初生重轻，极少出现难产，对环境的适应性好，耐粗饲、耐寒，性情温和。

3. 杂交改良效果

利用安格斯改良本地黄牛，是改善肉质的较好的父本选择。据试验，一般水平下饲养，安杂一代犊牛初生重比本地黄牛提高 28.71%。

安格斯牛以其独特的优势，目前在我国的饲养数量正逐年增加。

(二)夏洛莱牛

夏洛莱牛(图 2-2-2)原产于法国夏洛莱省和涅夫勒地区，是世界闻名的大型肉牛品种，以生长快、肉量多、体形大、耐粗放而受到广泛欢迎。

1. 外貌特征

夏洛莱牛全身肌肉特别发达，骨骼结实，四肢强壮，头小而宽，角圆而较长并向前方伸展，角质蜡黄。颈粗短，胸宽深，肋骨方圆，背宽肉厚，体躯呈圆筒状，肌肉丰满，臀部肌肉很发达，尻部常出现隆起的肌束，形成"双肌"特征。被毛为白色或乳白色，皮肤常有色斑。成年公牛

图 2-2-2 夏洛莱牛

体重为 1 100～1 200 kg，母牛 700～800 kg，公犊初生重 45 kg，母犊 42 kg。

2. 生产性能

夏洛莱牛生长速度快，瘦肉产量高，耐粗饲，饲料报酬高。在良好的饲养条件下，6 月龄公犊可达 250 kg，母犊 210 kg，日增重可达 1.4 kg。产肉性能好，屠宰率一般为 60%～70%，胴体瘦肉率为 80%～85%，但该牛纯种繁殖时难产率较高，达 13.7%。夏洛莱牛肌肉纤维比较粗糙，肉质嫩度不够好。

3. 杂交改良效果

夏洛莱牛与黄牛杂交后，杂交一代体格大，四肢结实，肌肉丰满，性情温驯，易于管理，役用能力、屠宰率和净肉率等指标相对于本地黄牛均有显著提高。

(三)利木赞牛

利木赞牛(图 2-2-3)原产于法国中部的利木赞高原，属于专门化的大型肉牛品种。

1. 外貌特征

利木赞牛毛色为红色或黄色，口、鼻、

图 2-2-3 利木赞牛

眼圈周围、四肢内侧及尾帚毛色较浅，角为白色，蹄为红褐色。公牛角粗短，向两侧伸展；母牛角细，向前弯曲。体躯长，肌肉充实，肋弓开张，胸部肌肉特别发达，背腰宽而平直，荐部宽大，后躯肌肉特别明显。成年公牛体重1 200 kg，成年母牛体重600 kg，在法国较好饲养条件下，公牛活重可达1 200～1 500 kg，母牛达600～800 kg。

2. 生产性能

利木赞牛产肉性能高，胴体质量好，眼肌面积大，前后肢肌肉丰满，出肉率高，肌肉呈大理石状。集约饲养条件下，犊牛断奶后生长很快，10月龄体重即达408 kg，12月龄体重可达480 kg左右，哺乳期平均日增重为0.86～1.3 kg。8月龄小牛就可生产出具有大理石纹的牛肉，肉质细嫩。屠宰率为63％～70％，瘦肉率为80％～85％。

3. 杂交改良效果

用利木赞牛改良本地黄牛后，其利杂后代体形改善，肉用特征明显，生长强度增大，杂种优势明显。

（四）海福特牛

海福特牛（图2-2-4）产于英国海福特郡，是世界上最古老的早熟中小型肉牛品种，性情温驯，合群性强，繁殖力高。

1. 外貌特征

海福特牛体格较小，骨骼纤细。头短额宽，角向两侧伸展、微向前下方弯曲，颈短厚，垂肉发达，前躯饱满，胸宽深，背腰宽而平直，中躯发达，躯干呈矩形，四肢短。毛色主要为浓淡不同的红色，有六白（头、四肢下部、腹下部、颈部、鬐甲和尾帚出现白色）特征。成年公牛平均体高128 cm，母牛120 cm。成年公牛体重850～1 100 kg，母牛600～700 kg。

图 2-2-4　海福特牛

2. 生产性能

在良好条件下，海福特牛平均日增重1 kg以上，屠宰率为60％～65％。肉质细嫩，味道鲜美，肌纤维间沉积脂肪丰富，肉呈大理石状。

（五）皮埃蒙特牛

皮埃蒙特牛（图2-2-5）原产于意大利，属于专门化大型肉用品种，具有双肌肉基因，是目前国际公认的终端父本。

1. 外貌特征

皮埃蒙特牛被毛为乳白色或浅灰色，鼻镜、眼圈、肛门、阴门、耳尖、尾帚等为黑色，犊牛幼龄时毛色为浅黄色，以后慢慢变

图 2-2-5　皮埃蒙特牛

为白色。中等体形，皮薄骨细，全身肌肉丰满，体躯呈圆筒状，后躯高度发达，双肌性能表现明显。成年公牛体重不低于 1 000 kg，母牛不低于 500 kg。平均体高公牛 150 cm，母牛 136 cm。

2. 生产性能

皮埃蒙特牛育肥期平均日增重 1.5 kg，生长速度为肉用品种之首。肉质细嫩，屠宰率（平均 66％）与瘦肉率（84.13％）特别高。泌乳期平均产奶量为 3 500 kg，乳脂率 4.17％。

（六）契安尼娜牛

契安尼娜牛产于意大利中西部地区契安尼娜山谷，是世界上体形最高大的肉用品种。

1. 外貌特征

契安尼娜牛全身白色，鼻镜、蹄和尾帚为黑色。犊牛出生时为黄色到褐色，约 60 d 后变成白色。成年牛体躯长，四肢高，体格大，结构良好，但胸部深度不够。成年公牛体重为 1 500 kg，成年母牛体重为 800～900 kg。

2. 生产性能

契安尼娜牛产肉多，肉质细嫩，大理石纹明显。对环境条件适应性较好，繁殖力强，很少难产。

二、兼用牛品种

（一）西门塔尔牛

西门塔尔牛（图 2-2-6）原产于瑞士西部的阿尔卑斯山区，主要产地为西门塔尔平原和萨能平原。它是世界上分布最广，数量最多的乳、肉、役兼用品种之一。

1. 外貌特征

西门塔尔牛毛色为黄白花或淡红白花，头、胸、腹下、四肢及尾帚多为白色。头较长，面宽，角较细而向外上方弯曲，尖端稍向上。颈长中等，体躯长，呈圆筒状，肌肉丰满，前躯较后躯发育好，胸深，尻宽平，四肢结实，大腿肌肉发达，乳房发育好，成年公牛体重 800～1 200 kg，母牛 650～800 kg。

图 2-2-6　西门塔尔牛

2. 生产性能

西门塔尔牛乳、肉用性能均较好，平均产奶量为 4 070 kg，乳脂率 3.9％。日增重可达 1.35～1.45 kg。胴体肉多，脂肪少而分布均匀，公牛育肥后屠宰率可达 65％左右。成年母牛难产率低，适应性强，耐粗放管理。

3. 杂交改良效果

我国引入西门塔尔牛改良各地的黄牛都取得了比较理想的效果，西杂一代牛的初生重、平均日增重等都明显增加。目前，市场上饲养的主要是西杂二代。

（二）蒙贝利亚牛

蒙贝利亚牛（图 2-2-7）属乳肉兼用品种，原产于法国东部的道布斯县，有较强的适应性和抗病力，耐粗饲，在法国被列为主要的乳用品种牛之一，其产奶量仅次于黑白花牛，利用年限最长为16年，产奶高峰期为4～6年。

1. 外貌特征

蒙贝利亚牛被毛多为黄白花或淡红白花，头、胸、腹下、四肢及尾帚为白色，皮肤、鼻镜、眼睑为粉红色。乳房发达，乳静脉明显。成年公牛体重为1 100～1 200 kg，母牛为700～800 kg，平均体高142 cm，胸宽44 cm，胸深72 cm，尻宽51 cm。

图 2-2-7　蒙贝利亚牛

2. 生产性能

法国蒙贝利亚牛平均产奶量为6 770 kg，乳脂率3.85%，乳蛋白率3.38%；新疆呼图壁种牛场引入蒙贝利亚牛平均产奶量为6 668 kg，乳脂率3.74%。18月龄公牛胴体重达365 kg。

(三)其他兼用牛品种

1. 瑞士褐牛

瑞士褐牛原产于瑞士。它被毛为褐色，由浅褐、灰褐至深褐色，在鼻镜四周有一浅色或白色带，鼻、舌、角尖、尾帚及蹄为黑色。头宽短，额稍凹陷，颈短粗，垂皮不发达，胸深，背线平直，尻宽而平，四肢粗壮结实，乳房匀称，发育良好。成年公牛体重为1 000 kg，母牛500～550 kg。年产奶量为2 500～3 800 kg，乳脂率为3.2%～3.9%；18月龄活重可达485 kg，屠宰率为50%～60%。

2. 丹麦红牛

丹麦红牛(图2-2-8)被毛为红或深红色，公牛毛色通常比母牛深，鼻镜浅灰至深褐色，蹄壳黑色，乳房大，发育匀称，体格较大，体躯深长。成年公牛体重1 000～1 300 kg，成年母牛体重650 kg，犊牛初生重40 kg。平均产奶量6 712 kg，乳脂率4.31%，乳蛋白率3.49%。产肉性能良好，屠宰率一般为54%。在肥育期，12～16月龄的小公牛，平均日增重达1.01 kg，屠宰率为57%。

图 2-2-8　丹麦红牛

3. 乳肉兼用短角牛

乳肉兼用短角牛原产于英格兰。其背毛卷曲，多数呈紫红色，红白花次之，沙毛较少，个别全白。大部分都有角，角型外伸、稍向内弯。头短而宽，颈短粗厚，胸宽而深，肋骨开张良好，鬐甲宽平，腹部成圆桶形，背线直，背腰宽平，尻部方正丰满，荐部长而宽，四肢短，肢间距离宽，垂皮发达。乳房发育适度，乳头分布较均匀。年产乳为3 000～4 000 kg，乳脂率为3.9%左右。成年公牛体重约为1 000 kg，母牛为600～750 kg，屠宰率可达65%～72%。

4. 三河牛

三河牛原产于内蒙古呼伦贝尔草原的三河地区。毛色以红白花或黄白花为主，体躯高大，头部清秀，肩宽，胸深，肋骨开张好，背腰平直，体躯较长，肢势端正，蹄质坚实，乳腺发育良好，乳房附着良好、乳头大小适中。平均产乳量为2 500 kg，乳脂率4.10%～4.47%。2～3岁公牛屠宰率为50%～55%。

●●●●● **任务工单**

任务名称	辨析肉用及兼用牛品种			
任务描述	综合考虑各品种牛类型、产地、外貌特征和生产性能等因素，分析因地制宜选择牛品种的依据			
准备工作	各品种牛(西门塔尔牛、蒙贝利亚牛、夏洛莱牛、利木赞牛、安格斯牛、海福特牛、皮埃蒙特牛、契安尼娜牛、瑞士褐牛、丹麦红牛、乳用短角牛、三河牛、中国草原红牛、新疆褐牛)的模型、图片、PPT			
实施步骤	1. 通过查阅网络等相关资料说明各品种牛经济类型、产地及分布情况 2. 利用图片、模型、PPT，描述各个品种牛主要外貌特征和生产特点 3. 结合某个地区的自然、经济等情况，提出适合饲养的牛品种，并做简要分析			
考核评价	考核内容	评价标准		分值
	各品种牛经济类型、产地及分布情况说明	准确说出各品种的经济类型(10分)；准确说出各品种产地及分布情况(10分)		20分
	外貌特征和生产特点	准确描述各品种牛外貌特征(20分)；正确说明各品种牛生产特点(20分)		40分
	品种与地域适应性分析	准确选择饲养品种(20分)；原因分析正确(20分)		40分

任务 3　中国黄牛识别

●●●● 目标呼应

任务目标	课程教学目标
掌握黄牛的产地、分布、外貌特征和生产性能	能辨别黄牛品种
能根据特点选择适宜黄牛品种	

●●●● 情境导入

　　黄牛广泛分布于我国各地，具有适应性强、耐粗饲等优点，缺点是体形较小，后躯欠发达，成熟晚。黄牛生长速度较慢，但其肉质在所有牛类中都是比较好的，很多黄牛品种都已经通过杂交改良，提升了生长速度和出肉率，养殖前景广阔。

●●●● 知识链接

一、秦川牛

　　秦川牛（图 2-3-1）是我国优良品种，是生产高档牛肉的首选肉牛品种。

　　（一）产地与分布

　　秦川牛因产于陕西省关中地区的"八百里秦川"而得名。

　　（二）外貌特征

　　秦川牛体格高大，属大型牛，骨骼粗壮，肌肉丰满，体质强健，前躯发育良好，具有役肉兼用牛的体型。角短而钝，多向外下方或向后稍弯。毛色多有紫红及红色，鼻镜肉红色。头部方正，肩长而斜，胸宽深，肋长而开张，背腰平直，髋宽广，长短适

图 2-3-1　秦川牛

中，结合良好，荐骨隆起，后躯发育稍差，四肢粗壮结实，两前肢相距较宽。公牛头较大，颈粗短，垂皮发达，鬐甲高而宽；母牛头清秀，颈厚薄适中，鬐甲较低而薄。

　　（三）生产性能

　　18 月龄育肥屠宰的秦川牛，平均日增重为 550～700 g，屠宰率为 58.3%，净肉率为 50.5%，胴体产肉率为 86.8%，眼肌面积为 97.0 cm²。在一般饲养条件下，1～2 胎泌乳量为 700 kg 以上，3 胎以上泌乳量为 1 000 kg 以上，乳脂率为 4.7%，乳蛋白质为 4.0%。

　　（四）杂交效果

　　引进秦川牛改良本地黄牛，杂交后代体格明显加大，增长速度加快，杂种优势明显。

二、南阳牛

南阳牛(图 2-3-2)特征主要体现在:体躯高大,力强持久,肉质细,香味浓,大理石花纹明显,皮质优良。

(一)产地与分布

南阳牛主要分布于河南省南阳市唐河、白河流域的广大平原地区。

(二)外貌特征

南阳牛属大型役肉兼用品种,毛色有黄、红、草白三种,以深浅不等的黄色为最多,红色、草白色较少。面部、腹下和四肢下部毛色较

图 2-3-2　南阳牛

浅。公牛角基较粗,以萝卜头角和扁担角为主;母牛角较细、短,多为细角、扒角、疙瘩角。体格高大,肌肉发达,结构紧凑,口大方正,肩部宽厚,胸骨凸出,肋间紧密,背腰平直,荐尾略高,尾巴较细,四肢端正,筋腱明显,蹄质坚实。公牛头部雄壮方正,额微凹,颈短厚稍呈方形,颈侧多有皱褶,肩峰隆起,肩胛斜长,前躯比较发达,睾丸对称;母牛头清秀,较窄长,颈薄呈水平状,长短适中,一般中后躯发育较好。部分牛存在胸部欠宽深,体长不足,尻部较斜和乳房发育较差的缺点。

(三)生产性能

中等膘情公牛屠宰率平均为 52.2%,净肉率为 43.6%,眼肌面积为 60.9 cm²。

(四)杂交效果

我国多数地区已有引入,杂交后代适应性、采食性和生长能力均较好。

三、晋南牛

(一)产地与分布

晋南牛(图 2-3-3)产于山西省西南部汾河下游的晋南盆地。

(二)外貌特征

晋南牛属大型役肉兼用品种,毛色以枣红为主,红色和黄色次之;鼻镜粉红色,蹄趾多呈粉红色;体形粗大,体质结实,前躯较后躯发达。公牛头中等长,额宽,顺风角,颈较粗而短,垂皮比较发达,前胸宽阔,肩峰不明显,臀端较窄;母牛头部清秀,乳房发育较差,乳头较细小。

图 2-3-3　晋南牛

(三)生产性能

成年牛在一般育肥条件下日增重可达 851 g,最高日增重可达 1.13 kg。成年体重公牛为 700 kg 以上,母牛为 400 kg 以上,屠宰率为 55%～60%,净肉率为 45%～50%,眼肌面积为 79 cm²。成年母牛在一般饲养条件下,一个泌乳期产奶为 800 kg 左右,乳脂率为 5% 以上。

（四）杂交效果

晋南牛曾用于四川、云南、陕西、甘肃、安徽等地的黄牛改良，效果良好。

四、鲁西牛

（一）产地与分布

鲁西牛（图 2-3-4）主要产于山东省西南部的菏泽和济宁。

（二）外貌特征

鲁西牛公牛多为平角，母牛以龙门角为主。其被毛从浅黄到棕红色，以黄色为最多，一般前躯毛色较后躯深，公牛毛色较母牛的深。多数牛具有"三粉特征"，即眼圈、口轮、腹下和四肢内侧毛色较浅，呈粉色。公牛肩峰高而宽厚，胸深而宽；母牛鬐甲低平。垂皮发达，后躯发育较好，背腰短而平直，尻部稍倾斜。成年公牛体重为 400～650 kg，母牛为 350～450 kg。

图 2-3-4　鲁西牛

（三）生产性能

18 月龄育肥，公、母牛平均屠宰率为 57.2%，净肉率为 49%，眼肌面积为 89.1 cm^2。

五、延边牛

（一）产地与分布

延边牛（图 2-3-5）主要产于吉林省延边朝鲜族自治州。

（二）外貌特征

延边牛体质粗壮结实，结构匀称。头较小，额部宽平。角间宽，角根粗，呈倒八字形。前躯发育比后躯好，颈短，公牛颈部隆起。鬐甲长平，背、腰平直，尻斜，四肢较高，关节明显，蹄质坚实，皮肤稍厚而有弹性，被毛长而柔软，毛色为深浅不同的黄色。成年公牛平均体重 480 kg，母牛 380 kg。

图 2-3-5　延边牛

（三）生产性能

18 月龄屠宰的公牛，平均屠宰率为 57.7%，净肉率为 47.2%，眼肌面积为 75.8 cm^2。泌乳期约 6 个月，产奶量为 500～700 kg，乳脂率为 5.8%。

六、蒙古牛

（一）产地与分布

蒙古牛原产于蒙古高原地区。

（二）外貌特征

蒙古牛头短宽而粗重，角向上前方弯曲，呈蜡黄或青紫色，角质致密有光泽，平均角长母牛 25 cm、公牛 40 cm，角间线短，角间中点向下的枕骨部凹陷有沟。毛色多为黑色或黄（红）色居多，皮肤较厚，皮下结缔组织发达。从整体看，前躯发育比后躯好，肉垂不发达，鬐甲低下，胸扁而深，背腰平直，后躯短窄，尻部倾斜，四肢短，蹄质坚实。乳房基部宽大，结缔组织少，但乳头小。

（三）生产性能

蒙古牛母牛平均日产乳量为 6 kg 左右，平均乳脂率为 5.22%，中等营养水平的成年阉牛平均宰前重为 376.9 kg，屠宰率为 53%，净肉率为 44.6%，眼肌面积为 56 cm²。

●●●● 任务工单

任务名称	辨析中国黄牛		
任务描述	通过图片、PPT及网络资源，概括中国黄牛品种的产地及分布，描述各品种黄牛主要的外貌特征和生产性能，分析各地域选择依据		
准备工作	1. 收集秦川牛、南阳牛、鲁西牛、晋南牛、延边牛和蒙古牛的模型、图片 2. 各品种黄牛的分布情况 3. 中国黄牛饲养情况资料		
实施步骤	1. 利用资源，说明各黄牛品种产地及分布情况 2. 总结各品种黄牛的外貌特征和生产性能 3. 黄牛品种和地域适应性分析		
考核评价	考核内容	评价标准	分值
	产地与分布	正确说明品种产地（15分）；正确说明品种分布情况（15分）	30分
	外貌特征和生产性能	外貌特征描述准确（20分）；生产性能描述准确（20分）	40分
	品种与地域适应性分析	正确因地制宜选择品种（15分）；原因分析准确合理（15分）	30分

任务 4　牛的外貌鉴定

●●●● 目标呼应

任务目标	课程教学目标
掌握奶牛、肉牛、役用牛的外貌特征	能鉴定牛的外貌
掌握体尺测量、体重测定方法	

●●●● 情境导入

不同用途的牛，体质外貌上存在显著差异。研究牛体质外貌的目的在于揭示外貌与生产性能和健康程度之间的关系，以便在养牛生产上尽可能地选出生产性能高且健康状况好的牛。对牛外貌的鉴定是对其体质和生产潜力鉴定和选择的重要手段，是牛的选择和培育不可缺少的重要环节。

●●●● 知识链接

一、牛体各部位划分

牛体大致可分为头颈部、前躯部、中躯部和后躯部四大部位。

(一)头颈部

1. 头部

一般而言，公牛头短宽而重；母牛头狭长而较轻。乳用牛的头部偏小；肉用牛头短宽。

2. 颈部

公牛的颈比母牛粗短，颈上缘隆起。乳用牛颈薄而长，垂皮较薄而少；肉用牛颈粗短而肌肉发达。

(二)前躯部

1. 鬐甲

公牛鬐甲高而宽阔，肌肉附着充实而紧凑；母牛鬐甲平直而厚度适中。乳用牛鬐甲长平而较狭，多与背线水平；肉用牛鬐甲宽厚而丰满。

2. 前肢

(1)肩部：肩部长、广而适度倾斜，与鬐甲结合良好，肌肉发达，是任何用途牛的共同要求。

(2)臂：有长、短、肥、瘦等不同类型。

(3)下前肢：包括前臂、前膝、前管、球节、系、蹄等部位。

前臂应有适当长度，肌肉发达，健壮结实，肢势正直。前膝要整洁、正直、坚实、有力。前管应光整，筋腱明显。球节宜强大，光整而结合有力。悬蹄要大小相等，附着良好。系应长短适中，粗壮有力，并与地面成 45°～55°角。蹄要求内外蹄大小相等，整个蹄近圆形，蹄与地面所成的角度为 45°～50°，蹄质坚实、致密。前肢肢势应端正，肢间距离宽，两前肢相距很近会影响胸部的发育。

3. 胸部

乳用母牛的胸部宜深长而肋骨开张，肉用牛胸部较乳用牛宽阔，前胸明显发达，垂肉凸出。幼牛在蛋白质含量丰富的日粮培育和运动充足时，胸部宽深，发育良好；否则，体躯狭浅，胸部紧缩，形成狭胸平肋，体质衰弱，生产力低。

（三）中躯部

1. 背部

背宜长、宽、平、直，并与鬐甲和腰部结合良好。幼牛在培育期如饲喂大量粗料和多汁饲料，腹腔容积增大，也能形成长背。牛背过长，若伴有狭胸、平肋，为体质衰弱和低产的表现。长背牛、老龄牛和分娩次数多的母牛，因运动不足，背部韧带松弛，往往形成凹背，长期下痢的牛及采精过度的公牛也会出现凹背。在不良饲养条件下培育的牛或幼龄时期患病的牛往往形成凸背，凸背牛多伴有狭背与狭胸，是严重的缺陷。

2. 腰部

牛的背腰结合、腰尻结合必须良好，背线平直为其主要标志。凹腰、长狭腰都是体质衰弱的表现。

3. 腹部

腹肌应发达，肷部应充实，容积宜大，呈圆桶形，不应有垂腹或卷腹。垂腹也叫"草腹"，表现在腹部左侧膨大而下垂，多由于幼龄时期营养不良，采食大量低劣粗料，瘤胃扩张，腹肌松弛所致，老龄牛与经产母牛多有发生。垂腹多与凹背相伴随，是体质衰弱、消化力差的表现。卷腹是由于幼龄时长期采食体积小的精料，发生消化道疾病所致。卷腹牛腹部两侧扁平，下侧向上收缩成卷腹状态，表现食欲低，消化器官不发达，容积小，体质弱，乳牛产乳量低。

（四）后躯部

1. 尻部

尻部要求长、宽、平直，肌肉丰满。母牛尻部宽广，有利于繁殖和分娩，乳用牛利于乳房的发育，肉用牛利于腿部肌肉附着。长期卵巢囊肿的不孕牛，因经常爬跨其他牛，尾根高举，腰与尻结合部下陷，易形成高尻。

2. 臀部

宽大的臀部对各种用途的牛都适合。

3. 后肢

（1）大腿：肉牛要求腿肌厚实均匀，两腿间肌肉丰满；乳牛要求大腿四周肌肉附着适当，以便乳房充分发育有较大的空间。

（2）小腿：小腿发育良好，则胫骨长度适当，胫骨与股骨构成 100°～130°夹角，后肢步伐伸展流畅、灵活、有力。

（3）飞节：飞节的角度以 140°～150°为宜，否则形成直飞或曲飞。直飞牛步幅小，伸展不畅，推进力弱；曲飞牛由于后膝向前，常伴有卧系，软弱无力。

（4）后管：侧面宽而前面和后面窄。肌腱越发达，则侧面越宽，是强壮有力的象征。

(5)后系和后蹄：后系要求与前系相同。后蹄较前蹄稍细长，其要求也同前蹄。

4. 尾

尾粗细适中，着生良好。如果尾粗皮厚，尾毛粗刚，则体质和骨骼多为粗糙；反之，尾过于细长的，则是体质衰弱的表现。

5. 乳房

优秀乳用母牛的乳房体积大，呈方厚的长椭圆形，形如浴盆状，前部向腹下延伸，附着紧凑，后部充满于两股间且凸出于躯干后方，乳房底部略高于飞节。四个乳区结构匀称，乳腺发达、柔软而有弹性，乳镜宽而明显。乳头大小适中，垂直呈柱形，间距匀称。乳房皮肤薄，被毛稀短，血管显露，挤乳前后体积变化大。乳静脉粗大、明显、弯曲而分枝多，乳井大而深。

6. 生殖器官

公牛的睾丸要求发育良好、对称，大小长短一致，包皮整洁，薄而光滑，被毛细短。母牛的阴门要发育良好，闭合完全，外形正常，利于分娩。

二、牛的选择

(一)品种选择

荷斯坦牛是目前世界上饲养数量最多、分布最广、产奶性能最好及最受欢迎的品种，为养殖奶牛的首选品种。肉用品种以国外引进牛生产性能较好。

(二)健康选择

健康牛表现精神活泼，对外界反应灵敏，眼睛明亮有神且温和。牙齿结构良好，口方大，口裂深，上下唇对齐，坚强有力，触摸无硬块和疼痛，采食能力强。腹部发育适度且不下垂，体膘不能过瘦，被毛光亮。消化状况好，粪便正常，后躯无稀便污染。生殖系统正常，无子宫炎、卵巢囊肿、生殖器官畸形或先天性不孕等，母牛发情及妊娠正常。四肢直立，肢势正直，蹄形正，蹄底圆，运动正常，无蹄叶炎等。乳房大，形状好，乳区及乳头发育匀称，乳腺发达，触摸内部感觉柔软并有弹性，无乳房炎，结核及布病检疫阴性。

(三)外貌选择

由于不同用途牛的选育方向不同，乳用牛和肉用牛在外貌特征上存在明显不同，在选择时应严加区别。

1. 奶牛的外貌特征

奶牛的体形，其侧望、俯望、前望的轮廓均近似三角形。体态清秀优美，被毛细短而具有光泽，皮薄、致密而有弹性。骨骼细致而坚实，关节明显而健壮，肌腱分明，肌肉发育适度，皮下脂肪少。头较小而狭长，表现清秀。颈狭长而较薄，颈侧多纵行皱纹，垂皮较小。鬐甲长平，肩不太宽而稍倾。胸部发育良好，肋长且斜向后方伸展，适度扩张。背腰平直，腹大不下垂。尻长、平、宽、方，腰角显露。尾细毛长，尾帚低于飞节。四肢端正结实，蹄质坚实，两后肢距离较宽。乳房发育充分，皮肤薄软，毛短而稀，四个乳区发育匀称，乳头分布均匀，呈圆柱状，粗细长短适中。乳房前部附着腹壁深广，后部附着高，向两后肢后缘突出，乳镜充分显露，乳静脉粗大弯曲多，乳井大而深。概括为"三宽三大"，即背腰宽，腹围大；腰角宽，骨盆大；后裆宽，乳房大。

中国荷斯坦母牛外貌鉴定评分和中国荷斯坦母牛外貌鉴定等级见表 2-4-1 和表 2-4-2。

表 2-4-1   中国荷斯坦母牛外貌鉴定评分

项目	评分要求	评分
一般外貌与乳用特征	1. 头、颈、鬐甲、后大腿等部位棱角和轮廓明显	15
	2. 皮肤薄而有弹性、毛细而有光泽	5
	3. 体高大而结实，各部结构匀称，结合良好	5
	4. 毛色黑白花，界限分明	5
	小计	30
体躯	1. 长、宽、深	5
	2. 肋骨间距宽，长而开张	5
	3. 背腰平直	5
	4. 腹大而不下垂	5
	5. 尻部长、平、宽	5C
	小计	25
泌乳系统	1. 乳房形状好，向前后延伸，附着紧凑	12
	2. 乳房质地：乳腺发达，柔软而有弹性	6
	3. 四乳区：前乳区中等长，四个乳区均匀，后乳区高宽而圆，乳镜宽	6
	4. 乳头：大小适中，垂直呈柱形，间距均匀	3
	5. 乳静脉弯曲而明显，乳井大，乳静脉明显	3
	小计	30
肢蹄	1. 前肢：结实，肢势良好，关节明显，蹄形正，蹄质坚实，蹄底呈圆形	5
	2. 后肢：结实，肢势良好，左右两肢间距宽，系部有力，蹄形正，蹄质坚实，蹄底呈圆形	10
	小计	15
总计		100

表 2-4-2   中国荷斯坦母牛外貌鉴定等级

性别	等级			
	特级	一级	二级	三级
公牛	85	80	75	70
母牛	80	75	70	65

2. 肉牛的外貌特征

肉用牛皮薄、柔软有弹性，背毛细短、柔软而有光泽，骨骼细致而结实，肌肉高度丰满。前后躯都很发达，整体呈长方形或圆桶状，体躯短、宽、深，头宽短、多肉，角细，耳轻，颈短、粗、圆。鬐甲广、平、宽，肩长、宽而倾斜，胸宽、深，胸骨突于两前肢前方，垂肉高度发育，肋长、向两侧扩张而弯曲大，肋骨的延伸趋于与地面垂直的方向，肋间肌肉充实。背腰宽、平、直，尻长、平、宽，腰角不显，肌肉丰满，腹部充实呈圆桶形，后躯侧方由腰角经坐骨结节至胫骨上部，形成大块的肉三角区。尾细，帚毛长，四肢上部深厚多肉，下部短而结实，肢间距大。

成年肉牛外貌鉴定评分标准和成年肉牛外貌等级鉴定等级见表 2-4-3 和表 2-4-4。

表 2-4-3　成年肉牛外貌鉴定评分标准

部位	评定标准	评分	
		公牛	母牛
整体结构	品种特征明显，结构匀称，体质结实，肉用体形明显，肌肉丰满，皮肤柔软有弹性	25	25
前躯	胸深宽，前胸凸出，肩胛宽平，肌肉丰满	15	15
中躯	肋骨开张，背腰宽而平直，中躯呈圆桶形，公牛腹部不下垂	15	20
后躯	尻部长、平、宽，大腿肌肉凸出伸延，母牛乳房发育良好	25	25
肢蹄	肢蹄端正，两肢间距宽，蹄形正，蹄质坚实，运步正常	20	15
总计		100	100

表 2-4-4　成年肉牛外貌等级鉴定等级

性别	等级			
	特级	一级	二级	三级
公牛	85 以上	80～84	75～79	70～74
母牛	80 以上	75～79	70～74	65～69

三、体尺测量

体尺是牛体各部位长、宽、高、围度等数量化的指标。牛体尺测量的器具有测杖、卷尺、圆形测定器等。

进行体尺测量时，应使牛站于平坦的地面上，肢势要端正，四腿成两行，从前往后看前后腿端正，从侧面看左右腿互相掩盖，背腰不弓不凹，头自然前伸，不左顾右盼，不昂头或下垂，待体躯各部呈自然状态后，迅速、准确地进行测量(图 2-4-1)。体尺测量的项目依测量目的而定，按各主要部位的指标分别进行测量，每项测量 2 次，取其平均值，做好记载，测量应准确，操作宜迅速。

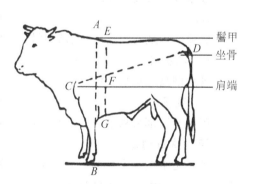

图 2-4-1　牛体尺测量部位示意图

1. 体高

体高指鬐甲最高点到地面的垂直距离。

2. 胸深

胸深指肩胛骨后方从脊椎到胸骨的直线距离。

3. 胸围

胸围指肩胛骨后缘处体躯的垂直周径。其松紧度以能插入食指和中指自由滑动为准。

4. 腰高

腰高指两腰角连线与腰椎相交点到地面的垂直距离。

5. 荐高

荐高指尻部最高点到地面的垂直距离。

6. 尻长

尻长指从腰角前缘到坐骨结节后缘的直线距离。

7. 体斜长

体斜长指由肩端到同侧坐骨端的距离。

8. 体直长

体直长指由肩端到坐骨端后缘的水平距离。

9. 管围

管围指前肢掌骨上 1/3 处的周径，即前管最细处的周径。

10. 头长

头长指从额顶（角间线）至鼻镜上缘的距离。

11. 最大额宽

最大额宽指眼眶最远点的距离。

12. 坐骨宽

坐骨宽指左右坐骨结节最外隆凸间的宽度。

13. 胸宽

胸宽指两肩胛后缘之间的最大距离，即左右第六肋骨之间的距离。

14. 腰角宽

腰角宽指两腰角外缘的距离。

15. 后腿围

后腿围指从右侧的后膝前缘开始，绕尾下胫骨间至对侧后膝前缘的水平距离。

16. 乳房围

乳房围指乳房最大的周径。

17. 腹围

腹围指腹部最粗部位的垂直周径，饱食后测量。

四、体重测定

体重是掌握牛发育的重要指标，也是选择的依据之一，对种公牛、育成牛和犊牛尤为重要。母牛应测定其泌乳高峰期的体重，并应扣除胎儿的重量。

直接称重在早晨饲喂前、挤奶后进行，连称 3 d，取其平均数，称量要准确迅速，做好记录。缺乏直接称量条件时，可利用测量的体尺进行估算：

6～12 月龄牛体重(kg)＝[胸围(m)]^2×体斜长(m)×98.7

16～18 月龄牛体重(kg)＝[胸围(m)]^2×体斜长(m)×87.5

成年乳用、乳肉兼用牛体重(kg)＝[胸围(m)]^2×体斜长(m)×90

成年肉用、肉乳兼用牛体重(kg)＝[胸围(m)]^2×体直长(m)×100

●●●●● **任务工单** 1

任务名称	牛只外貌评定		
任务描述	通过图片及活牛，说明牛体各部位名称，能根据牛的生产方向对牛进行外貌评定，并进行相应的外貌评分		
准备工作	1. 牛图片、活牛 2. 外貌评分表 3. 缰绳、纸和笔		
实施步骤	1. 观察牛图片和活牛，指出牛只各部位名称 2. 依据牛只生产方向，说明牛只各部位发育要求 3. 对牛只进行外貌评定，确定等级		
考核评价	考核内容	评价标准	分值
	牛体部位名称	说明牛体各部位名称（30分）	30分
	外貌评定	对照评定表，依据生长发育情况，逐项进行外貌评定，一般外貌及乳用特征（10分）；体躯（10分）；泌乳系统（10分）；肢蹄（10分）	40分
	外貌评定报告	书写外貌评定报告规范（10分）；外貌评定项目评定准确（10分）；确定外貌等级正确（10分）	30分

●　●　●　●　● **任务工单** 2

任务名称	牛只体尺测量及体重估计		
任务描述	熟悉测量工具(测杖、卷尺、圆形测定器)的使用方法并对牛只进行体尺测量，进而根据测量结果计算牛的体重		
准备工作	1. 待测奶牛若干头、牵牛绳若干 2. 测杖、卷尺、圆形测定器 3. 体重估测公式 4. 记录纸、笔		
实施步骤	1. 练习测杖、卷尺、圆形触测器的使用方法 2. 用测杖测量体高、荐高、体直长、体斜长；用圆形测定器测量胸宽、胸深、腰角宽、坐骨宽、髋宽、尻长；用卷尺测量胸围、管围、腹围、腿围。每项测量 2 次，取平均值，做好记录 3. 根据体尺测量结果记录和体重测量公式，计算牛的体重		
考核评价	考核内容	评价标准	分值
	测量工具使用	说明测仗的正确使用方法及测量时的注意事项(10 分)；说明卷尺的正确使用方法及测量时的注意事项(10 分)；说明圆形触测器的正确使用方法及测量时的注意事项(10 分)	30 分
	体尺测量	体高、荐高、体直长、体斜长测量准确(12 分)；胸宽、胸深、腰角宽、坐骨宽、髋宽、尻长测量准确(18 分)；胸围、管围、腹围、腿围测量准确(12 分)(要求每项测量 2 次，记录准确，取其平均值)	42 分
	牛只体重计算	体重计算公式选择正确(8 分)；测量数据代入公式正确(10 分)；计算结果准确(10 分)	28 分

任务5　奶牛的体况评分

●●●● 目标呼应

任务目标	课程教学目标
了解体况评分的意义和体况评分的时间	
掌握体况评分方法	能鉴定牛的外貌
能根据体况评分采取改进措施	

●●●● 情境导入

　　奶牛体况评分是对奶牛的膘情进行评定，能反映该牛体内沉积脂肪的基本情况。通过了解群体和个体的体况评分，可以对该时期的饲养效果进行研究评估，为下一阶段的饲养措施、调整近期日粮配方及饲喂量提供重要依据。同时，体况评分也是对奶牛健康检查的辅助手段。

●●●● 知识链接

一、体况评分概述

(一)体况评分的意义

　　不同生理时期和泌乳阶段的牛只应有不同的体况，不合理的体况将会导致奶牛健康、繁殖率、泌乳持久力及终生产奶量的下降。奶牛体况评分是检查奶牛膘情的简单方法，可以用来评价奶牛饲养管理和营养水平是否合理，预测牛群生产力，是保证牛只健康、增重和产奶量的有效措施之一。对于围产期奶牛来说，体况评分更加重要。

(二)体况评分时间

　　后备母牛一般在 6 月龄、12 月龄(根据其膘情及时调整饲养管理，准备接受配种)、配种和产前 2 个月时分别做体况评分；成年奶牛应在干奶期、分娩期、泌乳前期、泌乳中期和泌乳后期分别进行评分。高产奶牛则应增加评分次数，可在干奶前期、围产前期、分娩期、围产后期以及泌乳前、中、后期分别进行。

二、体况评分部位与方法

(一)体况评分部位

　　体况评分评定时主要根据目测和触摸奶牛的脊椎部、肋骨、腰角、尻角、尾根两侧等关键部位的皮下脂肪蓄积情况，结合被毛光亮程度、腹部凹陷深度等整体印象，达到准确、快速、科学评定的目的。

(二)评定方法

　　奶牛体况通常是以体膘评分衡量。体膘是指一头母牛所具有的脂肪量或能量的储备水平。体膘评分是以肉眼观察母牛尻部而得，主要部位有髋骨(髋结节)、臀角(坐骨结节)和尾根(图 2-5-1)。另外，腰椎上的脂肪(或肌肉)量也被用于评分指标。评分范围从 1 分(极瘦)到 5 分(极胖)。评定时，可将奶牛固定于牛床或颈枷上进行，评定人员通过对奶牛评定部位的目测和触摸，结合整体印象，对照标准给分。评定时牛体应自然站立，否则站姿不正或肌肉紧张会影响评定结果。具体评定方法如下。

图 2-5-1　牛体况评分主要部位

首先，观察牛体的大小，整体丰满程度。

其次，从牛体后侧观察尾根周围的凹陷情况，再从侧面观察腰角和尻部的凹陷情况和脊柱、肋骨的丰满程度。

最后，触摸脊椎部、肋骨、腰角、尻角、尾根两侧(重点)及尻部皮下脂肪的沉积情况。其操作要点为：

(1)用拇指和食指掐捏肋骨，检查肋骨皮下脂肪的沉积情况。过肥的奶牛，不易掐住肋骨。

(2)用手掌在牛的肩、背、尻部移动按压，以检查其肥度。

(3)用手指和掌心掐捏腰椎横突，触摸腰角和尻角。如肉脂丰厚，检查时不易触感到骨骼。

注意：当进行奶牛体况评分时，应尽量消除主观因素影响，不要考虑奶牛骨架大小、泌乳阶段和健康状况，只有当解释奶牛体况评分时才考虑这些因素。

(三)评分等级

1.1 分(图 2-5-2)

这些奶牛太瘦，没有可利用的体脂满足其需要。整个脊骨覆盖的肌肉很少，显著凸起，脊骨末端手感明显，形成延伸至腰部清晰可见的衣架样。前背、腰部和尻部的脊椎骨凸起明显。腰角和臀角之间严重凹陷。尾根以下与臀角之间的部位严重凹陷，使得该部位的骨骼结构凸起明显。

图 2-5-2　1 分

2.2 分(图 2-5-3)

有可能从这些奶牛身上获得充分的产奶量，但是其缺少体脂储存。凭视觉辨别出整个脊骨，但不凸起；脊骨末端虽覆盖的肌肉多一些，但手摸仍明显凸起；整个脊骨不使人产生清晰衣架样印象；前脊、腰部和尻部的脊椎骨在视觉上不明显，但手感仍可辨别；腰角和臀角凸起，两个臀角之间凹陷明显。泌乳高峰时 2.5 分是理想的体况，这些奶牛在大多数产奶阶段都是健康的。脊椎丰满，看不到单根骨头，椎骨可见；短肋骨上覆盖有体组织，肋骨边缘丰满；荐骨及坐骨可见但结实，连接荐骨及坐骨的韧带结实并清晰可见，髋部看上去较深；尾根两侧下凹，但尾根上已开始覆盖脂肪。

图 2-5-3　2 分

3.3 分（图 2-5-4）

用手轻轻施加压力可辨别出整个脊骨，同时，脊骨平坦，无衣架样印象；前背、腰部和尻部的脊椎骨呈圆形背脊状；腰角和臀角呈圆形且平滑，臀角之间和尾根周围部位平坦。3.5 分为奶牛理想体况评分的上限，体况评分再高一点就列入肥牛行列。在荐骨及短肋骨上可感觉到脂肪的存在，连接荐骨及坐骨的韧带上脂肪明显；荐骨及坐骨丰满，尾根两侧丰满；连接荐骨及坐骨的韧带结实。体况 3.5 分是后备牛产犊时及干奶时的理想体况。

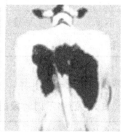

图 2-5-4　3 分

4.4 分（图 2-5-5）

用手用力按才能辨别出整个脊骨，同时脊骨呈平坦或圆形，无衣架样印象；前脊部位脊椎骨呈圆形、平坦的隆起状，但腰、尻部依然平坦；腰角呈圆形，两个腰角之间的十字部位看上去呈水平形；尾根和臀角周围部位的肌肉丰满，看得出有皮下脂肪积累。体况 4.5 分奶牛身上脂肪太多，看不到单根短肋骨，只有用力下压时才能感觉到短肋骨；荐骨及坐骨非常丰满，脂肪堆积明显；尾根两侧显著丰满，皮肤无褶皱。

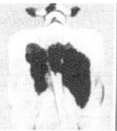

图 2-5-5　4 分

5.5 分(图 2-5-6)

视觉上看不出脊椎骨、腰角和臀角部位的骨骼结构，皮下脂肪凸起，尾根几乎埋进脂肪组织内。

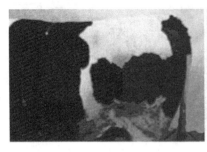

图 2-5-6　5 分

奶牛 1~5 分体况鉴定部位对比见表 2-5-1。

表 2-5-1　奶牛 1~5 分体况鉴定部位对比

分值	脊椎部	肋骨	臀部两侧	尾根两侧	髋骨、坐骨结节
1	非常凸出	根根可见	严重下陷	陷窝很深	非常凸出
2	明显凸出	多数可见	明显下陷	陷窝明显	明显凸出
3	稍显凸出	少数可见	稍显下陷	陷窝稍显	稍显凸出
4	平直	完全不见	平直	陷窝不显	不显示凸出
5	丰满	丰满	丰满	丰满	丰满

三、奶牛不同阶段的理想体况(表 2-5-2)

表 2-5-2　奶牛不同阶段的理想体况

评定时间	理想体况	不合格	后果
干奶期	3.25~3.75	>4.0	分娩时难产，食欲差，产量低，胎衣不下、真胃移位、酮病、产后瘫痪风险增加
围产期	3.0~3.75	<3.0	分娩乏力；免疫力下降；产奶持续力、乳脂率、乳蛋白率低；配种受胎率低
		>4.0	采食量低，容易伴发产科病和产后代谢病，影响泌乳性能发挥
泌乳前期	2.5~3.25	<2.5	发情和受孕延迟，免疫力下降，乳蛋白低，产奶持续力和总产量受影响
泌乳中期	2.75~3.25	>3.5	增加泌乳后期过肥的可能性，增加下一胎次代谢病发病率
		<2.5	影响产量和繁殖性能
泌乳后期	3.0~3.5	>3.75	干奶期及分娩时过肥，难产率高，产后食欲差，产后代谢病高
		<2.75	可能长期营养不良或患病，影响产量和奶品质

四、控制奶牛体况的饲养措施

奶牛过肥或过瘦均可能引发代谢失调和多种疾病，导致产奶量和受孕率下降。要保持奶牛理想或适合的体况，主要应采取以下措施：合理配制日粮，增加采食量和干物质摄入量；及时调整日粮的营养和能量浓度；调整粗蛋白和非降解蛋白的水平；提供足够的粗纤维；保证矿物质和维生素的供应。

在干奶期，体况适合的奶牛应继续改善和维持现有的膘情，饲喂中等质量的干草，避免饲喂大量谷类饲料或玉米青贮，防止过肥；体况差的奶牛则应增加营养和能量供应，使之在分娩前达到 3～3.5 分的适宜体况。

泌乳前期奶牛动用体脂以供产奶的营养需要，体重逐渐下降。体况每损失 1 分相当于 55～61 kg 成年奶牛的体重，每减重 1 kg 能产生 4.92 Mcal 产奶净能，即 6.56 kg 标准奶（按每 kg 标准奶需要 0.75 Mcal 产奶净能计算），因此，体况下降 1 分可生产 360～400 kg 标准奶。

泌乳前期的饲养要尽快使采食高峰早日到来，在 TMR（全混合日粮）配合上，要在满足最低的粗纤维和蛋白质需要的前提下，尽可能多的提供能量；注意碳水化合物和蛋白质的平衡；按 DCAB（日粮阴阳离子平衡）原则补充矿物质和维生素；提高日粮的适口性；增加饲喂次数，散栏饲养的奶牛一天应 20 h 接触饲料，并保持饲槽中有 3%～5% 的剩料。泌乳前期的奶牛如果在最初的 2 个月内体况下降超过 1 分或不到 0.5 分，都说明未能保持最适宜的体况，需要根据具体情况，修改饲养方案。

泌乳中期体况应恢复至 2.5 分以上。体况差的牛很可能受孕率也低，应做妊检并及时调整日粮，提高营养浓度，使奶牛尽快达到适合体况。如体况大于 3.5 分，则进入泌乳后期可能太肥，应减少能量摄入或提早移至低产牛群，避免饲喂高淀粉全价饲料。

奶牛进入泌乳后期体况仍在 2.5 分以下表明营养严重不良或患有疾病，应提高日粮营养浓度，及时进行体检，必要时可提早干奶，对患有严重疾病的奶牛则应考虑适时淘汰。对体况大于 3.5 分的奶牛应降低营养浓度，减少精料特别是高淀粉类饲料的喂量，防止进入干奶期后更加肥胖。

第一次产犊的小母牛分娩时体重比经产母牛低 100～150 kg，由于体格较小、体重较轻，采食量和干物质摄入量均显著低于经产牛。应在分娩前就加强营养，适当增加饲料喂量，但必须控制淀粉类饲料，谷类饲料的喂量不应超过小母牛体重的 1%，防止过肥，同时要注意精粗饲料的适当搭配，以防发生消化功能障碍。

头产牛泌乳持续性较强，在泌乳曲线中没有经产牛那样明显的泌乳高峰，故在泌乳前期发生能量负平衡的程度低于经产牛，又因头产牛有较强的泌乳持续性，故它要把摄入的能量转换成体脂储存需要比经产牛更长的时间，这些特点在日粮供应上应予充分考虑。此外，头产牛仍处于生长阶段，对它的维持营养供给应比经产牛增加 20%（第 2 胎牛应增加 10%）。

分群饲养是调整和控制奶牛体况的重要技术措施，在奶牛的整个饲养管理过程中，都应该根据牛群规模、泌乳阶段、产奶量、膘情和个体情况，适当分群，适时调整，以保证奶牛在不同时期的理想或适合体况，提高牛群的生产水平和经济效益。

●●●●● 任务工单

任务名称	奶牛体况评分评定		
任务描述	利用视频，说明奶牛体况评分的意义、时间、评分方法；针对活牛，进行体况评分，并对评分结果进行分析		
准备工作	1. 奶牛体况评分视频 2. 荷斯坦牛图片 3. 体况评分标准 4. 不同阶段的荷斯坦牛只 5. 缰绳、纸和笔		
实施步骤	1. 观看体况评分视频，说明体况评分意义、时间、评分方法及评分要求 2. 比对荷斯坦牛只图片，将其按照体况评分1～5分顺序，将牛图片排序 3. 以小组为单位，对荷斯坦牛进行实地体况评分评定，综合小组所有成员意见，明确结果 4. 分析体况评分结果		
考核评价	考核内容	评价标准	分值
	口述体况评分意义、时间、评分方法	意义、时间正确(10分)；评分方法正确(10分)；评定注意事项正确(10分)	30分
	体况排序	将荷斯坦图片牛只按照1～5分顺序排序，排序正确(10分)	10分
	体况评分	对活牛进行体况评分(10分)；评分方法正确(10分)；评分结果合理(10分)	30分
	结果分析	正确分析牛只体况评分和所处生理阶段的吻合度(10分)；正确分析该牛只饲喂管理的可行性(20分)	30分

任务 6　绵羊品种识别

●●●● **目标呼应**

任务目标	课程教学目标
掌握绵羊品种分类方法	
掌握各绵羊品种的产地、分布、外貌特征和生产性能	能辨别羊的品种
能综合分析各种因素影响，选择适宜品种饲养	

●●●● **情境导入**

　　绵羊生产品种选择要考虑当地资源条件、市场和生产方向。外来品种或引进品种要慎重考虑，尤其是距离较远、饲养管理方式差别大的品种，以免发生水土不服、生长缓慢、疾病频发等情况。要认真查阅专业资料，必要时做一定的市场调研，确定饲养品种。

●●●● **知识链接**

一、绵羊品种分类

(一)动物学分类法

　　以绵羊尾形的差异和大小为特征来进行分类。尾形的差异指尾椎上脂肪沉积的程度和沉积的外形；尾的大小指尾的长短，即尾尖是否达到或超过飞节。据此可将绵羊分为5类。

　　1. 短瘦尾羊

　　短瘦尾羊指尾部不沉积脂肪或脂肪较少，尾尖达不到飞节，如西藏羊。

　　2. 长瘦尾羊

　　长瘦尾羊指尾部不沉积脂肪或脂肪较少，尾尖达到或超过飞节，如新疆细毛羊。

　　3. 短脂尾羊

　　短脂尾羊指尾部沉积脂肪较多，尾尖在飞节以上，如蒙古羊、小尾寒羊、湖羊等。

　　4. 长脂尾羊

　　长脂尾羊指尾部沉积脂肪较多，尾尖达到或超过飞节，如大尾寒羊、同羊等。

　　5. 肥臀羊

　　肥臀羊指脂肪沉积在尾根部，形成肥大的脂臀，如哈萨克羊、阿勒泰羊等。

(二)生产性能分类法

　　根据绵羊的主要产品及经济用途，可分为毛用羊、肉用羊、皮用羊、乳用羊。

　　1. 毛用羊

　　毛用羊根据羊毛品质可分为细毛羊、半细毛羊、粗毛羊。

　　(1)细毛羊：被毛白色、同质，细度在 60 支以上，12 月龄体侧毛长在 7 cm 以上。多数公羊有发达的螺旋形角,母羊无角。公羊颈部有1~2个横皱褶;母羊有1个横皱褶或发达的纵皱褶。头毛着生至两眼连线,四肢盖毛,前肢到腕关节,后肢到飞节或飞节以下,腹毛着生良好,被毛的细度与长度基本一致并具有一定的弯曲。例如,新疆细毛羊等。

(2)半细毛羊:生产同质半细毛,毛纤维细度为32~58支,长度不一,越粗则越长。半细毛羊按被毛的长度可分为长毛种和短毛种,如林肯羊属于长毛种,毛纤维长度在8 cm以上;短毛种羊如萨福克羊、南丘羊、陶赛特羊等,羊毛长度为5~8 cm。半细毛羊依体形结构和产品的侧重点,可分为毛肉兼用和肉毛兼用两大类。

(3)粗毛羊:是我国主要的羊种资源,被毛由粗毛、细毛和两型毛组成,为异质毛。产毛量低,毛品质差,纺织价值低,只能做地毯、擀毡和粗呢用。例如,蒙古羊、哈萨克羊等。

2. 肉用羊

肉用羊以产肉性能的高低及专门化程度可分为肉脂羊和肉羊。

(1)肉脂羊:具有肥大的尾部(脂尾和肥臀),善于储存脂肪,产肉性能较好。我国粗毛羊皆属于肉脂羊类,生产性能较好的品种有大尾寒羊、小尾寒羊、阿勒泰羊、乌珠穆沁羊等。

(2)肉羊:具有生长发育快、早熟、饲料报酬高、产肉性能好、肉质佳、繁殖率高、适应性强的特点。肉用羊品种主要产于英国、法国等,如夏洛莱羊、萨福克羊等。

3. 皮用羊

皮用羊主要分为裘皮羊和羔皮羊。

(1)裘皮羊:我国商业收购上分为两类:一类是裘皮绵羊品种所产的裘皮,称为"二毛皮"。如滩羊的裘皮称为"滩羊二毛皮",是我国裘皮羊的典型品种;另一类是非裘皮羊所产的裘皮,称作"绵羊二毛皮",其品质和价格不及前者。

(2)羔皮羊:我国羔皮羊绵羊品种有湖羊和卡拉库尔羊。

4. 乳用羊

乳用羊具有优良的产乳性能,但高产品种不多,著名品种有东佛里生绵羊。

(三)其他分类

依羊是否经改良,将羊品种分为改良品种和本地品种;依品种的来源和形成历史,又将我国现有的品种分为本地品种、培育品种和引入品种三类。

二、绵羊品种

(一)毛用绵羊品种

1. 澳洲美利奴羊

澳洲美利奴羊(图2-6-1)原产于澳大利亚和新西兰,是世界上最著名的细毛羊品种。

(1)外貌特征:澳洲美利奴羊体形近似长方形,腿短,体宽,背部平直,后肢肌肉丰满。公羊颈部有1~3个发育完全或不完全的横皱褶,母羊有发达的纵皱褶,有角或无角。毛丛结构良好,密度大,细度均匀,油汗白色,弯曲弧度均匀整齐而明显,光泽良好。羊毛覆盖头部至两眼

图2-6-1　澳洲美利奴羊

连线，前肢达腕关节，后肢达飞节。

（2）生产性能：澳洲美利奴羊根据体重、羊毛细度和长度的不同，分为超细型、细毛型、中毛型和强毛型四个类型。不同类型澳洲美利奴羊生产性能见表 2-6-1。

表 2-6-1　不同类型的澳洲美利奴羊的生产性能

类型	体重/kg		剪毛量/kg		细度/支	净毛率/%	毛长/cm
	公	母	公	母			
超细型	50～60	32～48	7～8	3.4～4.5	70～80	65～70	7.0～7.5
细毛型	60～70	32～48	7.5～8.5	4～5	64～70	58～63	7.5～8.5
中毛型	70～90	40～45	8～12	5～6.5	60～64	62～65	8.5～10
强毛型	80～100	43～68	8.5～14	5～8	58～60	60～65	9～13

2. 新疆细毛羊

新疆细毛羊（图 2-6-2）原产于新疆伊犁地区巩乃斯种羊场，是我国育成的第一个细毛羊品种。

（1）外貌特征：新疆细毛羊体大结实，结构匀称，体躯深长。公羊大多数有螺旋形角，鼻梁微有隆起，颈部有 1～2 个完全或不完全的横皱褶，体躯无皱褶；母羊无角或只有小角，鼻梁呈直线，颈部有一个横皱褶或发达的纵皱褶，体躯无皱褶。皮肤宽松，胸宽深，背平直，后躯丰满，四肢肢势端正，少数个体眼圈、耳、唇有小色斑。被毛同质白色，头毛着生至两眼连线，后

图 2-6-2　新疆细毛羊

肢毛达飞节或飞节以下，腹毛着生良好。成年公羊体高为 75.3 cm，体长为 81.9 cm，体重为 93 kg；母羊分别为 65.9 cm、72.6 cm、45 kg。

（2）生产性能：新疆细毛羊全身被毛白色，闭合性良好，毛密度中等以上，毛丛弯曲正常，无环状弯曲。每年春季剪毛一次，成年公羊剪毛量为 12.2 kg，成年母羊为 5.5 kg。周岁公、母羊的剪毛量分别为 5.4 kg、5 kg。成年公、母羊羊毛长度分别为 10.9 cm、8.8 cm，周岁公、母羊羊毛长度均为 8.9 cm。净毛率为 49.8%～54.0%。羊毛细度以 64 支为主，油汗以乳白色和淡黄色为主，含脂率为 12.57%。

经夏季放牧的 2.5 岁羯羊宰前重为 65.5 kg，屠宰率平均为 49.5%，净肉率为40.8%。经夏季育肥的当年羔羊（9 月龄羯羊）宰前重为 40.9 kg，屠宰率可达 47.1%。8月龄性成熟；1.5 岁初配，季节性发情，以产冬羔和春羔为主，产羔率为 130% 左右。

3. 中国美利奴羊

中国美利奴羊（图 2-6-3）由内蒙古的嘎达苏种畜场、新疆的巩乃斯种羊场和紫泥泉种羊场、吉林的查干花种羊场育成的，主要分布在新疆、内蒙古、吉林等羊毛主产区。

（1）外貌特征：中国美利奴羊体形呈长方形，头毛密而长，着生至眼线，外形似帽状。胸宽深，背平直，尻宽平，后躯丰满。公羊有螺旋形角，颈部有 1～2 个横皱褶；母羊无

角，有发达的纵皱褶。前肢细毛到腕关节，后肢至飞节。被毛密度大，毛长，白色，有明显的大、中弯曲。

图 2-6-3 中国美利奴羊

（2）生产性能：中国美利奴羊有良好的产毛性能，成年公羊剪毛量为 16～18 kg，成年母羊为 6.4～7.2 kg，净毛率为 60% 以上，毛丛自然长度为 9～12 cm，羊毛主体支数为 64 支，是高档的纺织原料。具有一定的产肉性能，成年羯羊宰前体重为 51.9 kg，屠宰率为 44.1%。母羊产羔率为 117%～128%。遗传性能稳定，与各地细毛羊杂交改良效果良好。

4. 东北细毛羊

东北细毛羊（图 2-6-4）原产于我国东北地区，是我国育成的第二个细毛羊品种。

（1）外貌特征：东北细毛羊体质结实，结构匀称，体躯长，后躯丰满，肢势端正。公羊有螺旋形角，颈部有 1～2 个横皱褶；母羊无角，颈部有发达的纵皱褶。被毛白色，毛丛结构良好，弯曲正常，油汗适中。成年公羊体高为 74.3 cm，母羊为 67.5 cm；体长分别为 80.6 cm、72.3 cm；胸围分别为 105.3 cm、95.5 cm。

图 2-6-4 东北细毛羊

（2）生产性能：东北细毛羊剪毛后体重公羊为 83.66 kg，母羊为 45.03 kg。剪毛量公羊为 13.44 kg，母羊为 6.10 kg。净毛率为 35%～40%。羊毛长度公羊为 9.33 cm，母羊为 7.37 cm。产羔率为 125%，屠宰率为 38.8%～52.4%。

5. 其他毛用绵羊品种

（1）波尔华斯羊：其原产于澳大利亚维多利亚州。其体质结实，结构匀称，背腰宽平，体形外貌近似美利奴羊。公、母羊均无角，全身无皱褶，羊毛覆盖头部至两眼连线，腹毛着生良好且呈毛丛结构，毛丛有大、中弯曲，油汗为白色或乳白色。成年公羊剪毛后体重为 56～77 kg，母羊为 45～56 kg；成年公羊剪毛量为 5.5～9.5 kg，母羊为 3.6～5.5 kg。毛长为 10～15 cm，净毛率为 55%～65%。母羊全年发情，泌乳性能好。产羔率为 140%～160%。

（2）高加索细毛羊：其原产于俄罗斯斯塔夫洛波尔边区。其体形较大，体质结实，体躯长，胸宽，背平，鬐甲略高。颈部有 1～3 个横皱褶，体躯有小而不明显的皱褶。成年公羊体重为 90～100 kg，母羊为 50～55 kg；成年公羊剪毛量为 12～14 kg，母羊为 6～6.5 kg。净毛率为 40%～42%。毛长为 7～9 cm，细度 64 支。经产母羊产羔率为 120%～140%。

（3）罗姆尼羊：其原产于英国。其体质结实，无角，颈短，体宽深，背部较长，前躯丰满，后躯发达，被毛白色，品质好，蹄为黑色，鼻唇暗色，耳及四肢有斑点。公羊体重为 110～120 kg，母羊为 60～80 kg；剪毛量公羊为 6～8 kg，母羊为 3～4 kg。产羔率为 120%。

（4）边区莱斯特羊：其原产于英国北部苏格兰。其体格大，体质结实，体躯长，背宽平，公、母羊均无角，鼻梁隆起，耳竖立，头、面部和四肢下端无盖毛，故面部和四肢显得白净。成年公羊体重为 90～140 kg，母羊为 60～80 kg；剪毛量公羊为 5～9 kg，母羊为 3～5 kg。净毛率为 65%～80%，毛长为 20～25 cm，细度为 44～48 支，光泽好。产羔率为 120%～200%。羔羊成熟早，4～5 月龄羔羊胴体重达 22.4 kg，胴体品质好。

（二）肉用绵羊品种

1. 小尾寒羊

小尾寒羊（图 2-6-5）是我国古老的地方优良品种之一，属肉脂兼用型短脂尾羊。

小尾寒羊主要分布在黄河中下游农区，以山东省西南部和河南省台前县的小尾寒羊品质最好。具有生长发育快、早熟、繁殖力强、性能遗传稳定、适应性强，被国家定为名畜良种，并被列入《国家畜禽遗传资源保护目录》。小尾寒羊肉质细嫩，肉味鲜香，净肉率高，其羔羊肉更是古今闻名的肉中珍品。

图 2-6-5　小尾寒羊

（1）外貌特征：小尾寒羊头略显长，鼻梁隆起，耳大下垂，公羊有螺旋形角，母羊有小角或无角。颈较长，背腰平直，体躯高大，前后躯发育匀称，四肢粗壮，蹄质结实。尾略呈椭圆形，下端有纵沟，尾长在飞节以上，被毛白色。公羊体高为 90.87 cm，母羊为 77.07 cm；公羊体长为 91.87 cm，母羊为 77.53 cm；公羊胸围为 107.05 cm，母羊为 87.55 cm。

（2）生产性能：小尾寒羊被毛属混型毛，公羊剪毛量为 3.5 kg，母羊为 2.1 kg。净毛率为 63.0%。毛长为 11.5～13.3 cm。生长发育快，成熟早，肉用性能好。公羊初生重为 3.61 kg，母羊为 3.84 kg；周岁公羊体重为 60.83 kg，母羊为 41.33 kg；成年公羊体重为 94.15 kg，母羊为 48.75 kg。屠宰率为 55.6%。性成熟早，母羊四季发情，通常 2 年产 3 胎，优良条件下 1 年 2 胎，每胎产双羔、三羔者屡见不鲜，产羔率为 270%，居我国地方绵羊品种之首。

2. 夏洛莱羊

夏洛莱羊（图 2-6-6）原产于法国夏洛莱地区，是短毛型肉用细毛羊品种。

（1）外貌特征：夏洛莱羊公、母羊均无角，耳修长并向斜前方直立，头和面部无毛，被毛同质、白色。额宽、耳大、颈短粗、肩宽平、胸宽而深，肋部拱圆，背部肌肉发达，体躯呈圆桶状，后躯宽大。两后肢距离大，肌肉发达，呈倒"U"形，四肢较短。皮肤粉红色或灰色，少数个体唇端或耳缘有黑斑。

（2）生产性能：夏洛莱羊具有成熟早、繁殖力强、泌乳多、羔羊生长发育快、胴体品质好、

图 2-6-6　夏洛莱羊

瘦肉多，脂肪少、屠宰率高、适应性强等特点，是生产肥羔的理想肉羊品种。成年公羊体重为100～140 kg，母羊为75～95 kg；6月龄公羔体重为48～53 kg，母羔为38～43 kg。4月龄羔羊胴体重为20～22 kg，屠宰率为55％以上。毛长为7 cm左右，细度为56～68支。剪毛量为3～4 kg。产羔率高，经产母羊为182％，初产母羊为135％。

3.无角道赛特羊

无角道赛特羊(图2-6-7)原产于澳大利亚和新西兰。

(1)外貌特征：无角道赛特羊被毛为白色、同质，公、母羊均无角，颈短粗，胸宽深，肋骨开张，背腰平直，整个躯体呈圆桶状，四肢粗壮，后躯丰满，肉用体形明显。

(2)生产性能：无角道赛特羊成熟早，羔羊生长发育快，母羊产羔率高，母性强，能常年发情配种，适应性强。成年公羊体重为85～110 kg，成年母羊为65～80 kg。毛长为7.5～10 cm，净毛率为60％，细度为56～58支，剪毛量为2.5～

图 2-6-7　无角道赛特羊

3.5 kg。胴体品质好，产肉性能高，经过肥育的4月龄羔羊胴体重，公羔为22 kg，母羔为19.7 kg，屠宰率为50％以上。母羊产羔率为130％～180％。

4.萨福克羊

萨福克羊(图2-6-8)原产于英国，属肉用短毛品种羊。

(1)外貌特征：萨福克羊头短而宽，鼻梁隆起，耳大，公、母羊均无角，颈短粗，胸宽深，背、腰和臀部长宽而平。肌肉丰满，后躯发育良好。体躯主要部位被毛白色，头、面部、耳和四肢下端为黑色，无羊毛覆盖。

(2)生产性能：萨福克羊早熟，生长发育快，产肉性能好。母羊母性强，繁殖力强。成年公羊体重为100～110 kg，母羊为60～70 kg；4月龄公羔胴体重为24.2 kg，母羔为19.7 kg。毛长为7～8 cm，细度为50～58支，净毛率为60％左右，剪毛量为3～4 kg。产羔率为130％～140％。

图 2-6-8　萨福克羊

5.杜泊羊

杜泊羊(图2-6-9)原产于南非。

(1)外貌特征：杜泊羊分白头和黑头两种，头上有短、暗、黑或白色的毛，体躯有短而稀的浅色毛，腹部有明显的干死毛。公、母羊均无角，颈粗短，肩平宽，体长而圆，胸宽深，背腰宽平，后躯发育良好，四肢短粗，肢势端正，全身肌肉丰满，

图 2-6-9　杜泊羊

肉用体形好。

(2)生产性能:杜泊羊体质结实,适应炎热、干旱、潮湿、寒冷等多种气候条件。具有成熟早、羔羊生长迅速、胴体品质好、屠宰率高、母羊繁殖力强、泌乳多、适应性强等特点,是生产肥羔的理想肉羊品种。成年公羊体重为 100～110 kg,母羊为 75～90 kg。3.5～4 月龄的羔羊体重可达 36 kg,胴体重为 16 kg 左右,羔羊初生重达 5.5 kg,日增重可达 300 g 以上。母羊的产羔间隔期为 6 个月,在饲料条件和管理条件较好的情况下,母羊可达到 1 年 2 胎。杜泊羊具有多羔性,在良好的饲养管理条件下,一般产羔率能达到 150%。

6. 其他肉用绵羊品种

(1)德国美利奴羊:德国美利奴羊原产于德国。其公、母羊均无角,颈部及体躯皆无皱褶。体格大,胸深宽,背腰平直,肌肉丰满,后躯发育良好。被毛白色,密而长,弯曲明显。成年体重公羊为 90～100 kg,母羊为 60～70 kg。羔羊生长发育快,6 月龄体重可达 38～45 kg,胴体重为 19～22 kg。产羔率为 150%～175%,羔羊死亡率低。

(2)乌珠穆沁羊:乌珠穆沁羊原产于内蒙古乌珠穆沁草原。其耳大下垂,体格高大,体躯长,背腰宽,肌肉丰满,后躯发育良好,肉用体形比较明显。白毛占 10% 左右,白毛黑头占 62% 左右,杂毛者占 11%。裘皮、皮板厚而结实,保暖,羊毛柔软多为半环形花卷,羔皮是制皮袍的好材料。公羊初生重为 4.58 kg,母羊为 3.82 kg;6～7 月龄公羊体重为39.6 kg,母羊为 35.9 kg;成年公羊体重为 74.43 kg,母羊为 57.4 kg,羯羊为 73 kg。屠宰率为 58.4%,净肉率为 37.8%,尾及内脏脂肪重为 8.3 kg,产羔率为 100.2%。

(3)阿勒泰羊:阿勒泰羊分布于新疆维吾尔自治区的阿勒泰等地。其鼻梁稍隆起,耳大下垂,公羊有较大的螺旋角,母羊多数有角。肌肉发育良好,后躯高,臀部丰满,四肢高大结实。沉积在尾椎附近的脂肪成方圆的"臀脂"。被毛以棕红为主,有纯黑、纯白或白体黄、黑头者。公羊体高为 76.32 cm,母羊为 71.56 cm;公羊体长为 77.65 cm,母羊为74.18 cm;公羊胸围为 101.43 cm,母羊为 94.77 cm;成年公羊体重为 85.6 kg,母羊为67.4 kg。被毛异质,剪毛量为 1.63～2.04 kg,净毛率为 71.24%,屠宰率为 50.9%～53%,产羔率为 110.3%。

(三)皮用绵羊品种

1. 滩羊

滩羊原产于宁夏中部,是我国独特的裘皮品种。

(1)外貌特征:滩羊体格中等大小,体躯较窄长,公羊有螺旋形大角,母羊多无角或有小角。头部常有褐色、黑色或黄色斑块,体躯被毛一般为白色,四肢较短,尾长下垂,尾根部宽,尾尖部细圆,至飞节以下。

(2)生产性能:滩羊成年公羊体重为 40～50 kg,剪毛量为 1.9 kg;成年母羊体重为 35～45 kg,剪毛量为 1.12 kg。产羔率为 110%,屠宰率为 45% 以上。以所产二毛皮(出生后 30 d 左右宰剥的羔皮)为主要产品。

2. 卡拉库尔羊

卡拉库尔羊(图 2-6-10)原产于中亚各国的荒漠和半荒漠草原地区,是世界著名的羔皮羊品种。

(1)外貌特征:卡拉库尔羊头稍长,鼻梁隆起,耳大下垂,前额有卷曲的毛发。公羊多数有角，螺旋形向两侧伸出，母羊多数无角。颈中等长，胸深，体宽，尻斜，四肢结实，尾基部宽大，尾尖呈"S"状弯曲，下垂至飞节。毛色主要呈黑色，灰色和彩色数量较少，黑色羊羔成年后由黑变褐最后成灰白色；灰色羊羔成年后变成白色；彩色羊羔成年后变成棕白色。头、四肢、腹部及尾尖的毛色终生不变。

图 2-6-10　卡拉库尔羊

（2）生产性能：卡拉库尔羊成年公羊体重为 60～90 kg，剪毛量为 3～3.5 kg；成年母羊体重为 45～70 kg，剪毛量为 2.5～3 kg。羔皮（出生后 3 d 以内屠宰剥皮）光泽正常或强丝光性，毛卷多以平轴卷、鬈形卷为主，99% 为黑色，极少数为灰色，价值很高，在国际市场享有很高声誉，被称为"波斯羔皮"。产羔率为 105%～115%。

●●●●● 任务工单

任务名称	绵羊品种识别		
任务描述	结合图片，说明各品种的名称、产地、分布、外貌特征、生产方向及生产性能。试着分析适宜自己家乡的绵羊品种		
准备工作	1. 各品种绵羊(中国美利奴羊、新疆细毛羊、东北细毛羊、内蒙古细毛羊、中国卡拉库尔羊、乌珠穆沁羊、欧拉型西藏羊、阿勒泰羊、小尾寒羊、澳洲美利奴羊、波尔华斯羊、高加索细毛羊、罗姆尼羊、林肯羊、考力代羊、边区莱斯特羊)的模型、图片、PPT 2. 收集各地饲养绵羊的报道		
实施步骤	1. 认真观察、对比绵羊模型、图片和 PPT 2. 根据图片信息，说明品种名称、产地、分布、外貌特征、生产方向及生产性能 3. 分析自己家乡的气候条件和消费情况，以及适宜饲养的绵羊品种		
考核评价	考核内容	评价标准	分值
	绵羊品种识别	依据图片，正确说明图片品种名称(5分)、产地(5分)、分布(5分)、外貌特征(15分)	30分
	绵羊生产性能	正确说明图片品种生产方向(10分)、生产性能(20分)	30分
	饲养品种分析	自己家乡的气候条件分析正确(10分)；自己家乡的经济和消费情况分析正确(10分)；当地适宜的饲养品种情况分析正确(20分)	40分

任务7　山羊品种识别

●●●●● 目标呼应

任务目标	课程教学目标
了解山羊品种的分类方法	能辨别山羊品种
掌握各山羊品种的外貌特征和生产性能	
能合理选择山羊品种饲养	

●●●●● 情境导入

小王通过多种渠道了解了养羊行情、发展趋势，想养些山羊来增加收入，但山羊的品种很多，各个品种的差异也很大。那么，他应该怎样结合当地条件来选择适合的品种呢？

●●●●● 知识链接

一、山羊品种分类

山羊根据生产方向一般分为以下六类。

（一）绒用山羊

绒用山羊，如辽宁绒山羊、内蒙古绒山羊、河西绒山羊。

（二）毛用山羊

毛用山羊，如安哥拉山羊、苏维埃毛用山羊等。

（三）毛皮山羊

毛皮山羊，如济宁青山羊、中卫山羊、埃塞俄比亚羔皮山羊等。

（四）肉用山羊

肉用山羊，如马头山羊、波尔山羊等。

（五）奶用山羊

奶用山羊，如萨能奶山羊、关中奶山羊、崂山奶山羊等。

（六）普通山羊

普通山羊，在羊毛、羊肉、羊皮三大产品方面没有特殊优势，生产性能一般，又称为兼用品种，如西藏山羊、新疆山羊等。

二、山羊品种

（一）乳用山羊品种

1. 萨能奶山羊

（1）产地及分布：萨能奶山羊（图2-7-1）原产于瑞士，是世界上最优秀的奶山羊品种之一，是奶山羊的代表。

（2）外貌特征：萨能奶山羊全身白毛，皮肤粉红色，体格高大，结构匀称，结实紧凑。

其具有头长、颈长、体长、腿长的特点。额宽，
鼻直，耳薄长，眼大凸出，眼球微黄，多数无
角，有的有肉垂。母羊胸部丰满，背腰平直，腹
大而不下垂，后躯发达，乳房基部宽广，形状方
圆，质地柔软；公羊颈部粗壮，前胸开阔，体质
结实，外形雄伟，尻部发育好，四肢端正。部分
羊肩、背及股部生有长毛。

图 2-7-1　萨能奶山羊

　　(3)生产性能：萨能奶山羊成年公羊体重为
75～100 kg，母羊为 50～65 kg。母羊泌乳性能
良好，泌乳期为 8～10 个月，可产奶为 600～1
200 kg，乳脂率为 3.8%～4%。头胎多产单羔，
经产母羊多为双羔或多羔，产羔率一般为 170%～180%，高者可达为 200%～220%。

　　2. 关中奶山羊

　　(1)产地及分布：关中奶山羊(图 2-7-2)产于陕西省关中地区。

　　(2)外貌特征：关中奶山羊体质结实，头长、
额宽，眼大，耳长，鼻直，有的羊有角、有髯。
颈下部有肉垂，母羊颈长胸宽，背腰平直，腹大
不下垂，尻部宽长，倾斜适中，乳房大，呈圆
形，乳头大小适中；公羊头大，颈粗，胸部宽
深，腹部紧凑。四肢结实，蹄质坚实，蹄壁蜡黄
色。部分羊耳、唇、鼻及乳房皮肤上有大小黑
斑，老龄羊更盛。全身毛短色白，皮肤粉红色。

图 2-7-2　关中奶山羊

　　(3)生产性能：关中奶山羊成年公羊体重为
65 kg 以上；母羊体重不少于 45 kg。公母羊均在
4～5 月龄性成熟，一般 5～6 月龄配种，平均产
羔率为 178%。一般泌乳期为 7～9 个月，年产奶为 450～600 kg，乳脂率 3.8%～4.3%。

　　3. 崂山奶山羊

　　(1)产地及分布：崂山奶山羊原产于山东省胶东半岛，主要分布于崂山及周边区市。

　　(2)外貌特征：崂山奶山羊体质结实粗壮，结构紧凑匀称，头长额宽、鼻直、眼大、
嘴齐、耳薄并向前外方伸展。其全身白色，毛细短，皮肤粉红有弹性，成年羊头、耳、乳
房有浅色黑斑。公母羊大多无角，有肉垂。公羊颈粗、雄壮，胸部宽深，背腰平直，腹大
不下垂，四肢较高，蹄质结实，蹄壁淡黄色、睾丸大小适度、对称、发育良好；母羊体躯
发达，乳房基部发育好、上方下圆、皮薄毛稀、乳头大小适中对称。

　　(3)生产性能：崂山奶山羊成年公羊平均体重为 80 kg，体高为 80～88 cm；成年母羊平均
体重为 49 kg，体高为 68～74 cm。母羊泌乳期为 7～8 个月，1 胎平均产乳量为 400 kg 以上，2
胎平均为 550 kg 以上，3 胎为 700 kg 以上。母羊性成熟早，出生后 3～4 月龄、体重为 20 kg 左
右开始发情，每年的发情季节在 8 月下旬到翌年 1 月底，发情旺季在 9～10 月。母羊 8 月龄、
体重达 30 kg 以上时即可初配，母羊 1 胎产羔率 130%，2 胎产羔率为 160%，3 胎可达 200%
以上，平均产羔率为 180%，产双羔的占 52.9%，产三羔的占 13.4%。

（二）毛绒用山羊品种

1. 辽宁绒山羊

（1）产地及分布：辽宁绒山羊（图 2-7-3）原产于辽东半岛，具有产绒量高、绒纤维长、粗细度适中、体形硕大、适应性强、遗传性能稳定、改良低产山羊效果显著等特点。

（2）外貌特征：辽宁绒山羊被毛全白，体质健壮，结构匀称、紧凑，头轻小，额顶有长毛，颌下有髯，公羊角粗大，向后斜上方两侧螺旋式伸展，母羊角向后斜上方两侧捻曲伸出。颈宽厚、与肩部结合良好，背腰平直，四肢粗壮，肢蹄结实，短瘦尾，尾尖上翘。被毛柔软有弹性，绒层厚实，被毛覆

图 2-7-3　辽宁绒山羊

盖良好，用两手分开毛丛，可见亮白、密而长的绒丛。

（3）生产性能：辽宁绒山羊成年公羊体重为 40 kg 以上，产绒量为 450 g 以上；成年母羊体重为 30 kg 以上，产绒量为 300 g 以上。绒自然长度为 40 mm 以上，绒细度为 10～20 μm，含绒率为 60％以上。公、母羊 7～8 月龄开始发情，周岁产羔，母羊平均产羔率 120％～130％。成年羯羊屠宰率为 50％左右。

2. 安哥拉山羊

（1）产地及分布：安哥拉山羊（图 2-7-4）原产于土耳其的安哥拉地区，以产优质"马海毛"而著名。

（2）外貌特征：安哥拉山羊体格中等，公、母羊均有角，耳大下垂，鼻梁平直或微凹，胸狭窄，尻倾斜，骨骼细，体质较弱。全身被毛白色，毛被由波浪形或螺旋形的毛辫组成，毛辫长可垂地。

（3）生产性能：安哥拉山羊成年公羊体重为 55～60 kg，母羊为 36～42 kg。剪毛量公羊为 3.5～6.0 kg，母羊为 3.0～4.0 kg。毛股自然长度为 18～25 cm，毛纤维直径为

图 2-7-4　安哥拉山羊

35～52 μm，羊毛含脂率为 6％～9％，净毛率为 65％～85％。一般每年剪毛 2 次。性成熟较晚，一般母羊 18 月龄开始配种，多产单羔，产羔率为 100％～110％。

（三）肉用山羊品种

1. 波尔山羊

（1）产地及分布：波尔山羊（图 2-7-5）原产于南非，被称为世界"肉用山羊之王"，是世界上著名的生产高品质瘦肉的山羊品种。其具有体形大、生长快，繁殖力强、产羔多，屠宰率高、产肉多，肉质细嫩、适口性好，耐粗饲、适应性强、抗病力强和遗传性稳定等特点。波尔山羊是优良公羊的重要品种来源，作为终端父本能显著提高杂交后代的生长速度和产肉性能。

图 2-7-5　波尔山羊

（2）外貌特征：波尔山羊毛色为白色，头颈为红褐色，额端到唇端有一条白色毛带。公母羊均有角，角坚实，长度中等，公羊角基粗大，向后、向外弯曲；母羊角细而直立。有鬚，耳大下垂，长度超过头长。颈部与体躯、前肢结合良好，肌肉丰满，胸宽且深，肋骨开张，背腰宽厚平直，后躯宽长丰满，四肢强健，结构匀称，高度适中。公羊有大而对称的睾丸，母羊有大而丰满的乳房。

（3）生产性能：波尔山羊成年公羊体高为 75～90 cm，体长为 85～95 cm，体重为 95～110 kg；成年母羊体高为 65～75 cm，体长为 70～80 cm，体重为 65～75 kg。初生羔重为 3～4 kg，单羔初生重为 5 kg 以上。在集约化育肥条件下，平均日增重可达 400 g。母性好，性成熟早，通常公羊在 6 月龄，母羊在 10 月龄时达到性成熟。每 2 年产 3 胎，产羔率为 160％～220％。屠宰率超过 50％，肉质细嫩，肌肉横断面呈大理石状花纹。

2. 南江黄羊

（1）产地及分布：南江黄羊原产于四川省南江县，是我国培育的第一个肉用山羊品种，以其生长发育快、产肉性能好、繁殖能力强、板皮品质优、适应范围广、改良效果佳的独特优势而闻名。

（2）外貌特征：南江黄羊被毛黄色，毛短而富有光泽，面部毛色黄黑，鼻梁两侧有一对称的浅色条纹，公羊颈部及前胸着生黑黄色粗长被毛，自枕部沿背脊有一条黑色毛带，十字部后渐浅。头大适中，鼻微隆，有角或无角，体躯略呈圆桶形，颈长度适中，前胸深广，肋骨开张，背腰平直，四肢粗壮。

图 2-7-6　成都麻羊

（3）生产性能：南江黄羊成年公羊体重为 60 kg，母羊体重为 41 kg。屠宰率为 56％。板皮品质良好，板质结实，厚薄均匀。母羊常年发情并可配种受孕，8 月龄可初配，可年产两胎，双羔率为 70％以上，多羔率为 13.5％，经产母羊产羔率为 207.8％。

3. 成都麻羊

（1）产地及分布：成都麻羊（图 2-7-6）产于四川省成都平原。

（2）外貌特征：成都麻羊头中等大小，两耳侧伸，额宽而微凸，鼻梁平直，颈长短适中，背腰宽平，屁部倾斜，四肢粗壮，蹄黑色、蹄质坚实。体格较小、被毛深褐、腹下浅褐色，两颊各具一浅灰色条纹。具黑色背脊线，肩部亦具黑纹沿肩胛两侧下伸，四肢及腹部毛长。公、母羊大多数有角，公羊角粗大，向后方弯曲并略向两侧扭转；母羊角较短小，多呈镰刀状。公羊及大多数母羊下颌有髯，部分羊颈下有肉垂。公羊前躯发达，体形呈长方形，体态雄壮；母羊后躯深广，背腰平直，尻部略斜。乳房呈球形。

（3）生产性能：成都麻羊成年公羊体重为 42 kg，母羊为 36 kg，成年羯羊屠宰率为 54%，净肉率为 38%，羊肉品质好，肉色红润，脂肪分布均匀。母羊产乳性能较高，泌乳期为 5～8 个月，泌乳量为 150～250 kg，乳脂率为 6% 以上。性成熟早，繁殖力强，常年发情，一年可产 2 胎，每胎产 2～3 羔。4～5 月龄开始发情，6～8 月龄配种，产羔率为 209%。

（四）羔皮和裘皮山羊品种

1. 中卫山羊

（1）产地及分布：中卫山羊（图 2-7-7）又叫沙毛山羊，是我国特有的裘皮用山羊品种。其主产于宁夏回族自治区的中卫县，具有耐粗饲、耐湿热、对恶劣环境条件适应性好、抗病力强、耐渴性强的特点。其有饮咸水、吃咸草的习惯。

（2）外貌特征：中卫山羊被毛分为内、外两层，外层为粗毛，由有浅波状弯曲的真丝样光泽的两型毛和有髓毛组成；内层由柔软纤细的绒毛和微量银丝样光泽的两型毛组成。被毛以纯白色为主，也有少数全黑色。成年羊头部清秀，面部平直，额部丛生一束长毛，颌下有长须，公母山羊均有角，呈镰刀形。中等体形，体躯短、深，

图 2-7-7　中卫山羊

近似方形。背腰平直，体躯各部结合良好，四肢端正，蹄质结实。公山羊前躯发育好，母山羊后躯发育好。

（3）生产性能：中卫山羊成年公羊体重为 54 kg，产绒量为 164～200 g，粗毛产量为 400 g；成年母羊体重为 37 kg，产绒量为 140～190 g，粗毛产量为 300 g。羊绒细度为 12～14 μm，母羊毛长为 15～20 cm，光泽良好。成年羊屠宰率为 40%～50%，产羔率为 103%。中卫山羊的代表性产品为中卫二毛皮（羔羊生后 30～35 日龄，当毛股长 7～8 cm 时，宰杀剥取的毛皮），因用手捻摸有发沙的感觉，故又称沙毛二毛皮。该裘皮有美丽的花穗，具有美观、轻便、结实、保暖和不擀毡等特点。

2. 济宁青山羊

（1）产地及分布：济宁青山羊（图 2-7-8）主要分布在菏泽和济宁地区，以性成熟早、常年发情、繁殖率高及独特的毛色花型、产羔皮（青山羊羔皮、猾子皮）而著称，是我国优良的皮肉兼用山羊品种。

(2)外貌特征：济宁青山羊体格小，俗称为"狗羊"。其公、母羊均有角，两耳向前外方伸展，有髯，额部有卷毛。被毛由黑、白两色毛混生，特征是"四青一黑"，即被毛、嘴唇、角和蹄皆为青色，两前膝为黑色，毛色随年龄的增长而变深。由于黑白毛比例不同，分为正青（黑毛 30％～50％）、粉青（黑毛 30％以下）、铁青（黑毛 50％以上）。由于被毛的粗细和长短不同，分细长毛型、细短毛型、粗长毛型和粗短毛型 4 种类型。其中，以细长毛型的猾子皮质量最好。

图 2-7-8　济宁青山羊

(3)生产性能：济宁青山羊成年公羊体重为 30 kg，成年母羊为 26 kg。其主要产品为"青猾子皮"（羔羊出生后 3 d 内屠宰剥取的皮张），毛短而细，紧密适中，皮板上有美丽的花纹，花型有波浪花、流水花、片花、隐花和平毛等多种类型，以波浪花最为美观，是制作翻毛皮和帽领等的优良原料。成年羯羊屠宰率为 50％，羔羊出生后 40～60 d 可初次发情，一般 4 个月可配种，母羊一年可产 2 胎或两年 3 胎，一胎多羔，平均产羔率为 293.65％。羔羊初生重为 1.3～1.7 kg。

●●●●● **任务工单**

任务名称	山羊品种识别		
任务描述	结合山羊图片，说明山羊品种名称、产地、分布、外貌特征、生产方向及生产性能。试着分析适合自己家乡饲养的山羊品种		
准备工作	1. 各品种山羊（萨能奶山羊、关中奶山羊、崂山奶山羊、安哥拉山羊、辽宁绒山羊、内蒙古绒山羊、波尔山羊、南江黄羊、成都麻羊、中卫山羊、济宁青山羊）的模型、图片、PPT 2. 收集各地饲养山羊的报道		
实施步骤	1. 认真观察、对比山羊模型、图片和PPT 2. 根据图片信息，说明品种名称、产地、分布、外貌特征、生产方向及生产性能 3. 分析自己家乡的气候条件和消费情况，以及适宜饲养的山羊品种		
考核评价	考核内容	评价标准	分值
	山羊品种识别	依据图片，正确说明图片品种名称（5分）、产地（5分）、分布（5分）、外貌特征（15分）	30分
	山羊生产性能	正确说明图片品种生产方向（10分）、生产性能（20分）	30分
	饲养品种分析	自己家乡的气候条件分析正确（10分）；自己家乡的经济和消费情况分析正确（10分）；当地适宜的饲养品种情况分析正确（20分）	40分

任务 8　羊的外貌鉴定

●●●● 目标呼应

任务目标	课程教学目标
了解羊的各部位特征	能评定羊的外貌
掌握羊的体尺测量和体重测量方法、羊的年龄鉴定方法	
掌握羊的个体品质鉴定方法	

●●●● 情境导入

外貌不仅反映羊的外表，也反映羊的体质、机能、生产性能和健康状况。通过外貌观察，可以鉴别羊的品种、个体间体形差异，正确判断羊的健康状况及对生活条件的适应性，还可鉴定羊的年龄及生长发育是否正常。

●●●● 知识链接

一、羊的外貌

羊的体形外貌在一定程度上能反映出生产力水平的高低，为区别、记载每个羊的外貌特征，就必须识别羊的外貌部位名称。

二、羊体各部位特征

绵羊体表各部位名称见图 2-8-1。

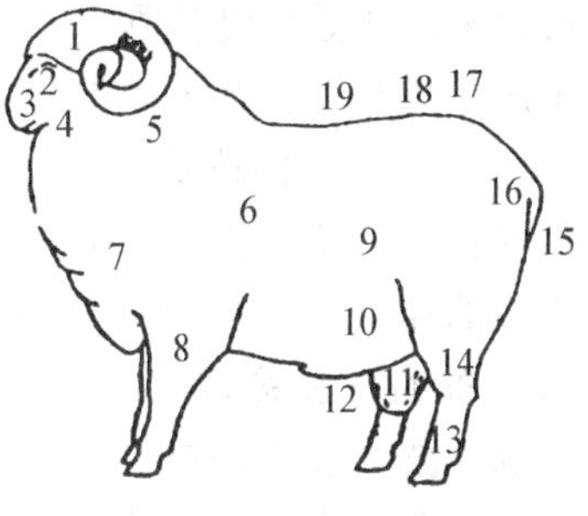

（一）头颈部

毛用羊的头较长，面部较大，颈部一般有 2～3 个皮肤皱褶；肉用羊的头短而宽，颈部较短无皱褶，肌肉和脂肪发达，呈宽的方圆形。

（二）鬐甲

毛用羊的鬐甲大多比背线高；肉用羊的鬐甲宽，与背部成水平线。

图 2-8-1　绵羊体表各部位名称

1-头　2-眼　3-鼻　4-嘴　5-颈　6-肩
7-胸　8-前肢　9-体侧　10-腹　11-阴囊
12-阴筒　13-后肢　14-飞节　15-尾
16-臀　17-腰　18-背　19-鬐甲

（三）背腰部

毛用羊的背腰较窄；肉用羊背腰平直，宽而多肉。

（四）胸部

毛用羊的胸腔长而深，容量较大；肉用羊的胸腔宽而短，容量较小。

（五）腹部

绵羊要求腹线与背线平行。腹部下垂的称为"垂腹"，是一大缺陷，是因在幼龄阶段饲喂大量粗饲料所致，有时也与凹背有关。

(六)四肢

羊的品种不同，四肢高矮也有差异，要求羊的肢势直立、端正。两前肢膝盖或两后肢飞节紧挨的称为"X形腿"，彼此分开的称为"O形腿"，两后肢关节向躯干下前倾的称为"刀状腿"，这些肢势均属缺陷。

三、羊的体尺测量与体重估测

(一)羊的体尺测量

羊只一般在3月龄、6月龄、12月龄和成年四个阶段进行体尺测量，通过体尺测量可以了解羊的生长发育情况。测量时，场地要平坦，站立姿势要端正。常用测量工具有测杖、卷尺和圆形测定器。测定项目根据目的而定，但必须熟悉主要的测量部位和基本的测量方法。

1. 体高

体高指由鬐甲最高点至地面的垂直距离。

2. 体长

体长即体斜长，由肩端最前缘至坐骨结节后缘的距离。

3. 胸围

胸围指在肩胛骨后缘绕胸一周的长度。

4. 管围

管围指左前肢管骨最细处的水平周径。

5. 十字部高

十字部高指由十字部至地面的垂直距离。

6. 腰角宽

腰角宽指两侧腰角外缘间距离。

(二)羊的体重估测估算

羊的体重与估算黄牛体重的方法相同。其计算公式如下：

$$羊的体重(kg)＝羊的体斜长(cm)×[胸围(cm)]^2÷10\ 800$$

例如：一只羊的体斜长是58 cm，胸围是62 cm。

则羊的体重＝$58×62^2÷10\ 800≈20.6(kg)$，即这头羊的体重约为20.6 kg。

四、羊的年龄鉴定

羊的年龄一般根据育种记录和耳号即可了解，但在无耳号情况下，只能根据牙齿的更换、磨损变化鉴别年龄。

(一)乳齿和永久齿的数目

幼年羊乳齿共20枚，乳齿较小，颜色较白，长到一定时间后开始脱落，之后再长出的牙齿称永久齿，共32枚。永久齿较乳齿大，颜色略发黄。

(二)牙齿更换、磨损和年龄变化

羊没有上门齿，有下门齿8枚、臼齿24枚，分别长在上、下两边牙床上，中间的一对门齿称切齿，从两切齿外侧依次向外形成内中间齿、外中间齿和隅齿。1岁前，羊的门齿为乳齿，永久齿没有长出；1～1.5岁时，乳齿的切齿更换为永久齿，称为"对牙"；2～2.5岁时，内中间乳齿更换为永久齿并充分发育，称为"四牙"；3～3.5岁时，外中间乳齿更换为永久齿，称为"六牙"；4～4.5岁时，乳隅齿更换为永久齿，此时全部门齿已更换

整齐，称为"齐口"；5 岁时，牙齿磨损，齿尖变平；6 岁时，齿龈凹陷，有的开始松动；7 岁时，门齿变短，齿间隙加大；8 岁时，牙齿有脱落现象。

五、不同类型羊的外貌特征

(一)肉用羊外貌特征

肉用羊躯体粗圆，臀、后腿和尾部丰满，其他产肉部位肌肉分布广而多，骨骼较细，皮薄而富有弹性，被毛着生良好且富有光泽。

头较大，口方，眼人而明亮，额宽而丰满，耳纤细、灵活。颈部较粗，颈、肩结合良好，符合品种特征，四肢直立结实，腿短且间距宽，管部细致，胸宽深，胸围大。背、腰宽而平，长度适中，肌肉丰满。肋骨开张良好，长而紧密。腹底成直线，腰荐结合良好，臀部长、平、宽，大腿肌肉丰满，后裆开阔，生殖器官发育正常，无繁殖功能障碍，乳房明显，乳头粗细、长短适中。

(二)毛用羊外貌特征

毛用羊头颈较长，鬐甲高但窄，胸长而深但宽度不足，背、腰平直但不如肉用羊宽，中躯容积大，后躯发育不如肉用羊好，四肢相对较长。公羊颈部有 2～3 个发育完整的横皱褶，母羊为纵皱褶，体躯上也有较小的皮肤皱纹。头毛着生至两眼连线，并有一定长度，呈毛丛结构，似帽状。四肢有毛着生，前肢到腕关节，后肢达飞节。

(三)乳用羊外貌特征

乳用山羊的前躯较浅窄，后躯较深宽，整个体躯呈楔形。全身细致紧凑，各部位轮廓非常清晰，头小额宽，颈薄而细长，背部平直而宽，胸部深广，四肢细长强健，皮肤薄而富有弹性，毛短而稀疏。产乳量高的奶山羊，乳房的形状呈扁圆形或梨形，丰满而体积大，皮肤薄细而富有弹性，没有粗毛，仅有很稀少而柔软的细毛。乳头大小适中，略倾向前方。

六、羊的个体品质鉴定

(一)肉用羊的个体品质鉴定

肉用羊的个体品质鉴定包括体形外貌、生长发育和生产性能的评定。体形外貌鉴定主要按身体各部位的表现和重要性，规定一个满分标准，不符合标准的适当扣分，最后将各项评分相加计算总分，再按外貌评分等级标准对被选个体定出等级。生长发育和生产性能评定主要按测定项目的量化结果，对照品种等级标准，确定个体等级，最后完成对羊只的综合鉴定。下面以南江黄羊为例介绍其鉴定标准。

1. 体形外貌

南江黄羊的外貌鉴定评分标准见表 2-8-1，南江黄羊的外貌评分等级标准见表 2-8-2。

表 2-8-1 南江黄羊外貌鉴定评分标准

项 目		评定标准	评分	
			公羊	母羊
外貌	毛色	被毛黄褐色，富有光泽，有明显或不明显的黑色背线	14	14
	外形	体躯近似圆筒形，公羊雄壮，母羊清秀	6	6
	头	头大小适中，额宽平或平直，鼻微拱，耳长大或微垂，眼大有神，有角或无角	12	12

项 目		评定标准	评分	
			公羊	母羊
体躯各部	颈	公羊粗短，母羊中等，与肩结合良好	6	6
	前躯	胸部深广，肋骨开张，鬐甲高平	6	6
	中躯	背、腰平直，腹部发育良好，且较紧凑	6	6
	后躯	荐宽、尻丰满、倾斜适度，母羊乳房梨形，发育良好	12	12
	四肢	粗直端正，蹄质坚实，圆形	18	18
发育情况	外生殖器	发育良好，公羊双睾对称，母羊外阴正常	6	4
	羊体发育	肌肉充实，膘情偏中上	6	6
	整体结构	各部位结构匀称、紧凑、体质较结实	8	10
总 计			100	100

表 2-8-2 南江黄羊外貌评分等级标准

性别	等 级			
	特级	一级	二级	三级
公羊	95	85	80	75
母羊	95	85	70	60

2. 生长发育评定

生长发育评定分别在 2 月龄、6 月龄、12 月龄和成年四个阶段进行。

特级：2 月、6 月、12 月龄时，公羊体重分别占成年公羊体重的 20%、40%、60% 以上，母羊体重分别占 30%、50%、70% 以上，而且公、母羊体重均高于一级 15% 以上；公、母羊体尺分别占成年羊的 65%、75%、85%，并且公羊高于一级 8%，母羊高于 5% 以上。

3. 生产性能评定

母羊繁殖成绩评定标准见表 2-8-3。公羊连续两个繁殖季节配种 30 只经产可繁母羊，母羊产羔率达到 220% 为特级、200% 为一级、180% 为二级、150% 为三级。后备公、母羊的繁殖性能由系谱审查并参考同胞旁系资料评定。

表 2-8-3 繁殖性能评分标准

性别	等 级			
	特级	一级	二级	三级
年产胎数	2.0	1.8	1.5	1.2 以上
胎产羔数	2.5	2.0	1.5	1.2 以上

南江黄羊周岁羯羊平均胴体重为 15 kg，屠宰率为 49%，净肉率为 38%，以其为基础进行产肉性能等级的划分。南江黄羊产肉性能标准见表 2-8-4。

表 2-8-4　南江黄羊产肉性能标准

项目	等　级			
	特级	一级	二级	三级
屠宰率/%	52.0 以上	49.0 以上	47.0 以上	45.0 以上
宰前活重/kg	35.0 以上	30.0 以上	30.0 以上	32.0 以上

屠宰前活重可以采用产肉指数和膘情评估相结合的方法估测。种羊的产肉性能可以用同胞、半同胞羯羊的产肉性能测定值来估测或评定。

（二）毛用羊的个体品质鉴定

毛用羊鉴定共分四次进行，即初生羔羊鉴定、断乳羔羊鉴定、1～1.5 岁育成羊鉴定和 2.5 岁成年羊鉴定。成年羊鉴定成绩为终生鉴定成绩。各阶段鉴定内容不同，鉴定项目由简到细，逐步选择淘汰。

1. 初生鉴定

羔羊生后第一次哺乳前测量体重，按体重、外形、被毛品质分为优、中、劣三级。体重标准可按不同品种类型自行拟定。

2. 断乳鉴定

凡初生鉴定为优、中级者，满 4 月龄时断乳，按体重、毛长、羊毛细度、体质和外形结构等进行鉴定。

凡体质健壮、发育良好、外形符合品种要求者，对体重、毛长、羊毛细度进行实际测量，同时观察毛丛结构、弯曲形态、被毛匀度，逐项进行鉴定记录。凡体质瘦弱，发育不良，外形有缺陷，体重、毛长、羊毛细度不符合要求，或毛丛结构松散，有异质毛或有色纤维等缺陷的，均不宜继续留作种用。符合标准的选入育成羊群进行培育。

3. 育成鉴定

断乳鉴定后被选留培育的均应进行实际测量，不能测量的用肉眼观察比较。鉴定项目主要包括头毛和皱褶类型，羊毛的长度、密度、细度、油汗、匀度、腹毛着生等品质，外形与体格大小，体重和剪毛量四个方面。最后结合羊只的健康状态观察、生殖器官检查、繁育成绩评定，完成总评项目，并依据品种鉴定分级标准，给羊定出等级。

4. 成年鉴定

成年羊鉴定的项目与育成羊鉴定的项目相同，其中体重、毛长、剪毛量按各品种鉴定分级标准执行，本次鉴定又称复查鉴定，主要强调鉴定结果的可靠程度。

毛用羊的个体品质鉴定先对羊群的来源、饲养管理、以往鉴定等级及育种等方面的情况做全面了解，对羊群的品质特征和体格大小等进行大概的观察。鉴定时首先看羊只整体结构是否匀称，外形有无缺陷，被毛中有无花斑或染色毛，行为是否正常等；再观察头部、鬐甲、背腰、体侧、四肢姿势、臀部发育状况，查看公羊的睾丸及母羊乳房发育情况，以确定有无进行个体鉴定的价值。如有鉴定的必要，则再进一步查看耳标、年龄，观察口齿、头部发育状况及面部、颌部有无缺点等。根据国家标准（NY 1—2004）细毛羊鉴定项目，逐一对羊毛密度、长度、细度、弯曲、油汗等进行详细鉴定，并根据标准规定的符号由记录员做好记录，填入绵羊鉴定记录表，根据鉴定成绩，对照相应标准评定出等级。绵羊鉴定记录表见 2-8-5。

表 2-8-5　绵羊鉴定记录表(cm、kg)

年　　月　　日

序号	品种	羊号	性别	年龄	鉴定成绩												毛量	体重	等级
					头毛	类型	毛长	毛密	弯曲	细度	匀度	油汗	体格	外形	腹毛	总评			

(三)乳用山羊的个体品质鉴定

乳用山羊主要通过体形外貌、生长发育、生产力三个方面进行评定。

1. 体形外貌评定

奶山羊的外貌应具备典型乳用特征,即清秀的体型、鲜明的轮廓、结实的体质,不同的品种虽有不同的特殊特征,但各个品种评定的项目都是相同的。

外貌鉴定主要按体躯各部分的特征和重要性,规定一个满分标准,不够标准的适当扣分,最后将各项评分相加、计算总分并依据外貌评分等级标准定出等级。

2. 生长发育评定

通常用一定年龄时个体的体重、体尺作为评定标准,先定出一个选择的最低标准,不符合这个标准的就要淘汰。生长发育评定一般要经过四个阶段,即初生、断乳(4～8月龄)、周岁和成年,各阶段的体重、体尺标准视不同品种而异。

3. 生产力评定

评定奶山羊生产力的主要指标为产乳量和乳脂率,一般第一个泌乳期为预选,到第三个泌乳期再进行复查。根据评定结果,参照等级标准给奶山羊评定等级。

●●●●● **任务工单**

任务名称	羊的外貌鉴定		
任务描述	结合羊只图片，说明羊体各部位特征，个体品质鉴定要求；利用测量工具进行体尺测量，根据牙齿鉴别羊的年龄		
准备工作	1. 测杖、卷尺、圆形测定器 2. 羊图片 3.1～1.5 岁羊 1 只，1.5～2 岁羊 1 只，2.5～3 岁羊 1 只，4 岁羊 1 只，5 岁以上老龄羊 1 只		
实施步骤	1. 描述羊的各部位特征 2. 熟悉测量工具的使用方法 3. 体尺测量：(1)体高；(2)体长；(3)胸宽；(4)胸深；(5)胸围；(6)十字部宽；(7)尻高；(8)管围 4. 通过牙齿，鉴别羊的年龄		
考核评价	考核内容	评价标准	分值
	羊体部位特征	能准确说明头颈、鬐甲、背腰、胸、腹、四肢特点(30 分)	30 分
	测量工具使用	能熟练使用测量工具(10 分)；测量结果读取准确(10 分)	20 分
	体尺测量与体重估计	测量部位准确(20 分)；体重估计结果正确(10 分)	30 分
	年龄鉴别	能正确指出牙齿磨损情况(10 分)；能正确估测年龄(10 分)	20 分

项目 3
生产性能及评价

牛羊生产，就是为了获得较好的生产性能，所有的准备和付出都是为生产性能而服务。针对牛羊养殖，我们要关注哪些生产性能指标？这些指标又受哪些因素影响和制约？

任务 1　奶牛生产性能指标及其影响因素

●●●●● **目标呼应**

任务目标	课程教学目标
会奶牛产奶量统计方法	
能进行标准乳换算	能评定生产性能
能说明哪些因素会影响奶牛的生产性能发挥	

●●●● **情境导入**

某牛场某月 1 日的奶产量为 35 305 kg，乳脂率为 3.64%；某月 10 日的奶产量为 37 712 kg，乳脂率为 3.61%。根据数据，比较 1 日和 10 日牛场产奶情况。已知牛场泌乳牛数量在这 10 d 内没有发生改变，则引起产奶量变化的可能原因是什么？

●●●● **知识链接**

奶牛产奶性能的测定是奶牛场的重要工作之一，是进行选育效果评定、饲料报酬验证、等级评定、技术措施考察、生产计划制订、成本计算等的依据。

一、奶牛产奶性能的表示方法

奶牛的生产性能主要通过个体产奶量、群体产奶量、乳脂率、饲料转化率等方面来表示。

(一)个体产奶量的记录与计算方法

个体产奶量的记录是产奶量统计的基础，最精确的方法是：每头牛每次产奶量由挤奶员或计算机软件记录，每天产奶再由统计员或计算机软件统计，然后每月统计至泌乳期结束后进行总和，即为全泌乳期产奶量。这种方法要求细致，如果是人为统计，相对烦琐，工作量大。中国奶牛协会建议每月记录 3 次，每次之间相距 8～11 d，将每次所得的数值乘所隔天数，然后相加，最后即得出每月产量和泌乳期产量。

1. 305 d 产奶量

根据正常情况下，奶牛每年产犊一次，并有 60 d 干奶期，实际应产奶 305 d 的原则，为便于比较，有些国家及中国奶牛协会都以统计 305 d 产奶量为标准，即计算从产犊后第一天开始到 305 d 为止的总产量。如实际产奶不足 305 d，则记录实际产奶量并记录产奶天数；如超过 305 d，则超出部分不计算在内。

2. 305 d 校正产乳量

中国奶牛协会为使尽早进行后裔测定，对产奶尚不足 305 d 奶牛产量进行校正，规定了统一校正方法。

3. 全泌乳期实际产奶量

它是指自产犊后第一天开始到干奶为止的累计产奶量。以前，在生产力水平相对低下，生产管理技术比较落后的前提下，该项指标值仅为 4 500 kg，随着生产水平的提高，管理的信息化、数据化，该项指标好的牛场可达 12 000 kg。

4. 年度产奶量

它是指 1 月 1 日至本年度 12 月 31 日为止的全年产奶量。其包括干奶阶段。

(二)群体产奶量统计方法

1. 按牛群全年实际饲养乳牛数计算

平均产奶量是衡量饲料报酬、产乳成本及管理水平的依据，用牛群全年总产量除以全年平均饲养成年母牛头数即可。其中全年平均饲养成年母牛头数，包括泌乳牛、干乳牛、转进或买进成年母牛，卖出或死亡以前的成年母牛，故需将上述牛在各月不同饲养天数相加除以 365 即计算出其年平均饲养母牛头数。

2. 按全年实际产乳牛头数计算

用牛群全年总产量除以牛群年平均泌乳牛头数即为泌乳平均产奶量。

(三)奶牛单产

提高奶牛单产一直是奶牛养殖追求的理念。以前的奶牛单产主要指奶牛的个体产奶量多少，现在随着牧场规模的扩大，奶牛单产的概念更倾向于牧场日泌乳牛的平均产奶量或泌乳牛年平均奶产量。奶牛单产数值因牧场牛只品质、饲养水平、技术水平高低，相差很大。目前，我国先进牧场日奶牛单产可达 40～43 kg。

(四)乳脂率的测定和计算

常规的乳脂测定方法，是在全泌乳期的 10 个月内，每月测一次，将测定的乳脂率乘各月的实际产奶量，求得该月的所产乳脂量，而后将各月乳脂量加起来，被总产奶量来除，即得平均乳脂率。乳脂率用百分率表示。

现在牧场乳脂率的测定泛指牛奶大罐泌乳牛乳脂率的平均值，用乳脂率测定仪快速测定。

(五)4%标准乳的换算

不同个体牛所产的奶，其乳脂率高低不一。为评定不同个体间产奶性能的优劣，应将不同乳脂率的奶校正为同一乳脂率的奶，然后进行比较。常用的方法是将不同乳脂率都校正为4%的标准乳。

标准乳换算公式：

$$FCM = M \times (0.4 + 15F)$$

式中：M 是产奶量；F 是乳脂率。

例如：有两头泌乳牛，分别为经产牛，A奶牛产后50 d，日泌乳为35 kg牛奶，乳脂率为3.62%；B奶牛产后80 d，日泌乳为38 kg，乳脂率为3.53%。试比较两头牛泌乳能力的高低。

$$FCM(A) = 35 \times (0.4 + 15 \times 0.036\ 2)$$
$$= 33(kg)$$
$$FCM(B) = 38 \times (0.4 + 15 \times 0.035\ 3)$$
$$= 35.3(kg)$$

因为 FCM(B) > FCM(A)，所以结论是B牛略好于A牛。

(六)乳蛋白率

乳蛋白率指乳中含有蛋白质的百分率。其比乳脂率低，荷斯坦奶牛所产牛奶通常为3.1%～3.4%。

(七)饲料转化率

衡量牛只饲料转化效率，通常用消耗1 kg饲料干物质所能产生的奶量或生产1 kg牛奶消耗多少千克饲料干物质来衡量。

(八)排乳速度

排乳速度指泌乳牛在挤奶的过程中，每分钟所排出乳的量(kg)。

荷斯坦奶牛的排乳速度为3.61 kg/min。排乳速度越快，产奶越多。在追求高效生产的当下，充分的挤奶前刺激，可有效缩短泌乳牛的覆杯时间，提高单位时间内的排乳速度。

二、影响奶牛产奶性能的因素组成

影响奶牛产奶量的因素很多，归纳起来可概括为三个方面：①遗传(如牛种及品种、个体)；②生理(如年龄与胎次、体形大小、初产年龄、产犊间隔、泌乳期、干乳期)；③环境(如挤乳技术、饲养管理、产犊季节及外界温度、奶牛健康状况等)。

(一)牛种及品种

不同牛种及不同品种的牛在产乳量方面差异很大，它由遗传决定。品种是人类长期选择培育而形成的。在不同的培育条件下，不同用途的品种具有显著差异；即使同一用途的乳牛品种之间，仍存在着较大差异。

（二）个体

同一牛种和品种的不同个体，由于个体间遗传基础的不同，即使在同样环境条件下，产乳量也有很大差异，甚至高于种间和品种间差异。如同一荷斯坦个体间产奶量可由 3 000～27 000 kg 或以上。

（三）年龄和胎次

奶牛的产乳量随有机体生长发育的进程而逐渐增加，以后又随有机体的逐渐衰老而逐渐下降。一般而言，若以 7～8 岁（第 5～6 胎）壮龄时年产乳量为 100，则初胎牛和 2 胎牛产乳量为其 60%～70%，5 胎、6 胎时产乳达到最高峰，7 胎以后产乳量又逐渐下降，当达到 8 胎、9 胎时产乳量仅能达壮龄时的 70%～80%。

年龄和胎次对产乳量的影响属于生理因素，因此它也受乳牛成熟早晚与饲养管理条件的影响。早熟的牛只泌乳高峰来得较早，但下降得也较早；

名字：Bur-Wall Buckeye Gigi，中文名：占占

登记号：137736766

老家：美国威斯康辛州Bur-Wall Holsteins育种场

年龄：9岁3月龄产犊

记录：365天产奶量74 650磅（33 891千克）、乳脂量2 126磅（965千克）、蛋白量2 142磅（972千克）

图 3-1-1　奶牛冠军档案

良好的饲养管理条件，可以使泌乳保持较缓慢的下降，有时 10 胎或 10 胎以上也可保持高产。

头胎牛和经产牛泌乳曲线对比，见图 3-1-2。

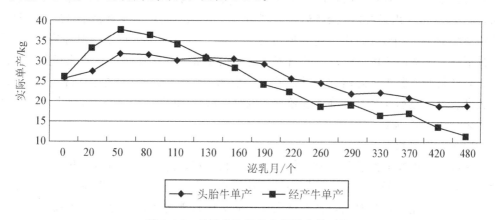

图 3-1-2　头胎牛和经产牛泌乳曲线对比

（四）体形大小

在一般情况下，奶牛体形大，消化器官容积大，采食量多，泌乳器官也大，故产奶量较高（$r = 0.7$）。据统计，在一定限度下，每 100 kg 体重可能相应增产牛乳 1 000 kg，但超过一定限度时并无明显增加。荷斯坦奶牛体重在 600～700 kg，此时产乳量相对较高。奶牛体形大小是一项重要的育种指标。但过大的体形并不一定产奶量就多，而且体重过多，饲料消耗相应增加，占用牛舍面积较大，在饲养管理上并不有利。

(五)初产年龄

奶牛的初产年龄不仅影响当次产乳量,而且影响终生产乳量。初产年龄过早,则影响个体发育及泌乳器官的生长,不仅影响产乳量,而且也不利于牛体健康,利用年限缩短;初产过晚,则会使产乳胎次减少,终生的产犊头数减少,也不利于提高产乳量,在饲养成本上也是不合算的。

育成母牛的初次产犊年龄对牛群的育种工作有着十分重要的作用,因此要根据品种的特征特性、个体差异、当地饲养水平及气候条件等做出最适宜的选择。在一般情况下,育成母牛体重达到成年母牛体重70%左右时即可配种;24～26月龄时第一次产犊较为有利。

(六)产犊间隔

产犊间隔是指两次产犊之间的时间。最理想的是母牛一年一产,一年中泌乳10个月,干乳2个月,这样母牛的一生可多次出现泌乳高峰。若母牛久配不孕,或人为地不给母牛及时配种而延长泌乳期,使其产犊间隔超过380～400 d,则会使奶牛年产乳量大大降低,使母牛不能每年产犊一次,降低了繁殖率,而且还容易造成母牛的不孕症。从单头牛对牧场的效益来看,也是非常不经济的,因此,母牛产犊后应尽量使其在60～90 d内配种受孕,则可有效地缩短产犊间隔时间,增加产奶量,提高牧场效益。

(七)泌乳期

奶牛自产犊后泌乳开始直至干奶期的时间称泌乳期。根据乳成分的变化,可将泌乳期内的乳划分为初乳、常乳和末乳三个阶段。

泌乳期内,又根据母牛机体生理变化和泌乳量规律性变化,分为泌乳初期、盛期、中期和后期。母牛分娩后几天内,产奶量较低,随着产后身体和生殖道的恢复,产奶量不断增加,在20～60 d出现高峰(低产母牛在产后20～30 d,高产母牛在产后40～60 d),这段高峰期维持1～2个月(高产牛高峰期可达2个月左右,大多维持1个月左右),然后开始缓慢下降。下降的速度,依母牛的营养情况、饲养水平、妊娠期、品种及其生产性能而不同。高产品种的乳牛下降缓慢,月递减率一般为5%～7%,低产牛往往在9%～10%,甚至更高。而且最初几个月下降速度较慢,到泌乳后期(妊娠5个月以后)孕牛产乳下降较快,而未孕牛下降较慢。

(八)干乳期的长短

母牛配种后妊娠的最后几个月,体内胎儿生长迅速,这时乳腺的结构和功能发生很大变化,产奶量下降。低产牛泌乳后期一般自动停止泌乳,高产牛则产乳不止。为了使高产牛乳腺组织有一定的休息时间,并在体内储备必需的营养物质,满足胎儿生长和下一个泌乳期体能需求,必须在分娩前60 d进行干乳,并加强饲养管理,以提高下一个泌乳期的产乳量。

实验表明,干奶期60 d为宜,延长和缩短,都会影响奶牛生产潜力的发挥。

(九)挤乳技术

挤乳技术主要包括挤奶次数、挤奶间隔及乳房按摩等重要环节。乳牛产奶量的高低,乳头健康程度与否,与挤乳技术、挤奶设备参数有密切关系。

1. 挤奶次数

挤奶的次数直接影响母牛产奶量。据试验,每昼夜挤3次比2次可多产奶16%～20%,而4次挤奶又较3次挤奶提高10%～12%。通常对高产牛和初产牛可增多挤奶次数以促进泌乳机能的充分发挥，但也要视劳力、成本及工作日程而定。

目前我国奶牛小区养殖还在沿用日挤奶 2 次的挤奶制度，小规模牧场和较大规模牧场多采用 3 次挤奶，超大型牧场也有 4 次挤奶的成功案例。

机器人挤奶机早在 10 年前就已经问世，也在一些牛场尝试使用，按牛所需，24 h 可以随时挤奶，更加满足了牛只的泌乳生理。

2. 挤奶间隔

奶是在内次挤奶之间形成的，其形成速度在挤奶后的 1 h 内最快，以后逐渐减慢。在挤奶时，增加挤奶次数，尽量使乳房内压减小甚至排空，则有利于奶的形成。因乳房中积存的奶不仅不能成为下次挤奶量的积存量，并且对乳的分泌来说是一种阻碍，既影响泌乳速度和挤乳量，又使牛奶在挤奶过程中成分不均匀，极容易造成乳房炎。因此每次挤奶要将乳完全挤净，挤奶间隔应尽量均衡并且不影响日常工作，如 3 次挤奶，应严格执行间隔 8 h 一次的挤奶制度，而且一旦建立起来的挤奶时间次序不可轻易改变，无规律的挤奶对生产是十分不利的。

3. 乳房按摩

乳房按摩是提高奶牛产奶能力，保证乳房正常泌乳的重要环节。因为挤乳是在神经系统和内分泌的共同作用下完成的排乳反射过程，而不是牛乳从乳房中排出的简单机械作用。所以挤乳前按摩乳房可提高产乳量和乳脂率。

乳房按摩能引起血管反射性扩张，加大进入乳房的血流量，促进乳及乳脂的合成，而且还可使乳房迅速膨胀，内压增高，产生排乳。现在的机械挤奶，有效的前处理和覆杯代替了人工按摩。

合理的挤奶次数，适宜的挤奶间隔，再加上乳房的精心按摩和正确的挤乳流程是提高产奶量必不可少的重要条件。

(十)饲养管理

奶牛产乳量的遗传力较低，为 0.25～0.3，环境因素影响较大，占 0.70～0.75。在外界环境中，饲养管理是影响奶牛产奶量最重要的因素，特别是日粮的营养价值、饲料的种类与品质、储藏加工技术及日粮的碳氮比［一般为(1～1.5)：1)］等对提高母牛的产奶量和奶中成分起着决定性的作用。若奶牛长期饲料不足、营养水平低，不仅会大大降低日产乳量，使奶中的营养成分减少，而且还会缩短泌乳期，泌乳潜力得不到发挥。

从管理方面来看，若奶牛在舍饲期经常进行适当的运动、刷拭、修蹄等，则能增进奶牛的新陈代谢，促进血液循环，有利于牛体健康和产奶量。

现在养牛的理念中，特别注重牛只卧床的舒适度，好的卧床上床率(图 3-1-3)，牛只充分的休息，也是提高奶牛产奶量的关键指标。

图 3-1-3   牛只完美的上床率

因此，根据其体重、产奶量、乳脂肪等成分以及体况等情况创造适宜的环境和良好的饲养条件，进行科学的饲养管理既可以降低饲料消耗，还将会使全年的乳量提高 20%～60%。

(十一)产犊季节及外界温度

母牛的产犊季节及外界温度对其泌乳量有着非常大的影响。在我国母牛最适宜的产犊季节是在冬、春季。因为母牛在分娩后泌乳时期恰好在青绿饲料丰富和气候温和的季节，母牛产后分泌旺盛且平衡，又无蚊蝇侵袭，有利于产奶量的提高。实践证明：母牛产奶量最高是在冬季和春季产犊（12、1、2、3月），其次是春、秋季（4、5、6、9、10、11月），最低是夏季（7、8月）。

从外界气温来看，荷斯坦奶牛最适宜的气温是10～16℃。当外界温度升高时，奶牛呼吸频率加快，采食自动减少，使产乳量下降。同时，泌乳母牛所产生的热约是不产奶母牛的两倍，所以高产母牛或泌乳高峰期乳牛受热威胁的影响甚于低产母牛。荷斯坦奶牛、瑞士褐牛气温达26～27℃时产乳量即下降，若湿度大则甚至24℃就影响产奶；娟姗牛较耐热，29.4℃产乳量开始下降；瘤牛最耐热，32～35℃产奶量和采食量才下降。

在我国多数地区，由于夏季炎热，产奶量普遍下降，特别是在重庆、武汉、南京地区，夏季产奶量下降更为严重。如何抵抗奶牛的热应激，降低高温对奶牛产奶的影响，各个牧场分别引入了风机和喷淋设施，同时调整饲粮，尽可能保证高温条件下，抵消热应激，保证奶牛稳产。图3-1-4说明了河北省某牛场一年受季节气温的影响，产奶量发生的变化。

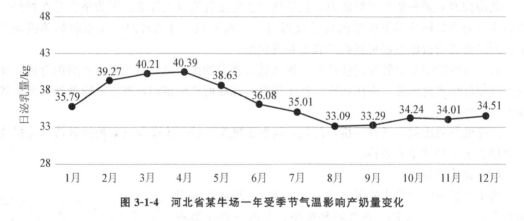

图 3-1-4　河北省某牛场一年受季节气温影响产奶量变化

荷斯坦牛耐寒力较强，气温在−13℃时产奶量下降，尤其低温、大风对产奶量影响较大。

所以，在奶牛的饲养中，夏季要做好防暑降温，冬季要防寒保暖，并调整产犊季节使其尽量避开夏季，同时保证饲料的均衡供应。

(十二)奶牛健康状况

乳牛健康状况较差或患病，对产奶量的影响十分明显，严重时直接导致不能产奶。健康是一切生产的前提，没有健康，何来产犊；没有健康，何来产奶。

奶牛易患的五大类系统疾病分别是呼吸系统、消化系统、繁殖系统、泌乳系统和肢蹄系统。不管患有哪个系统的疾病，都会导致母牛免疫力下降，采食量减少，进而影响到泌乳性能的发挥。

泌乳系统患病，是指奶牛乳房发生感染，产生的毒素就会损坏乳腺组织，降低乳房生产牛奶的能力。随着感染的继续，乳腺组织的破坏也不断增加，有时甚至会导致乳腺不可逆转的损坏，最终被淘汰。

在牛场中，疾病以预防为主，从饲养管理出发，减少疾病的发生。通过人为或信息化手段，加强日常疾病排查，做到早发现，早治疗，减少因疾病给生产带来的不必要的损失。

●●●●● **任务工单** 1

任务名称	分析奶牛生产性能指标		
任务描述	针对牛场产奶记录，能进行生产性能统计，并进行标准乳换算		
准备工作	1. 准备牛场产奶数据 2. 准备 4％标准乳的换算公式 3. 笔、纸、计算器		
实施步骤	1. 分析牛场产奶数据，统计出牛场日平均单产、牛场年单产等指标 2. 将产奶量进行折算成 4％的标准乳 3. 分析牛场产奶单产水平		
考核评价	考核内容	评价标准	分值
	牛场产奶数据分析	牛场日平均单产计算正确（15 分）；牛场年单产计算正确（15 分）	30 分
	4％标准乳换算	4％标准乳公式正确（10 分）；奶量和乳脂率代入公式正确（10 分）；换算结果正确（20 分）	40 分
	奶牛场单产水平分析	日产奶 30 kg 以上视为高产，日产奶 20～30 kg 视为中产，日产奶 20 kg 以下为低产，将产奶量正确定位（15 分）；提出相应合理化建议（15 分）	30 分

●●●●● **任务工单** 2

任务名称	影响奶牛生产性能因素分析		
任务描述	针对牛场案例，分析影响奶牛产奶性能发挥的因素组成		
准备工作	1. 准备牛场产奶数据 2. 准备牛群结构数据 3. 准备牛场各方面照片（牛体、牛舍、青贮窖等）		
实施步骤	1. 分析牛场产奶数据的高低 2. 结合照片，分析牛场是否存在影响产奶性能发挥的问题		
考核评价	考核内容	评价标准	分值
	分析产奶数据	根据产奶数据，正确分析该牛场生产水平处于阶段（20 分）；正确估计该牛场年单产（20 分）	40 分
	影响产奶性能因素分析	通过牛图片，正确分析遗传因素（20 分）；通过牛群结构数据，正确分析生理因素（20 分）；通过牛舍环境图片，正确分析环境因素（20 分）	60 分

任务 2 肉牛生产性能指标及其影响因素

●●●●● **目标呼应**

任务目标	课程教学目标
熟悉肉用牛的育肥指标	
熟悉肉用牛的屠宰指标	能评定生产性能
能说明肉牛生产性能指标受哪些因素影响	

●●●●● **情境导入**

随着人们生活水平的提高，对牛肉的需求量也在不断地增多。肉牛养殖过程中关注的指标也越来越多，包括育肥指标、屠宰指标等。对于一头 550 kg 的肉牛，它的屠宰率是 58% 和 60%，这分别意味着什么？对养殖者又有怎样的影响？

●●●●● **知识链接**

肉牛生产力指标主要包括生长性能和胴体品质，也是衡量肉牛经济价值的重要指标，要测定的性状主要有肥育性能指标、产肉性能指标和肉质。

一、肉牛肥育性能指标的计算

肉牛肥育性能指标主要包括平均增重和饲料报酬。

(一)日增重的测定与计算

日增重是测定牛生长发育和肥育效果的重要指标，也是肥育速度的具体体现。测定日增重时，要定期测量各阶段的体重，常测的指标有初生重、断奶重、12 月龄重、18 月龄重、24 月龄重、肥育初始重、肥育末重。

称重一般应在早晨饲喂及饮水前进行，连续称 2 d，取其平均值。场区具备称重设备时可直接称重，没有设备时估测体重。

1. 断奶重

断奶重是肉牛生产力的最重要指标之一。犊牛哺育期一般为 205 d，故断奶重即为 205 d 时的体重。具体到某一头牛的断奶天数时很难一致，故计算时需加以校正。其计算公式为：

$$校正的断奶体重 = [(断奶重 - 初生重) \times 校正的断奶日数 / 实际断奶日龄 + 初生重] \times 母牛年龄因素$$

母牛的产乳力随年龄而变化，所以在计算时应加入年龄因素：2 岁 =1.5，3 岁 =1.1，4 岁 =1.05，5~10 岁 =1.0(不校正)，11 岁及以上 =1.05。

2. 平均日增重

平均日增重指断奶至肥育结束时，整个肥育期间的平均增重。其计算公式为：

$$平均日增重＝\frac{饲养期内的绝对增重}{饲养期天数}$$

(二)饲料报酬的计算

饲料报酬是衡量经济效益和品种质量的一项重要指标,根据饲养期内总增重、净肉重、饲料消耗量计算每千克净肉的饲料消耗量,可作为考核肉牛经济效益的指标。

增重 1 kg 消耗饲料干物质(kg)＝饲养期内消耗饲料干物质总量/饲养期内绝对增重量

生产 1 kg 净肉需饲料干物质(kg)＝饲养期内消耗饲料干物质总量/屠宰后的净肉量

在生产成本中,饲料消耗占比重最大,降低单位增重的饲料消耗量,是肉牛肥育生产及育种的一项基本任务。

二、产肉性能的测定与计算

(一)产肉性能的测定项目

肉牛产肉性能的测定项目就是肉牛在屠宰时的测定项目,主要包括以下几方面。

1. 重量测定

(1)宰前重:屠宰前绝食 24 h,临宰时的实际称量体重。

(2)宰后重:屠宰放尽血后的尸体重量。

(3)血重:宰前重减去宰后重。

(4)胴体重:胴体重＝宰前重－[血重＋皮重＋内脏重(不含板油和肾脏)＋头重＋尾重＋腕跗关节以下的四肢重]。

(5)净体重:屠宰放血后,再除去胃肠及膀胱内容物的重量。

(6)骨重:胴体剔除肉后的重量,即胴体重减净肉重。要求精细剔骨,骨上带肉不超过 1~1.5 kg。记录时要注明是热肉还是冷肉。

(7)净肉重:胴体剔除骨后的全部肉重。

(8)切块部位肉重:胴体按切块要求切块后各部位的重量。

(9)头、蹄、皮、油、内脏重分别称重。其中,油重＝板油＋花油＋肠油＋骨盆油重。内脏重须分别称取心、肝、脾,肺、肾、胰,瘤胃、网胃、瓣胃,真胃、小肠、大肠、直肠、盲肠及膀胱的重量。

2. 长度测定

(1)胴体长:从耻骨缝至第二肋骨前缘的长度。

(2)胴体后腿长:从耻骨缝至跗关节(飞节)的长度。

3. 宽度测定

胴体后腿宽指由除去尾后的凹处至同侧大腿前缘的水平宽度,或由坐骨结节端至大腿前缘的水平宽度。

4. 深度测定

(1)胴体深:从第 7 胸椎棘突处的体表通过第 7 肋骨的垂直长度。

(2)胴体胸宽:通过第 3 肋骨的水平线,起点包括棘突上部及胸骨下部的肉厚。

5. 厚度测定

(1)皮厚:测量右侧第 10 肋骨椎骨端的双层皮厚再被 2 除。

(2)肌肉厚度:大腿肌肉厚是自体表至股骨体中点垂直距离。腰部肌肉厚是自体表至第 3 腰椎横突的垂直距离。

(3)皮下脂肪厚度：背脂厚是第5、第6胸椎处背中线两侧的皮下脂肪厚度，即离背中线 3~5 cm、相对于眼肌最厚处的皮下脂肪厚度。腰脂厚是第12肋骨处的皮下脂肪厚度，同样要求离背中线 3~5 cm、相对于眼肌最厚处的皮下脂肪厚度。

6. 眼肌面积

眼肌面积指第12、第13肋间眼肌的横切面积(cm^2)。它包括鲜眼肌面积(新鲜胴体在宰后立即测定)和冻眼肌面积(将样品取下冷冻24 h后，测定第12肋后面的眼肌面积)。眼肌面积的测定方法有硫酸纸按照眼肌轮廓划点后用求积仪计算，也有用透明方格纸(每格 1 cm^2)按照眼肌平面直接计数求出的。测定时，特别要注意，横切面要与背线保持垂直，否则要加以校正。

(二)胴体产肉的几种主要指标计算

1. 屠宰率

屠宰率指胴体重占活重的比率。它是表明肉牛生产性能的常用指标。肉牛屠宰超过50%为中等指标，超过60%为高指标。其计算方法有以下两种。

(1)按宰前重计算，计算公式如下：

$$屠宰率(\%) = \frac{胴体重}{宰前重} \times 100\%$$

$$屠宰率(\%) = \frac{胴体重+脂肪重}{宰前重} \times 100\%$$

(2)按净体重计算，计算公式如下：

$$屠宰率(\%) = \frac{胴体重}{净体重} \times 100\%$$

$$屠宰率(\%) = \frac{胴体重+脂肪重}{净体重} \times 100\%$$

2. 净肉率

净肉率指净肉重占宰前空腹活重的比率。良好肉牛一般在45%左右。其计算方法有以下两种。

(1)按宰前重计算净肉率，计算公式如下：

$$净肉率(\%) = \frac{净肉重}{宰前重} \times 100\%$$

(2)按净体重计算肉率，计算公式如下：

$$净肉率(\%) = \frac{净肉重}{净体重} \times 100\%$$

3. 胴体产肉率

胴体产肉率指胴体净肉重占胴体重的比率。良好肉牛一般为80%~88%。其计算公式如下：

$$胴体产肉率(\%) = \frac{净肉重}{胴体重} \times 100\%$$

4. 肉骨比

肉骨比计算公式如下：

$$肉骨比 = \frac{胴体净肉重}{胴体骨骼重}$$

5. 肉脂比

肉脂比计算公式如下：

$$肉脂比 = \frac{净肉重}{脂肪重}$$

三、肉质

肉质是一个综合性状，主要由肌肉颜色、嫩度、pH、风味、系水力、多汁性、大理石纹、肌肉内脂肪含量等指标来度量。

1. 肌肉颜色

颜色本身并不会对肉的滋味做出多大贡献。它的重要意义在于它是肌肉的生理学、生物化学和微生物学变化的外部表现，人们可以很容易地用视觉加以鉴别，从而由表及里地判断肉质。

2. 嫩度

嫩度是肉的主要食用品质之一，它是消费者评判肉质优劣的最常用指标。肉的嫩度指肉在食用时口感的老、嫩，反映了肉的质地，由肌肉中各种蛋白质的结构特性决定。不同部位的肌肉因功能不同，其肌纤维粗细，结缔组织的量和质差异很大，嫩度情况也不同。如腰大肌的剪切力值 3.2 kg，很嫩；斜方肌为 6.4 kg，很老。

3. pH

肌肉 pH 是反映宰杀后牛肉糖原降解速率的重要指标。宰后有机体的自动平衡机能终止，而一系列物理、化学和生物化学的变化仍持续进行着。动物由有氧代谢转变为无氧代谢（糖酵解），其最终产物是乳酸，乳酸的积累导致肌肉 pH 降低。肌肉 pH 下降的速度和强度对一系列肉质性状产生决定性的影响。肌肉呈酸性，首先导致肌肉蛋白质变性，使肌肉保水力降低。

4. 风味

肉的风味大都通过烹调产生，生肉一般只有咸味、金属味和血腥味。当肉加热后，前体物质反应生成各种呈味物质，赋予肉以滋味和芳香味。这些物质主要是通过美拉德反应、脂质氧化和一些物质的热降解三种途径形成。风味的差异主要来自于脂肪的氧化，这是因为不同种动物脂肪酸组成明显不同，由此造成氧化产物及风味的差异。

5. 系水力

肌肉的系水力是一项重要的肉质性状，它不仅影响肉的色香味、营养成分、多汁性、嫩度等食用品质，而且有着重要的经济价值。

6. 多汁性

多汁性是影响肉食用品质的一个重要因素，尤其对肉的质地影响较大，肉质地的差异有 10%～40% 是由多汁性决定的。

7. 大理石纹

肌肉大理石纹反映肌肉纤维之间脂肪的含量和分布，是影响肉口味的主要因素。

8. 肌肉内脂肪含量

肌肉内脂肪是指肌肉组织内所含的脂肪，是用化学分析方法提取的脂肪量，不是肉眼可见的肌肉间脂肪。中国地方品种育肥后肌内脂肪丰富是肉好吃的内在因素之一。

四、影响肉牛生产性能的因素

肉牛的产肉能力和肉品质量受多种因素的影响，包括品种、类型、年龄、性别和去势、饲养水平和饲养状况及杂交等因素。

(一)品种和类型的影响

牛的品种和类型是决定生长速度和肥育效果的重要因素，二者对牛的产肉性能起着主要作用。

从品种和生产力类型来看，肉用品种牛与乳用牛、乳肉兼用品种及役用牛相比，其肉的生产力高，这不仅表现在它能较快地结束生长期、能进行早期肥育、提前出栏、节约饲料、能获得较高的屠宰率和胴体出肉率方面，还表现在屠体所含的不可食部分（骨和结缔组织）较少、脂肪在体内沉积均匀、大理石纹结构明显、肉味优美、品质好。不同品种间比较表明，肉用牛的净肉率高于黄牛，黄牛则高于乳用牛。

从体形来看，牛的肉用体型越明显，其产肉能力也越高，并且断奶后在同样条件下，当饲养到相同的胴体等级（体组织比例相同）时，大型晚熟品种（夏洛莱牛）所需的饲养时期较长，小型早熟品种（安格斯牛）饲养时期较短，出栏早。

(二)年龄的影响

牛的年龄对牛的增长速度、肉的品质和饲料报酬有很大影响。幼龄牛的肌纤维较细嫩，水分含量高，脂肪含量少，肉色淡，经育肥可获得最佳品质的牛肉。老龄牛结缔组织增多，肌纤维变硬，脂肪沉积减少，肉质较粗又不易育肥。

从饲料报酬上看，一般是年龄越小，每千克增重消耗的饲料越少。因年龄较大的牛，增加体重主要依靠在体内储积高热能的脂肪，而年龄较小的牛则主要依靠肌肉、骨骼和各种器官的生长增加其体重。年龄越大，增重越慢，每千克增重消耗的饲料越多。

从屠宰指标而言，在相同的饲养条件下眼肌面积表现为18月龄牛>22.5月龄>13月龄牛。

牛的增重速度的遗传力为0.5～0.6，出生后，在充分饲养的条件下，12月龄以前的生长速度很快，以后明显变慢，接近成熟时生长速度很慢。如夏洛莱牛的平均日增重，初生到6月龄达1.08～1.15 kg，而在饲料利用率方面，增重快的牛比增重速度慢的牛高。我国地方品种牛成熟较晚，一般1.5～2岁增重快。因此，在肉牛生产上应掌握肉牛的生长发育特点，在生长发育快的阶段给以充分的饲养，以发挥其增重效益。一般达到体成熟时的1/3～1/2时屠宰比较经济。国外对肉牛的屠宰牛龄大多为1.5～2岁，国内则为1.5～2.5岁。

(三)性别和去势的影响

牛的性别对肉的产量和肉质亦有影响。一般来说，母牛的肉质较好，肌纤维较细，肉味柔嫩多汁，容易肥育。过去习惯对公犊去势后再肥育，认为可以降低性兴奋，性情温顺、迟钝，容易肥育，但近期国内外的研究表明，胴体重、屠宰率和净肉率的高低顺序为公牛、去势牛和母牛，同时随着胴体重量的增加，其脂肪沉积能力则以母牛最快，去势牛次之，公牛最慢。育成公牛比阉牛的眼肌面积大，对饲料有较高的转化率和较快的增重速度，一般生长率高，每增重1 kg所需饲料比阉牛平均少12%。因而公牛的肥育逐渐得到重视。

(四)饲养水平和营养状况的影响

饲养水平是提高牛产肉能力和改善肉质的重要因素。肥育期牛的营养状况对产肉量和肉质影响很大。营养状况好、肥育良好（肥胖）的牛比营养差、肥育不良（瘠瘦）的成年牛产肉量高，产油脂多，肉的质量好。所以，牛在屠宰前必须进行肥育和肥度的评定。

（五）杂交对提高肉牛生产能力的影响

杂交包括经济杂交、轮回杂交和级进杂交等。牛的经济杂交又称为生产性杂交，主要应用于黄牛改肉牛、肉用牛的改良以及奶牛的肉用生产。牛的经济杂交是提高牛肉生产率的主要手段。肉牛经济杂交的主要方式包括肉牛品种间杂交、改良性杂交（肉用牛×本地牛）及肉用品种和乳用品种的杂交等。应用杂交方式，可有效地改善牛的产肉能力和牛肉品质。

●●●●● 任务工单

任务名称	肉牛生产性能及其影响因素分析		
任务描述	对比不同品种、不同个体育肥增重情况；对比不同品种、不同个体屠宰指标；剖析数值，说明影响肉牛育肥和屠宰的因素组成		
准备工作	1. 上网搜索不同品种、不同个体育肥增重数据 2. 上网搜索不同品种、不同个体屠宰数据 3. 准备肉牛宰前空腹体重、宰后净膛体重、净肉重等数据		
实施步骤	1. 计算肉牛平均日增重，并进行品种、个体间比较 2. 计算肉牛屠宰指标，并进行品种、个体间比较 3. 依据上面1和2的结果，分析影响肉牛增重的因素组成		
考核评价	考核内容	评价标准	分值
	育肥增重计算	日增重计算结果正确（20分）；品种和个体间比较，比较结果正确（10分）	30分
	屠宰指标计算	屠宰率指标计算结果正确（20分）；品种和个体间比较，比较结果正确（10分）	30分
	影响育肥因素分析	依据日增重和屠宰指标数据，客观分析影响其因素组成（40分）	40分

任务 3　羊的生产性能指标及其影响因素

●●●● **目标呼应**

任务目标	课桩教学目标
熟悉肉用羊的生产性能指标	能评定生产性能
熟悉毛用、绒用羊的生产性能指标	
熟悉乳用羊的生产性能指标	

●●●● **情境导入**

　　羊可以分为绵羊和山羊，绵羊又根据生产方向分为肉用、毛用、皮用等；山羊又根据生产方向分为乳用、绒用等。生产性能的表示方法应首先遵循生产方向，进而再有不同的衡量标准。针对不同的生产方向，衡量生产性能的指标也不同。对于各种生产用途的羊群，采用精准饲喂、细致管理，永远是提高生产性能、增加经济效益不变的法则。

●●●● **知识链接**

一、生产性能指标

(一)乳用羊生产性能

1. 泌乳量

泌乳量是母羊一个泌乳期的产奶总量，挤奶时统计累计获得。

2. 乳脂率

乳脂率是羊乳中脂肪的含量百分比。

山羊奶、牛奶、人母乳成分对比，见表 3-3-1。

表 3-3-1　山羊奶、牛奶、人母乳成分对比

营养成分	山羊奶	牛奶	人母乳
脂肪/%	3.8	3.6	4.0
去脂干物质/%	8.9	9.0	8.9
乳糖/%	4.1	4.7	6.9
蛋白质/%	3.0	3.0	1.1
灰分/%	0.8	0.7	0.3
钙/%	0.19	0.18	0.04
磷/%	0.27	0.23	0.06
氯化物/%	0.15	0.10	0.06
维生素 A/(国际单位/克脂肪)	39	21	32

营养成分	山羊奶	牛奶	人母乳
维生素 B/(μg/100 mL)	68	45	17
核黄素/(μg/100 mL)	210	159	86

(二)毛用羊生产性能

1. 羊毛的细度

羊毛的细度是指羊毛的粗细程度，可用羊毛纤维横切面直径的大小来表示，以微米为单位。直径在 25 μm 以下为细毛，以上为半细毛。工业上常用"支"来表示，1 kg 羊毛每纺出一根 1 km 长度的毛纱称为 1 支，能纺出 60 根 1 km 长的毛纱，即为 60 支。羊毛纤维越细，则支数越多。它是确定羊毛品质和使用价值的最重要指标。在长度相同的情况下，羊毛越细，纺成的毛纱就越均匀细致，织品越薄，品质越精致，各种特性越好。

2. 羊毛的长度

羊毛的长度可以分为自然长度和伸直长度两种，以厘米为单位。

(1)自然长度：是指羊毛在自然弯曲状态下两端的距离。其在羊场中毛用羊品质鉴定、羊毛收购分级时多采用。

(2)伸直长度：是指把单根羊毛纤维拉直至弯曲正好消失时两端的直线距离。这是毛纤维真实的长度。其在毛纺工业和科研工作中多采用。

3. 羊毛的弯曲

羊毛的弯曲是指羊毛纤维在自然状态下有规则的波浪形状，也称羊毛卷曲。羊毛弯曲有助于毛丛结构的形成，也可以防止杂质入侵被毛，按其形状可分为正常弯曲、弱弯曲和强弯曲三种。

4. 羊毛强度与伸度

(1)强度：是指拉断羊毛纤维所需要的力，即羊毛纤维的抗断能力。羊毛强度直接影响织品的结实性。

(2)伸度：是指将已经拉到伸直长度的羊毛纤维继续用力拉到断裂时，所增加的长度占原来伸直长度的百分比。伸度越大，羊毛织品越结实。

5. 羊毛产量

羊毛产量指一只毛用羊在一年一次或一年两次剪毛的前提下，获得的原毛或净梳毛的重量。细毛羊比粗毛羊的剪毛量要大得多。一般是在 5 岁以前逐年增加，5 岁以后逐年下降。公羊的剪毛量高于母羊。

(三)肉用生产性能

1. 育肥羊平均日增重

日增重的算法是育肥羊育肥期末体重与育肥期前体重之差再除以育肥天数。衡量育肥期内增重情况，进而判断饲养管理水平的高低。

2. 饲料利用率

饲料利用率计算公式如下：

$$饲料利用率 = \frac{肥育期内消耗的饲料总量}{肥育期末重 - 肥育期初重}$$

3. 出栏率

出栏率计算公式如下：

$$出栏率=\frac{本年度出栏羊只数}{年存栏羊只数}\times100\%$$

4. 屠宰率

屠宰率指胴体重、内脏脂肪(包括大网膜和肠系膜脂肪)重和脂尾重之和与羊屠宰前活重(宰前空腹 24 h)之比。其计算公式如下：

$$屠宰率=\frac{胴体重+内脏脂肪+脂尾重}{屠宰前活重}\times100\%$$

5. 净肉重

净肉重指将胴体剔除全部骨以后的净肉质量。要求在剔肉后的骨头上附着的肉量及损耗的肉屑量不能超过 300 g。因此，在剔骨的时候应当精细，尽可能地剔尽骨上的肌肉。

二、影响生产性能的因素

(一)影响因素

影响生产性能的因素较多，归纳起来，主要体现在以下几方面。

1. 品种

品种不同，生产性能高低不同。

2. 营养水平

营养水平的高低决定了羊生产性能的发挥情况。

3. 环境温度

外界环境温度不适宜，温度过高，羊会出现热应激，采食量下降；温度过低，羊的饲料利用率会受到影响，一部分饲料会用于抵御寒冷，影响生产。毛用羊和绒用羊生产中，如果环境温度过高，还会影响羊毛或羊绒的产量。

4. 卫生条件

卫生条件过差，羊只患病，影响生产性能的发挥。

(二)影响奶山羊生产性能的因素

1. 遗传因素

(1)品种：品种不同，产奶量不同。如萨能奶山羊产奶量最高，其世界纪录是一个产奶周期产奶 3 080 kg；而吐根堡奶山羊一个产奶周期产奶 2 610.5 kg，两者有较大的差距。在国内，萨能奶山羊产奶量最高，平均一个泌乳周期产奶 800 kg 以上。品种的影响，实质上是遗传品质上的差异。

(2)品系：同一品种不同品系的奶山羊，其生产性能也不同。不同品系间的差异主要表现在不同种公羊后代之间的差异。

(3)个体：同一品种同一品系的奶山羊，个体之间的生产性能也不是完全一样的。凡生长发育好、乳房硕大，挤奶前后乳房体积显著变化，消化机能强的个体，泌乳性能亦强；反之，则产奶性能低。

2. 生理因素

(1)年龄与胎次：奶山羊的产奶量，随着年龄与胎次的变化而产生规律性的变化。青年羊产奶量低，壮年羊产奶量高，老年羊产奶量又会逐渐减少。第一胎产奶量是成年羊的

70％～80％。3～5 岁即 2～4 胎产奶量逐渐上升，第三胎达到高峰，第四胎维持高峰，其后产奶量随胎次增加而逐渐下降，乳脂率随胎次的增加也逐渐下降。

（2）初配年龄：一般母羊在 8～10 月龄，体重 32 kg，达到成年体重的 60％～70％，为最佳配种年龄和体重。奶山羊母羊初配年龄不能过早，也不能过晚。配种过早，因尚未达到体成熟，会影响生长发育，使终生产奶的能力受到影响，进而影响产奶性能；配种过迟，发情周期紊乱，准胎难，繁殖机能衰退，会加大饲养成本。

（3）产仔间隔：产仔间隔必须保证 1 年 1 胎；否则，在利用年限不变的前提下，终生产奶量降低。

（4）泌乳期：在一个泌乳周期中，母羊的产奶量也是规律性变化。在产后 1 个月内泌乳量处上升阶段。第二、第三个月达到高峰，以后逐月下降。其中产奶高峰维持时间越长，产奶就越多。

（5）干奶期：若不适时干奶，或者干奶期不能够得到良好的饲养管理，不仅会影响下一个泌乳期的产奶量，而且会影响胎儿的发育。

（6）乳房的发育：乳房是产奶的器官。其乳房的大小，与产奶性能呈正相关。因此，在选择奶山羊产奶性能这一性状时，要特别注意乳房的容积、形状和质地的选择。产奶性能高的乳房应是向前凸出，向后延伸，充满于两股之间。乳房质地要柔软而有弹性，挤奶前后乳房体积变化明显，挤前充分膨胀，挤奶后显著缩小。

（7）配种和产羔季节：奶山羊具有季节性发情的特点。一般是秋季发情，若不能按时配种和怀孕，错过季节，造成空怀，就会严重影响产奶量。

配种季节同时影响产羔季节，不同的产羔季节，对奶山羊的产奶量影响也很大。一般在饲草条件好的情况下，以冬末春初产羔为宜。此时，羔羊和母羊均能充分利用良好的条件，羔羊生长发育好，母羊产奶量高。在我国黄河中下游地区，每年以 8—10 月配种，第二年 1—3 月产羔为好。

3. 环境因素

（1）外界环境：适宜的外界环境是奶山羊高产的条件。奶山羊喜欢干燥，害怕潮湿。其最适宜的温度 4.4～15℃。高于 28℃ 或低于 0℃，都会引起产奶量下降。

（2）饲养管理：奶山羊泌乳性能的发挥与饲养管理水平关系十分密切。首先要满足奶山羊对各种营养物质的要求，是保证其高产的物质基础。其次是管理方面，产前、产后、泌乳高峰期的管理及正确熟练的挤奶技术，适当的挤奶次数，必要的按摩乳房，经常的刷拭羊体，定期的修蹄等，都对提高奶山羊的健康，显著的提高奶山羊的产奶性能起到了积极的作用。

随着羊奶的需求不断增加，奶山羊场现代化程度不断提高，规模化羊场也引进了转盘式挤奶设备，大大提高了挤奶的效率。图 3-3-1 所示为羊的转盘式挤奶。

图 3-3-1　羊转盘式挤奶

（3）疾病：健康的机体是奶山羊高产的保证。饲养管理不当，很容易引起奶山羊疾病。疾病会影响奶山羊的健康、发育、采食、消化，不仅会造成产奶量下降，而且还会影响消费者的健康。所以，一定要搞好奶山羊疾病的防治工作。日常管理要特别注意预防奶山羊的乳房炎，对生产影响很大。

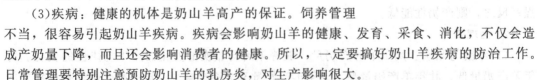

●●●● 任务工单

任务名称	羊生产性能指标分析		
任务描述	对不同生产方向的羊进行生产性能评定，并分析影响其因素组成		
准备工作	1. 准备肉用羊的育肥数据 2. 准备羊毛纤维 3. 准备乳用羊产奶数据 4. 显微镜、直尺、纸和笔		
实施步骤	1. 分析肉用羊的育肥效果 2. 用显微镜观察羊毛纤维的结构，并测定羊毛纤维长度，分析纺织学价值 3. 分析奶山羊的产奶性能，并和奶牛做对比，分析各自特点		
考核评价	考核内容	评价标准	分值
	肉用羊育肥效果	正确指出肉用羊初生重（10分）；正确计算肉用羊日增重（10分）；正确评估肉用羊的出栏体重（10分）	30分
	羊毛纤维分析	正确测量羊毛纤维自然长度和伸直长度（10分）；显微镜下观察羊毛纤维的弯曲程度，并将其画在纸上（10分）；评估该羊毛纤维的纺织学价值（10分）	30分
	奶山羊产奶性能分析	正确计算出奶山羊日平均产奶量和乳脂率（20分）；正确计算一个泌乳期内产奶量（10分）；正确对比奶山羊和奶牛产奶性能的不同（10分）	40分

任务 4　解读 DHI 报告

●●●●● 目标呼应

任务目标	课程教学目标
了解 DHI 流程	
明确 DHI 指标	能评定生产性能
能简单分析 DHI 数据	

●●●●● 情境导入

现有一现代化牧场某天的产奶情况，数据如下：总牛群存栏 13 003 头，泌乳牛存栏 5 628 头，泌乳天数 142 d，平均胎次 2.3 胎，泌乳牛日单产 47.04 kg，成乳牛单产 40.6 kg，脂肪 3.87%，蛋白质 3.41%，体细胞 9.6 万，微生物 0.19。这些数据能说明什么问题？根据数据，分析这个牛场管理的好坏。

●●●●● 知识链接

一、DHI 体系的含义

DHI 是通过测试奶牛的产奶量、乳成分、体细胞数并收集有关资料，经分析后，形成的反映奶牛场配种、繁殖、饲养、疾病、生产性能等的信息。围绕这些信息可以进行有序、高效的生产管理，亦可为奶牛场饲养管理提供决策依据。

二、DHI 体系的现状

在美国、加拿大等发达国家，已有 90% 以上的泌乳牛采用 DHI 体系进行生产管理，而中国早期应用该体系的并不多。1999 年 5 月，中国奶协成立了全国 DHI 工作委员会，以促进这一新技术在中国的推广应用。目前，随着信息化程度的增加，养牛企业也意识到了需要用数字来管理牛群的重要性。DHI 管理体系首先在一些大规模牧场进行应用，并逐渐推广至中小牧场。运用 DHI 体系在中国已经成为一种必然的趋势。

DHI 工作的重要性在于：

(1)可以最大限度、最为可靠地创造优秀种公牛。

(2)可以为奶牛选种选配提供依据，加速奶牛群体改良。

(3)可以为科学饲养提供依据，不断提高奶牛经营者饲养管理水平。

(4)可以对奶牛健康进行早期预测，为疾病防治提供依据。

(5)可为奶牛良种登记和评比工作提供依据。

(6)可为牛奶合理定价提供科学依据。

三、DHI 工作的基本要求

(一)测定工作的组织和制度要求

由于这项工作投资大、技术性强、影响面广,应由省、市、自治区设立独立机构(乳品检测中心)承担。机构内应配置专用采样车辆、专门的化验室、数据处理室及相关采样、分析仪器(牛奶流量计、全自动牛奶成分分析仪、牛奶体细胞计数仪、专用电脑及数据处理软件等),配备经过专门训练、熟练掌握操作要领和服务要求的专职牛奶采样员、化验分析员、数据统计员、报表反馈指导员等。为了增强该项工作的权威性、结果的可靠性以及工作效率,保证此项工作顺利进行,测定结果要求在 7 d 内反馈给奶牛场。

(二)对测定对象要求

凡是具有一定规模且愿意开展此项工作的奶牛场均可参加。产犊第 6 d 至干奶开始的前一天,健康泌乳奶牛均应测定。平均每月测定一次,连续两次测定的间隔天数在 26~35 d。这要求奶牛场工作人员必须与检测部门人员紧密配合。

现在进行 DHI 测定已是自己牛场内部的一项工作,对于一些小型牛场,需要专业技术人员进行服务。

四、DHI 报告的内容

DHI 报表是对乳样进行乳成分、体细胞分析后,综合牛场系谱、胎次、分娩日期等资料,应用 DHI 软件进行统计而得到的反映牛场现阶段管理水平、疾病防治、选种选配等方面情况的技术性报表。分析报表可以找出牛场生产管理中存在的问题,是牛场以后工作安排的指导性材料。

目前,报表提供下列信息内容:

1. 序号

序号为样品测试的顺序。

2. 牛号

牛号采用中国奶协规定的统一编号,共计 12 位。前 6 位是所在省份和牛场代号,后六位是出生顺序号。例如,某牛场 2019 年出生的第 32 个母牛的编号为 190032。统一编号增加了数据的准确性,便于建立奶牛档案,进行计算机联网。

3. 分娩日期

分娩日期是计算其他各项指标的依据,指从分娩第一天到本次测奶日的时间,反映了奶牛所处的泌乳阶段,有助于牛群结构的调整。

4. 胎次

胎次是指母牛已产犊的次数,用于计算 305 d 预计产奶量。

5. 泌乳天数

泌乳天数是指计算从分娩第一天到本次采样的时间,并反映奶牛所处的沁乳阶段。

6. 日产奶量

日产奶量是指泌乳牛测试日当天的总产奶量。日产奶量能反映牛只、牛群当前实际产奶水平,单位为千克。

7. 校正奶量

校正奶量是根据实际泌乳天数和乳脂率校正为泌乳天数 150 d、乳脂率 3.5% 的日产奶量,用于不同泌乳阶段、不同胎次的牛只之间产奶性能的比较,单位为千克。例如,0204

号牛与 0256 号牛某月产奶量基本相同，但是就校正奶量而言，后者比前者高出近 10 kg，说明 0256 号牛的产奶性能好。

8. 前次奶量

前次奶量是指上次测定日产奶量同当月测定结果进行比较，用于说明牛只生产性能是否稳定，单位为千克。如果奶量降幅太大，应注意观察牛的饮食状况，是否受到应激或发病。例如，1206 号牛上月奶量 42.3 kg，本月 28 kg，相差 14.3 kg，泌乳天数为 63 d，正处于高峰期。经查该牛患有蹄病。

9. 累计奶量(L TDM)

L TDM 指从分娩之日起到本次测奶日该牛的泌乳总量。对于完成胎次泌乳的牛代表胎次产奶量。其单位为千克。

10. 高峰奶量

高峰奶量是指泌乳奶牛本胎次测定中，最高的日产奶量。

11. 高峰日

高峰日是指在泌乳奶牛本胎次的测定中，奶量最高时的泌乳天数。

12. 90 d 产奶量

90 d 产奶量是指泌乳 90 d 的总产奶量。

13. 305 d 预计产奶量

305 d 预计产奶量是泌乳天数不足 305 d 的奶量，单位为千克。如果达到或者超过 305 d 奶量的，为实际产奶量。

14. 成年当量

成年当量是指各胎次产量校正到第五胎时的 305 d 产奶量。一般在第五胎时，母牛的身体各部位发育成熟，生产性能达到最高峰。利用成年当量可以比较不同胎次的母牛在整个泌乳期间生产性能的高低。

15. 泌乳持续力

当个体牛只本次测定日奶量与上次测定日奶量综合考虑时，形成一个新数据，称之为泌乳持续力。该数据可用于比较个体的生产持续能力。

16. 乳脂率

乳脂率是指牛奶所含脂肪的百分比，单位为％。

17. 乳蛋白率

乳蛋白率是指牛奶所含蛋白质的百分比，单位为％。

18. 脂肪/蛋白比(F/P)

F/P 指牛奶中乳脂率与乳蛋白率的比值。当乳品加工厂收购政策引入以质论价时，对奶牛场便显得尤为重要。其高低主要受遗传和饲养管理两方面的影响，因此除了选择优良的种公牛外，还需加强饲养管理。脂肪/蛋白比是一个较新的概念，正常情况下比值范围为 1.12～1.30。

19. 累计乳脂量(L TDF)

L TDF 是计算从分娩之日起到本次测定日时，牛只的乳脂总产量，单位为千克。

20. 累计蛋白量(L TDP)

L TDP 是计算从分娩之日起到本次测定日时，牛只的乳蛋白总产量，单位为千克。

21. 前次体细胞数

前次体细胞数是指上次测定日测得的体细胞数，与本次体细胞数相比较后，反映奶牛场采取的预防管理措施是否得当，治疗手段是否有效。

22. 体细胞数(SCC)

SCC 是记录每毫升牛奶中体细胞数量，体细胞包括嗜中性白细胞、淋巴细胞、巨噬细胞及乳腺组织脱落的上皮细胞等，单位为 1 000 个/mL。

23. 体细胞分

体细胞分是将体细胞数线性化而产生的数据。利用体细胞分评估奶损失比较直观明了。

24. 牛奶损失

牛奶损失是指因乳房受细菌感染而造成的牛奶的损失，单位为千克(据统计奶损失约占总经济损失的 64%)。

25. 繁殖状况(Repro stat)

繁殖状况指奶牛当前所处的生理状况(配种、怀孕、产犊、空怀)。

26. 预产期(Due Date)

预产期是根据配种日期及怀孕检查推算而来的。其有助于提醒有关工作人员适时停奶，做好产房准备工作，及时将奶牛转入产房、做好接产等工作。

27. 干奶日期及已干奶日

它们反映了干奶牛的情况，如果干奶时间太长，说明过去存在繁殖问题；干奶时间太短，将影响奶牛体况的恢复和下胎的产奶量。正常的干奶时间应为 60 d 左右。

28. 泌乳期长短

泌乳期指从产后的第一天到该胎泌乳结束的时间。它反映了过去一段时间内牛只及牛场繁殖状况。泌乳期太长，说明存在繁殖等一系列问题，可能是配种问题，也可能是饲养方面的间接影响。这些均直接影响牛场的经济效益。

总之，DHI 所提供的各项内容囊括了奶牛场生产管理的各个方面。它代表着奶牛场生产管理发展的新趋势。因此掌握和运用其项目，是管理好奶牛场的关键，是牛场技术工作者和管理者必备的条件。

五、DHI 报告(表)分析

(一)牛群产乳量

牛群产乳量可以精确提供并衡量每个个体牛产奶的情况，这一结果可以用于分群管理。对于牛群管理者而言，将母牛按产奶水平分群，并以群为单位，根据生产水平提供营养平衡的日粮满足奶牛群体需要，是节约饲料和人工成本的有效途径之一。如果营养水平低于牛群的生产水平，最终会导致产奶量降低，乳成分下降。其饲养效果可在测定记录中反映出来。如果营养水平高于奶牛生产水平则生产成本将会增加，一方面浪费了饲料资源，另一方面也会增加因牛只过肥而治疗疾病的开支。

牛群产乳量也可以作为衡量目前群体生产水平的指标，用于奶牛日粮的配制。其平均产乳量和测定牛头数可以用于各种投入的预算，当把 305 d 预计产乳量和实际产乳量结合分析时可用于本月的预决算，也可以用于长期的预算。牛群产乳量的上升或下降是检验管理水平的最直接指标。

　　上月产乳量可用于比较饲养或管理措施改变前后的生产水平变化，通过比较目前的生产水平和上月的水平可以确定出适当饲料配方。与上月产乳量相比，本次测定水平的显著提高或下降，可反映管理水平的高低；或者遇到了较大的应激影响。这提示管理者应尽早找出原因，加以改善。

(二)泌乳天数

　　正常情况下，无论何时检查牛群平均的泌乳天数应处于 150～170 d 为宜，这一指标可以显示牛群繁殖性能及产犊间隔。如果测定数据比这一水平高得多，表明存在繁殖问题，奶牛管理者可以用此手段来监测牛群繁殖状况，然后再检查影响繁殖的因素，使其得到改善。

(三)高峰乳量

　　高峰乳量与总产乳量之间存在密切的正相关关系。奶牛高峰产乳量每提高 1 kg，则泌乳期总产乳量将会随之提高 200 kg。如果我们希望产乳量提高，必须注意峰值乳量。

(四)峰值比

　　以一胎牛的高峰值除以其他胎次高峰值，得到峰值比。

　　奶牛产奶峰值与平均产奶量的关系，见表 3-4-1。

表 3-4-1　奶牛产奶峰值与平均产奶量的关系

平均高峰值/kg		峰值比/%	平均产奶量/kg
一胎	其他胎次		
20.9	26.8	78	5 443
25.0	31.6	79	6 577
27.2	35.4	77	7 484
29.9	39.0	77	8 392
32.2	42.6	76	9 290
34.9	45.4	77	10 433

　　一般牛群的峰值比变化范围很窄，为 76%～79%，如果峰值比不在正常范围内，应找出其原因。当该值小于 75% 时，提示我们二胎以上的成母牛比一胎牛好得多，反过来说明一胎牛或育成牛的饲养或管理可能出现了失误。应该考虑如下问题：

　　(1)头胎牛的平均大小和年龄是否合适。这可能暗示营养管理方面的问题。

　　(2)头胎牛的遗传能力如何，这可能暗示我们过去用了品质差的公牛。

　　(3)头胎牛开始产奶时是否有临床乳房炎或很高的体细胞数(SCC)，这可能暗示牛舍卫生和围产期管理方面的问题。

　　(4)头胎牛是否有时间来适应生长期到泌乳期日粮的转变。

　　(5)是否有充足的采食空间。

　　如果发现比例高于 80%，表明在牛群中头胎牛比成母牛表现好，这是我们所希望的。但是应注意，在相对的基础上，一胎牛是否真的比成年牛遗传水平高，如果是的话，我们已达到奋斗的目标；如果不是，我们必须找出其原因，如干奶牛的膘情是否适当，干奶牛营养配方是否适当，在成年牛群中是否存在泌乳早期乳房炎等。

(五)峰值日

奶牛一般在产后 6 周左右达到其产奶高峰。如果我们每月测定一次，峰值日将发生在第二次测定时，这一数值应当低于 70 d。如果高峰日大于 70 d，暗示有潜在的奶量损失。应当检查在干奶期长短、干奶牛饲料配方、产犊时的膘情、围产期管理、泌乳早期奶牛日粮营养供给等方面是否存在问题。

(六)乳脂率和乳蛋白率

乳脂率和乳蛋白率可以指示营养状况。乳脂率低可能是瘤胃功能不佳、代谢紊乱、饲料组成或饲料物理形式有问题等的指示性指标。如果产后的前 100 d 乳蛋白率很低，可能的原因是干奶牛日粮差、产犊时膘情差、泌乳早期日粮碳水化合物缺乏、蛋白质含量低、日粮中可溶性蛋白或非蛋白氮含量高、可消化蛋白和不可消化蛋白比例不平衡、配方中包含了高水平的瘤胃活性脂肪等。

脂肪/蛋白比即牛乳乳脂率和乳蛋白率的比值，也是衡量饲养管理和牛乳质量的有效指标，通常该比值为 1.12～1.3。高脂低蛋白说明日粮中可能添加了过量脂肪或是可消化蛋白不足，而低脂高蛋白则很可能是日粮中缺乏纤维素的缘故。

(七)体细胞计数(SCC)

测定鲜牛奶中的体细胞数，是判断乳房炎有无和轻重程度的有力手段。微生物的侵入，是引起乳房炎的主要原因。因微生物的侵入，使乳房局部血流量增加，血管通透性增强，造成中性白细胞和单核细胞等白血球在有炎症的局部游离，乳汁中细胞数及种类发生变化。

奶牛一旦患有乳房炎，奶量、奶质都会有相应的变化。临床性乳房炎的变化更加显著，所损失的乳量将会达到 20%～70%，个别牛甚至没有乳。当前，我国奶牛患隐性乳房炎的比例较高，可达 20%～70%，给生产带来巨大损失。

隐性乳房炎与奶量损失，见表 3-4-2。

表 3-4-2　隐性乳房炎与奶量损失

体细胞/万	20～30	30～50	50～100	100～200	200 以上
损失/%	2	4	8	15	20 以上

随着奶牛场生产管理水平的不断提高，各个牧场购置了不同品牌的牧场管理软件，具有了一定的 DHI 管理和数据评估功能，通过管理软件的介入，牧场信息化程度的提高，完善了牧场的饲养与管理，势必带领牧场不断走向辉煌。

● ● ● ● ● **任务工单**

任务名称	DHI 报告分析		
任务描述	利用收集的牧场牛只信息及产奶数据，结合 DHI 报告，明确 DHI 指标，并对数据进行简单分析		
准备工作	1. 牛场 DHI 数据 2. 纸、笔、计算器		
实施步骤	1. 列出 DHI 指标组成 2. 分析泌乳天数 3. 分析平均胎次 4. 分析脂肪/蛋白比		
考核评价	考核内容	评价标准	分值
	DHI 指标组成	正确找出 DHI 常用指标(20 分)	20 分
	牛场泌乳天数确定及分析	正确计算出牛场平均泌乳天数(10 分)；正确分析泌乳天数对牛场的影响(15 分)	25 分
	牛场平均胎次分析	正确计算出牛场的平均胎次(10 分)；正确分析胎次对牛场的影响(15 分)	25 分
	脂肪/蛋白比计算和分析	正确计算脂肪/蛋白比(10 分)；正确分析脂肪/蛋白比高低(10 分)；正确分析影响脂肪/蛋白比的因素(10 分)	30 分

项目 4
后备牛饲养管理

后备牛包括犊牛、育成牛和青年牛。后备牛是牛场的新生、后备力量，饲养管理的好坏不但影响牛场的经济效益，还直接影响牛场的未来。科学的饲养管理后备牛，将为牛场后续生产奠定基础。

任务 1　犊牛的生理特点

●●●●● 目标呼应

任务目标	课程教学目标
掌握犊牛不同时期的生理消化特点	
掌握初乳对犊牛的重要意义	掌握奶牛生产中常规饲养管理技术
熟悉犊牛的饲喂程序	

●●●●● 情境导入

小王同学于 3 月在走访黑龙江某牧场时，发现牧场中 2 个月龄犊牛体重平均 70 kg，腹泻牛只较多，也有患肺炎的犊牛，2 月龄犊牛数量为 205 头，1 个月内死亡 13 头。面对这样的情况，牧场管理是否存在问题？运用理论知识，对牧场数据进行分析，并提出应该从哪些方面入手以减少犊牛腹泻和肺炎的发生。

● ● ● ● ● **知识链接**

一、犊牛及特征

犊牛泛指从出生至 6 月龄的牛。犊牛期内又分为两个阶段，分别是 0～2 月龄的哺乳期和 3～6 月龄的断奶后的犊牛期。

犊牛阶段，牛的神经系统不发达，皮肤保护机能差，体温调节机能不健全，瘤胃尚未发育完善。因此，此阶段的牛对外界不良环境的抵抗力较低，适应性较弱，易患病。同时，犊牛生长发育旺盛、可塑性强。通过科学的饲喂可保证犊牛的成活率，并为其将来生产性能的良好发挥打下坚实的基础。

二、犊牛胃室与消化

刚出生的犊牛消化系统功能和单胃动物一样，皱胃是犊牛唯一发育完全并具有功能的胃。新生犊牛的瘤胃、网胃和瓣胃的容积占全胃总容积的 40％，皱胃占 60％（图 4-1-1）。

随日龄的增加、体躯的增长，瘤胃也在不断发育，植物性饲料的早期供给，可促进瘤胃微生物的繁殖，同时，瘤胃内发酵产生的挥发性脂肪酸对瘤胃黏膜乳头发育具有刺激作用。

犊牛出生时，缺乏胃液的反射。当吸吮初乳进入皱胃后，刺激皱胃，开始分泌胃液，才具有初步的消化机能。而早期对植物性饲料，是不能消化的，瘤胃的发育程度决定了植物性饲料的消化程度。犊牛通常会在生后的第三周出现反刍，反刍的出现是瘤胃发育的标志。随

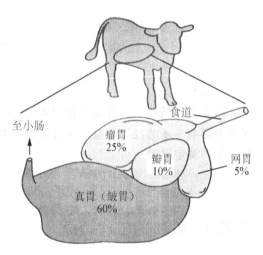

图 4-1-1　新生犊牛四个胃比例

着日龄的增加，采食粗饲料能力越来越强，瘤胃的发育也越来越快，相对比例也逐渐增大，不同阶段牛胃各组成部分的发育情况（表 4-1-1）。

表 4-1-1　牛胃各组成部分相对比例(％)

胃组成部分	初生	3～4 月龄	成熟
瘤胃	25	60	80
网胃	5	5	5
瓣胃	10	10	7～8
皱胃	60	25	7～8

三、初乳与被动免疫

初乳是指奶牛分娩时乳房中所存在的乳。产后第一次挤的乳可称为初乳，2～8 次则为过渡乳，常乳是初乳和过渡乳之后的乳。初乳色黄浓稠，且稍带咸腥味。初乳中含有丰富且易消化的养分，是犊牛生后的唯一食物来源。母牛产后第一天分泌的初乳中干物质比常乳多 1 倍，其中蛋白质含量多 4～5 倍，脂肪含量多 1 倍左右，维生素 A 多 10 倍左右，

各种矿物质也明显高于常乳。随着分娩时间的推移，初乳的成分逐渐向常乳过渡。牛初乳和常乳的成分对比见表 4-1-2。

表 4-1-2　常乳和初乳的组成

成分	开始泌乳后的时间/d					
	1	2	3	4	5	11
总固体/%	23.9	17.9	14.1	13.9	13.6	12.5
脂肪/%	6.7	5.4	3.9	3.7	3.5	3.2
蛋白质/%	14.0	8.4	5.1	4.2	4.1	3.2
抗体/%	6.0	4.2	2.4	0.2	0.1	0.09
乳糖/%	2.7	3.9	4.4	4.6	4.7	4.9
矿物质/%	1.11	0.95	0.87	0.82	0.81	0.74
维生素 A/(μg/L)	295.0	—	113.0	—	74.0	24.0

初乳中含有大量的免疫球蛋白，犊牛摄入初乳后，可获得被动免疫。母牛抗体不能通过牛的胎盘，因此，出生后通过小肠吸收初乳的免疫物质是新生犊牛获得被动免疫的唯一来源。初乳中主要免疫球蛋白有 IgG、IgA 和 IgM。IgG 是主要的循环抗体，在初乳中含量最高。初乳中的免疫球蛋白必须以完整的蛋白质形式吸收才有价值。犊牛对抗体完整吸收能力在出生后的几小时内迅速下降，若犊牛在生后的 12 h 后才饲喂初乳，就很难从中获得大量抗体及其所提供的免疫力；若出生 24 h 后才饲喂初乳，对初乳中免疫球蛋白的吸收能力几乎为零，犊牛会因未能及时获得大量抗体而发病率升高。研究表明：当犊牛出生后 1 h 内灌服含 150 g 以上免疫球蛋白的初乳，即 2～4 L 初乳，不仅可以提高犊牛的成活率，还会使其成年后奶产量有较大比例的提高。犊牛生后不同时间对球蛋白吸收水平对比见表 4-1-3。

表 4-1-3　不同时间犊牛对免疫球蛋白的吸收水平

犊牛产出后时间/h	0	3	6	12	15	24
免疫球蛋白吸收效率/%	50	40	15	7	5	1

此外，初乳酸度较高(45～50°T)，使胃液变为酸性，可有效抑制有害菌繁殖；初乳富含溶菌酶，具有杀菌作用；初乳浓度高，流动性差，可代替黏液覆盖在胃肠壁上，阻止细菌直接与胃肠壁接触而侵入血液，起到良好的保护作用；初乳中含有镁和钙的中性盐，具有轻泻作用，特别是镁盐，可促进胎粪排出，防止消化不良和便秘。

四、哺乳形式的确定

(一)哺乳形式的确定

根据生产性能的不同，犊牛的哺乳分为随母牛自然哺乳和人工哺乳两种形式。

肉用犊牛通常采用随母牛自然哺乳，6 月龄断奶。自然哺乳的前半期(90 日龄前)，犊牛的日增重与母乳的量和质密切相关，母牛泌乳性能较好，犊牛可达到 0.5 kg 以上的日增重。后半期，犊牛通过自觅草料，用以代替母乳，逐渐减少对母乳的依赖性，日增重可达 0.7～1 kg。

乳用犊牛采用人工哺乳的形式，即犊牛生后与其母亲隔离，由人工辅助喂乳。哺乳期为 1.5～2 个月，哺乳量为 240～320 kg，出生第 4 d 训练犊牛采食开食料，当开食料采食量达到 1～1.5 kg 时即可断奶。可保证犊牛日增重达 0.65 kg。

(二)哺乳器皿的选择

常用的哺乳器皿有哺乳壶、多嘴奶桶、哺乳桶(盆)、强制灌服和自动哺饲装置。使用哺乳壶饲喂犊牛(图 4-1-2)，可使犊牛食管沟反射完全，闭合成管状，乳汁全部流入皱胃，同时也比较卫生；哺乳桶(盆)饲喂(图 4-1-3)，没有了吸吮的刺激，食管沟反射不完全，乳汁易溢入前胃，引起异常发酵，发生腹泻。建议哺乳初期使用哺乳壶饲喂犊牛，后期根据饲养条件可采用哺乳桶(盆)饲喂。

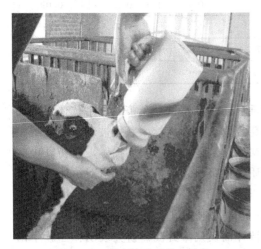

图 4-1-2　犊牛使用哺乳壶哺乳

图 4-1-3　犊牛使用哺乳盆哺乳

强制灌服器(图 4-1-4、图 4-1-5)是通过导管形式将初乳直接灌服到犊牛的瘤胃内，采用这样的形式可以有效地保证犊牛对初乳的摄入量，进而提高犊牛的体质及成活率。也有牛场采用多奶嘴奶桶对犊牛进行喂奶(图 4-1-6)。

图 4-1-4　初乳袋

图 4-1-5　强制灌服器

自动哺饲装置(图 4-1-7)，主要应用于犊牛 15 日龄后，小群饲养，用代乳粉哺喂的犊牛群。计算机调控，即饮即冲即喂原则，针对不同牛只，计算机调控日饲喂量。

图 4-1-6　多奶嘴奶桶

图 4-1-7　自动哺乳装置

五、犊牛哺喂

(一)训练哺乳

1. 哺喂牛乳

犊牛出生后要尽早吃到初乳，一般以犊牛能够站立时喂给(生后 0.5～1 h 即可站立)，不迟于分娩后 1 h。初乳最好是现挤现喂，奶温保持在 38℃，最新研究表明：犊牛出生后 1 h 内灌服 4 L 初乳将会极大地提高犊牛成活率和生长速度以及奶牛的终生产奶量；第二次饲喂初乳的时间是犊牛出生后 6 h，喂量为 2～3 kg；第三次饲喂初乳的时间是出生后 12 h，喂量为 2～3 kg。次日喂量为体重的 8%～12%。初生 1～4 d 饲喂 3～4 次/d，从第 4 d 开始训练开食料起改为 2 次/d 喂乳。牛奶经巴氏杀菌后，保证 38～40℃，预防腹泻。

用哺乳壶哺喂犊牛，生后自然就会。使用哺乳桶(盆)饲喂时，最初的一两次饲喂需要人为训练犊牛。通常一手持桶(盆)，用另一手食指和中指蘸取乳放入犊牛口中使其吸吮，逐渐将牛嘴浸到奶液表面，供牛吮吸，然后将手指从犊牛口中拔出，犊牛即会自行吮吸。应注意控制犊牛饮乳速度和防止撞翻桶(盆)，喂完后，需用干净的毛巾将牛嘴擦拭干净，避免养成舔癖。

2. 代乳品的应用

出生后 5～7 d 的犊牛即可饲喂代乳品。使用代乳品最主要的优点是降低饲养成本，并且能够方便地调配营养和保证卫生。代乳品的成分要求：粗蛋白水平在 20% 以上，脂肪含量在 15%～20%，粗纤维含量在 0.5% 以下。

NRC 建议的代乳品营养成分，参考表 4-1-4。

表 4-1-4　NRC 建议的代乳品营养成分

成　　分	NRC 标准	成　　分	NRC 标准
粗蛋白质含量/%	22	钠/%	0.1
消化能/kJ	17 489	硫/%	0.29
代谢能/kJ	15 740	铁/(mg/kg)	100

成　分	NRC 标准	成　分	NRC 标准
维持净能/kJ	10 033	钴/(mg/kg)	0.1
增重净能/kJ	6 443	铜/(mg/kg)	10
消化率/%	95	锰/(mg/kg)	40
粗脂肪/%	10	锌/(mg/kg)	40
粗纤维/%	0	碘/(mg/kg)	0.25
钙/%	0.7	硒/(mg/kg)	0.1
磷/%	0.5	维生素 A/IU	3 784
镁/%	0.07	维生素 D/IU	594
钾/%	0.8	维生素 E/IU	300
食盐/%	0.25	—	—

目前有很多大规模奶牛场，为降低犊牛哺育成本，用患有乳房炎的牛奶来哺喂犊牛，实践证明是可行的(但必须要进行巴氏消毒后方可使用)。

也可以将初乳发酵，获得发酵初乳来饲喂犊牛，用以节约商品乳，降低饲养成本。表 4-1-5 提供了 60 日龄内犊牛的参考哺乳方案。

表 4-1-5　犊牛 0～60 日龄哺乳方案

日龄阶段/d	喂奶量/(kg/d)	阶段总量/kg
0～7	6	42
8～15	7	56
16～35	6	120
36～50	5	75
51～60	4	40
合计	—	333

(二)训练饮水

当犊牛出生 24 h 后，即应获得充分饮水，不可以用乳来替代水。最初两天水温要求和奶温相同，控制在 38～40℃，尤其在冬季最好饮用温水，避免犊牛的腹泻。

(三)训练采食

犊牛从生后第 4 d 开始，补饲开食料。犊牛开食料是指适口性好，高蛋白(20%以上的粗蛋白质)、高能量(7.5%～12.5%的粗脂肪)、低纤维(不高于 6%～7%)精料，将少量犊牛开食料(颗粒料)放在奶桶底部或涂抹于犊牛的鼻镜、嘴唇上诱食，训练其自由采食，根据食欲及生长发育速度逐渐增加喂量，当开食料采食量达到 1～1.5 kg 时即可断奶。犊牛开食料推荐配方参考表 4-1-6。

表 4-1-6　犊牛开食料推荐配方

成　分	含量/%	成　分	含量/%
玉米	50～55	磷酸氢钙	1～2
豆饼	25～30	食盐	1
麦麸	10～15	微量元素	1
糖蜜	3～5	维生素 A/IU	1 320
酵母粉	2～3	维生素 D/IU	174

注：适当添加 B 族维生素。

六、断奶及断奶后饲养

(一)适时断奶

断奶应依据犊牛的月龄、体重、精料的采食状况来确定合理的断奶时间。目前，我国奶牛场哺乳期为 2 个月左右，哺乳量为 240～320 kg，当开食料采食量达到 1～1.5 kg，犊牛体重达到出生重的 2 倍，即 80 kg 时考虑断奶。

(二)犊牛断奶方案的拟订

根据犊牛的营养需要，制订合理的断奶方案。荷斯坦犊牛断奶方案参照表 4-1-7。

表 4-1-7　早期断奶犊牛饲养方案　　　　　　　　　单位：kg/(头・d)

日龄	喂奶量	开食料
1～10	6	4 日龄开食
11～20	5	0.2
21～30	5	0.5
31～40	4	0.8
41～50	3	1.2
51～60	2	1.5

(三)断奶后的饲养

犊牛断奶后，因饲料结构发生了改变，会出现较大的应激反应，常会表现出日增重较低，毛色缺乏光泽、消瘦。为了减少应激，可采用不换舍不换料的形式维持一周。即继续饲喂犊牛开食料一周左右，若转换牛舍为小群饲养，转换后还应继续一周左右的犊牛开食料然后再转换成犊牛料，待犊牛适应后有条件可限制性饲喂 0.5～1 kg 优质苜蓿草。此时的犊牛由初乳所吸收的免疫球蛋白消耗殆尽，而自身的免疫系统尚未完全发育成熟，是犊牛饲养的第二个危险期，应高度重视。3～6 月龄犊牛饲养方案参考表 4-1-8。犊牛料配方参考表 4-1-9。犊牛饲养程序参考表 4-1-10。

表 4-1-8　3～6 月龄犊牛饲养方案　　　　　　　　　单位：kg/(头・d)

月龄	犊牛料	限饲优质苜蓿草
3～4	2～2.5	0.5～1.5
4～5	2.5～3.5	0.5～1.5
5～6	3.5～4.5	0.5～1.5

表 4-1-9 3～6 月龄犊牛料配方 单位：%

成分	含量	成分	含量
玉米	50	饲用酵母粉	3
麸皮	15	磷酸氢钙	1
豆饼	15	碳酸钙	1
花生饼	5	食盐	1
棉仁饼	5	预混料	1
菜籽饼	3	—	—

表 4-1-10 犊牛饲养程序

生长阶段	饲料	饲喂方法	目标	管理事项
初生～3 日龄	初乳	哺乳壶或强制灌服，生后第一次喂 4 kg 左右，饲喂 3～4 次/d，日喂量 6～8 kg	尽早喝上初乳，提高免疫力	出生后清除口鼻腔黏液，断脐带，称重，带耳标
4 日龄～1 月龄	从以常乳、发酵初乳或少量代乳品为主，逐渐向开食料过渡	从第 10 日龄可使用哺乳桶（盆）饲喂，饲喂 2 次/d，日喂量占体重 10%左右。定时、定温、定量、定质。4 日龄起自由采食开食料，并逐渐加量，适当饮水	日增重不低于 0.44 kg	单栏、露天饲养，舍内厚垫草、干燥、卫生、防贼风、及时去角。预防脐带炎、肺炎、肠炎及脑炎等病，提高成活率
1～2 月龄	以开食料为主	当采食量增加到 1 kg 以上时就可断奶，时间 6～8 周	促进瘤胃发育，2 月龄体重 80 kg 左右	
3～6 月龄	以犊牛料为主	日采食精料 4.0 kg 左右，分 3 次喂给	6 月龄体重可达 170 kg 以上	4～6 头小群饲养，圈内清洁，观察采食，定期称重。注射相关疫苗

七、饲养标准

犊牛时期采食牛奶及饲料应符合饲养标准，见表 4-1-11。

表 4-1-11 犊牛期饲养标准

月龄	占体重百分比/%	DMI/kg	粗蛋白百分比/%	产奶净能/（Mcal/kg）	实施方案
0～2	10～15	0.5～1.5	18～20	1.8～2.0	牛奶、代乳粉、开食料
3～6	3～3.5	2.0～4.0	16～18	1.75～1.8	开食料、优质粗饲料

●●●●● **任务工单**

任务名称	犊牛饲喂技术		
任务描述	结合胃室图片和犊牛培育方案，分析犊牛对乳及饲料的消化生理特点，初乳对犊牛的作用，并能针对培育方案进行可行性分析		
准备工作	1. 准备牛不同时期瘤、网、瓣、皱四个胃室比例数据及图片 2. 网上收集犊牛饲喂方案 3. 犊牛培育视频		
实施步骤	1. 指出犊牛期的胃室比例，并依据比例，分析说明犊牛期的消化特点 2. 分析初乳对犊牛的作用，说明犊牛期的免疫能力如何获得 3. 分析犊牛期的饲喂方案可行性		
考核评价	考核内容	评价标准	分值
	犊牛期四个胃室消化特点分析	能正确指出犊牛期的胃室比例(10分)；对比胃室比例变化，正确分析犊牛哺乳期和断奶后消化的不同(20分)	30分
	初乳对犊牛作用分析	正确概括初乳作用(15分)；全面分析哺喂初乳对犊牛免疫力的影响(15分)	30分
	犊牛哺喂方案可行性分析	正确分析犊牛哺乳时间长短(10分)；正确统计方案中犊牛哺乳总量(10分)；正确指出精饲料开始饲喂时间及添加量(10分)；正确指出粗饲料开始饲喂时间及添加量(10分)	40分

任务 2　犊牛的培育目标及要求

●●●● **目标呼应**

任务目标	课程教学目标
熟悉犊牛的常规管理	掌握奶牛生产中常规饲养管理技术
明确犊牛的培育目标	

●●●● **情境导入**

　　犊牛是牛场的未来，犊牛培育的好坏不但影响了牛场的后备牛群品质，还关系到牛场未来的牛群结构、生产能力。在培育犊牛的过程中，不仅要掌握犊牛的消化和饲喂要求，还要密切关注犊牛各时期身体状态，进行必要的管理，有效预防常见疾病，保证犊牛饲养期内健康，实现犊牛培育的高成活率。

●●●● **知识链接**

一、新生犊牛的护理

（一）帮助母牛助产

　　对临产母牛要密切监视，当母牛出现阵缩时应及早确定胎位并及时校正。

　　分娩时，从尿囊或羊膜破裂到分娩结束，需要 30～60 min 的时间，甚至更长，要求管理人员要耐心等待，必要时助产。当母牛在分娩过程中，持续努责超过 1 h，未见胎膜及胎儿的，或有血液从产道流出，需及时助产。合理的助产是保证犊牛生后全活全壮的前提。助产时机不当或者助产用力过大也常会引起犊牛的外伤。

（二）护理新生犊牛

　　犊牛由母体顺利娩出后，应立即做好以下工作：清除犊牛口腔和鼻孔内黏液，断脐，擦干被毛，剥离软蹄，饲喂初乳。

1. 确保犊牛呼吸顺畅（清除犊牛口腔和鼻孔内黏液）

　　新生犊牛应立即清除其口腔和鼻孔内的黏液，以免妨碍犊牛的正常呼吸和将黏液吸入气管及肺内。如果发现犊牛生后呼吸困难，过去的做法是将犊牛的后肢提起，或倒提犊牛，用以排出口腔和鼻孔内黏液，但时间不宜过长，以免因内脏压迫膈肌，反而造成呼吸困难。目前规模牧场遇到这种情况，通常采用先摆正犊牛趴卧姿势，然后选择干净的草棍刺激犊牛的鼻孔，使其打喷嚏将羊水等异物排出，或用冷水喷淋头部的方法来刺激犊牛呼吸，对呼吸严重困难的犊牛也可采用左右翻侧犊牛，促进其排出肺中羊水。

2. 断脐

　　犊牛的脐带多可自然扯断，当清除完犊牛口腔和鼻孔内的黏液后，脐带尚未自然扯断的，应进行人工断脐。在距离犊牛腹部 8～10 cm 处，用消毒过的剪刀将脐带剪断，挤出脐带中黏液，并用7%（不得低于7%，避免引发犊牛支原体病）的碘酊对脐带及其周围进行消毒，30 min后，可再次消毒，避免犊牛发生脐带炎。正常情况下，经过15 d左右的时间，残留的脐带干缩脱落。

3. 擦干被毛

在断脐后，应尽快擦干犊牛身上的被毛，立即转入温室（最低温度在10℃以上），避免犊牛感冒。规模牧场建议最好不要让分娩母牛舔舐犊牛（图4-2-1），以免建立亲情关系，出现母牛情绪暴躁，顶人，进而影响挤奶或胎衣排出。

4. 剥离软蹄

剥离犊牛的软蹄，利于犊牛尽早站立。

5. 饲喂初乳

初乳对新生犊牛具有特殊意义，犊牛在生后及时吃到初乳，获得被动免疫，减少患病的概率，提高犊牛的成活率。

图 4-2-1　母牛舔舐犊牛

二、管理犊牛

（一）对犊牛称重、编号、标记、建立档案

对犊牛称重是犊牛的一项常规管理工作，刚出生时要测初生重，以后每隔一个月测量一次犊牛重。初生重和月龄体重可反映出胚胎期和生后期犊牛的生长发育情况，进而推断饲养及管理的好坏，以及成年后的体格大小等。荷斯坦牛生长发育相应体尺参考表4-2-1。

表 4-2-1　牛生长发育体尺表

月龄	体重/kg	胸围/cm	体高/cm
初生	41.8	76.2	74.9
1	46.4	81.3	76.2
3	84.6	96.5	86.4
6	167.7	124.5	102.9
9	251.4	144.8	113.1
12	318.6	157.5	119.4
15	376.3	167.6	124.5
18	440.0	177.8	129.5
21	474.6	182.4	132.1
24	527	—	137.0

中国荷斯坦母牛国家编号规则是由12个字符组成，分为4个部分，即2位省（区、市）代码＋4位牛场号＋2位出生年度号＋4位牛只号。省（区、市）代码是统一按照国家行政区划编码确定，由2位数组成，第一位是国家行政区划号，第二位是区划内编号。例如，北京市属"华北"，编码是"1"，北京市是"1"，因此，北京编号为"11"。牛场编号的第

一位用英文字母代表并顺序编写如 A，B，C…Z，后 3 位代表牛场顺序号，用阿拉伯数字表示，即 1，2，3…。例如，A001、A002…A999 后，应编写 B001，B002…B999，依此类推。本编号由各省（区、市）畜牧行政主管部门统一编制，编号报送农业部备案，并抄送中国奶协数据中心。牛只出生年度编号统一采用年度的后 2 位数，例如，2019 年出生即为"19"。牛只的出生顺序号用阿拉伯数字表示，不足 4 位数的用 0 补齐，顺序号由牛场（小区或专业户）自行编订。全国省（区、市）编码见表 4-2-2。

表 4-2-2　全国省（区、市）编码

省（区、市）	代码	省（区、市）	代码	省（区、市）	代码
北　京	11	安　徽	34	贵　州	52
天　津	12	福　建	35	云　南	53
河　北	13	江　西	36	西　藏	54
山　西	14	山　东	37	重　庆	55
内蒙古	15	河　南	41	陕　西	61
辽　宁	21	湖　北	42	甘　肃	62
吉　林	22	湖　南	43	青　海	63
黑龙江	23	广　东	44	宁　夏	64
上　海	31	广　西	45	新　疆	65
江　苏	32	海　南	46	台　湾	71
浙　江	33	四　川	51	——	——

对牛标记的方法有画花片、剪耳号、打耳标、烙号、剪毛及书写等数种（图 4-2-2～图 4-2-4）。随着奶牛场信息化的介入，电子耳标、电子项圈（图 4-2-5）已经有了广泛的应用，但是，塑料耳标法以方便、快捷、肉眼好识别等特性，仍是目前国内最广为使用的一种方法。塑料耳标法的具体做法是将牛的编号写或喷在塑料耳标上，然后用专用的耳标钳将其固定在牛耳上，标记清晰，可操作性强。电子项圈可以数据和后台联网，将牛只呼吸、采食、反刍、运动、发情等所有信息上传计算机，便于管理，同时也是信息化管理牛群的前提，更新了养殖的观念。

图 4-2-2　喷码耳标

图 4-2-3　耳标钳

图 4-2-4　打耳标后的犊牛

图 4-2-5　电子项圈

犊牛在出生后应根据毛色花片、外貌特征、出生日期、父母情况等信息建立档案，并详细记录这些信息。登记后要求永久保存，便于生产管理和育种工作之需。对犊牛的外貌特征记录可采用拍照的方式，三个角度即头部、左侧面、右侧面拍照，牛的花片特征终身不变。

（二）选择犊牛的饲养方式

犊牛的饲养分单栏和 5～10 头的小群通栏饲养。单栏饲养，可避免犊牛之间的接触，减少了疾病的传播；小规模的通栏饲养，能有效地利用空间，节约建设成本。牛场可根据自身的特点，选择犊牛的饲养方式。

犊牛舍内单栏，也叫犊牛笼（图 4-2-6），犊牛生后早期可在其中饲养，每犊一栏。牛栏的背面和侧面可以是木质或铁质的围栏，栏底是木质的漏缝地板，铺有垫草，且离地至少 20 cm，利于排水和排尿。犊牛栏还设有饮水、采食的设施，以便犊牛喝奶后，能自由饮水、采食饲料。

犊牛岛，也叫犊牛小屋（图 4-2-7），又分为室内和室外两种形式，室外犊牛岛可用于犊牛的单栏露天培育，每犊一岛。常见犊牛岛的长、宽、高分别为 2.0 m、1.2 m 和 1.5 m。犊牛岛的放置通常坐北朝南，东、西、北及顶部分别由侧板、

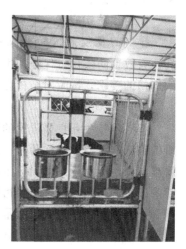
图 4-2-6　舍内犊牛单栏饲养

后板、顶板围成，南侧是敞开的。在犊牛岛的南面设有运动场，用围栏将运动场围起，围栏

图 4-2-7　室内、室外犊牛岛

前设哺乳桶和干草架，便于犊牛在小范围内活动、采食和饮水。犊牛岛的材质有木板、纤维板的，还有塑料、玻璃钢的。就使用寿命，便于打扫等方面综合考虑，塑料和玻璃钢材质的犊牛岛是最好的选择。犊牛岛可根据不同地域的季节和气候特点，灵活放置。实践证明，犊牛岛可有效地控制疾病发生，提高犊牛成活率，是培育犊牛的一种良好方式。

犊牛通栏(图 4-2-8)，是在牛舍内，按犊牛大小进行分群，采用散放自由牛床式的通栏饲养。每个通栏饲养 5～10 头犊牛。通栏的面积根据犊牛的头数来定，每头犊牛占地面积 2.3～2.8 m²，栏高 1.2 m。通栏面积的一半可略高于地面并稍有倾斜，铺上垫草作为自由牛床，另一半作为活动场地。通栏的一侧或两侧设置饲槽，并装有颈枷，便于在喂乳或必要时对牛只加以固定。

图 4-2-8　犊牛舍内通栏

(三)预防疾病

犊牛的免疫系统尚不成熟，极容易感染各种疾病。有效预防疾病，保证犊牛健康，是保证牛场经济效益的重要条件。牛场应根据当地兽医部门的要求，按时对结核和布鲁氏菌病进行检疫工作，并接种口蹄疫等有关疫苗。

1. 预防腹泻

腹泻是犊牛死亡最常见的原因。致命性的腹泻多发生在犊牛生后的前 2 周。患有腹泻后的临床症状有：水样稀便；脱水；四肢发凉；食欲逐渐减退；起卧缓慢困难；因身体极度虚弱，不能完全站立而导致的瘫痪。腹泻又可分为营养性腹泻和传染性腹泻两种类型。犊牛的腹泻与饲养管理不当密切相关，要想有效预防腹泻，保证犊牛健康，在生产中需要从以下几方面入手：饲喂适量的优质初乳；控制奶的温度(38～40℃)；饲喂时间固定，饲喂用具清洁；饲喂优质的代乳品；不过量的饲喂犊牛；犊牛舍应保证干净、卫生，通风良好；定期对犊牛舍进行清扫和消毒，在每次使用后应空舍 3 周；患病牛和健康牛分开饲养；不购买和引进小于 3 周龄的犊牛。

2. 预防肺炎

肺炎发病的高峰期在犊牛生后的 4～6 周(图 4-2-9)，是犊牛由被动免疫向主动免疫过

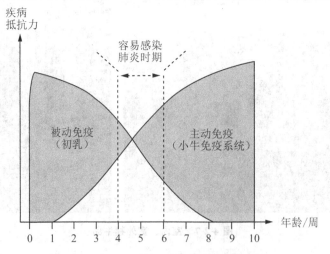

图 4-2-9　4～6 周龄小牛最容易发生肺炎

渡时期，此时的血液中抗体浓度正好最低。肺炎正是免疫功能下降、大量微生物入侵和环境温度的骤变等因素综合作用的结果。患有肺炎的犊牛临床症状为：鼻孔有水样或黏稠带脓的分泌物；干咳；体温超过 41℃；肺脏损伤；呼吸不畅或呼吸困难；常伴有腹泻。通风不良，湿度高，昼夜温差变化大的畜舍，犊牛更易患有肺炎。实践证明，适当饲喂初乳、避免营养性应激、适宜的畜舍条件以及良好的通风系统是减少肺炎发生的有效方法。

（四）剪除副乳头

母犊出生时可能有多于 4 个乳头的情况。多余的乳头通常位于 1 个或 2 个后乳头后部，也可能位于乳房一侧或两侧前、后乳头之间，称为副乳头（图 4-2-10）。副乳头没有价值，它的存在不利于清洗乳房，影响乳房外观，而且容易导致乳房炎，影响产奶性能。

图 4-2-10　出生和长大后的副乳头

在犊牛阶段应剪除被确诊的副乳头，剪除副乳头时间是 2～6 周龄。

去除副乳头前，应用消毒液将副乳头及其周围进行消毒，可使用手术直剪距离乳腺 1 mm 处进行剪断，避免损伤乳腺。去除副乳头后还应对该部位进行严格消毒，并做好相应的记录。

副乳头去除得当，很少流血。如遇蚊蝇季节，可涂以驱蝇药。如果乳头过小，可待母犊年龄较大时再剪除。剪除副乳头后，当牛第一次分娩时，已无明显的疤痕。

（五）适时去角

为了便于成年后的管理，减少牛体之间相互受到伤害，犊牛应在早期去角。去角在犊牛的 2 月龄前进行，这一时期犊牛的角根芽在头骨顶部皮肤层，处于游离状态，2 月龄后，牛角根芽开始附着在头骨上，小牛角开始生长。去角常用的方法有药物去角法和电动去角法。

药物去角法是用强碱，如苛性钠或苛性钾等成分的去角膏，通过灼烧、腐蚀，破坏角的生长点，达到抑制角生长的目的。此法应在犊牛 7～12 日龄进行。具体做法是：先剪去角基部的毛，在角根周围涂上凡士林，然后用去角膏在剪毛处均匀涂抹，直至有微量血丝渗出，使用去角膏后，确保 24 h 内不要沾水。注意保护好操作员的手和犊牛的其他部位皮肤、眼睛，避免碱的灼伤。

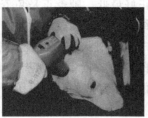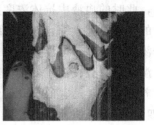

图 4-2-11　去角器与去角

电动去角法是利用高温破坏角的生长点细胞,达到不再长角的目的。此法应在犊牛 3～5 周龄进行。先将电动去角器通电升温至 480～540℃,然后用加热的去角器处理角基,每个角基根部处理 5～10 s 即可。

去角后,要做好相应记录,并跟踪去角后的感染等情况。

目前,牧场根据自身条件及各自喜好选择这两种方法之一,除方法要求不同外,去角效果并无大差。

(六)日常管理

培育犊牛是一项责任心很强的工作。有人说犊牛好比是孩子,它活泼、好动、顽皮,且免疫力低下,日常管理中,需要足够的细心、耐心,才能获得我们想要的全活全壮的犊牛。

日常管理中,首先要对犊牛自身及其周围环境的卫生状况,严格把关;其次要做好犊牛的健康观察工作和保证犊牛每日合理的运动。

1. 卫生管理

(1)哺乳用具(哺乳壶或奶桶)在每次用后都要严格进行清洗和消毒,程序为:冷水冲洗→温热的碱性洗涤水冲洗→温水漂洗干净→倒置晾干,使用前用 85℃ 以上热水或蒸气消毒。

(2)犊牛栏应保持干燥,犊牛栏要定期的消毒,在犊牛转出后,应留有 2～3 周的空栏消毒时间。

(3)卧床垫料。断奶前后均应铺以干燥清洁的垫料,垫料要求水分小于 15%,无发霉变质、无杂质,垫料厚度应在 20 cm 以上。垫料应勤打扫、勤更换。

(4)犊牛舍要保证阳光充足、通风良好、冬暖夏凉。切忌不要把犊牛放置在阴冷、潮湿的环境中。注意室温应保持在 10℃ 以上,冬季要使用保温装置。

2. 刷拭管理

刷拭犊牛可有效地保持牛体清洁,促进牛体血液循环,增进人牛之间亲和力。每天给犊牛刷拭 1～2 次。刷拭最好用软毛刷,手法要轻,使牛有舒适感。有条件的牛场可为犊牛提供电动皮毛梳理器,满足刷拭的需要。

3. 健康观察

对犊牛进行日常观察,及早发现异常犊牛,及时妥当的处理,进而有效提高犊牛育成率。日常观察的内容包括:犊牛的被毛和眼神;犊牛的食欲和粪便情况;检查体内外有无寄生虫;有无咳嗽或气喘;犊牛体温情况;饲料是否清洁卫生;粗饲料、水、盐以及添加剂的供应情况;通过体重测定和体尺测量检查犊牛的生长发育情况。

4. 运动管理

运动能增强犊牛的体质，增进健康。在夏季和天暖季节，犊牛在生后的 2～3 d 即可到舍外进行较短时间的运动，最初每天不超过 1 h。冬季除大风大雪天气外，出生 10 d 的犊牛可在向阳侧进行较短的舍外运动。犊牛随着日龄增加逐步延长舍外运动时间，由最初的 1 h 到 1 月龄后，每日运动在 4 h 以上或任其自由活动。

5. 分群管理

牛场应在颈枷上做好断奶后的犊牛体高标识，6 月龄应达到 105 cm，每月在测完生长指标后，依据牛只体格大小合理调群，避免因牛只社会性，以大欺小，以强欺弱，影响牛只生长，给生产带来不必要的麻烦。

三、犊牛的培育目标

(一)哺乳期犊牛培育目标

(1)断奶体重大于等于初生重的 2 倍；

(2)日增重为 700～800 g；

(3)日采食开食料≥1.3 kg。

(二)断奶后的犊牛期

(1)饲料从开食料转变为生长料；

(2)断奶前 7 d 减少乳的供应，增加水的供应量；

(3)观察犊牛的精神状况及粪便，减少断奶应激；

(4)6 个月龄，体重≥180 kg，日增重≥800 g。

●●●●● **任务工单**

任务名称	犊牛管理及培育要求			
任务描述	模拟现场条件，对牛只进行编号、标记；通过观看去角视频，总结去角的方法和注意事项；利用牛场犊牛培育数据，检验牧场的培育目标是否完成			
准备工作	1. 耳标钳、耳标笔、塑料耳标 2. 剪刀、厚纸壳 3. 犊牛去角视频 4. 牛场犊牛培育数据			
实施步骤	1. 利用剪刀，将事先准备好的厚纸壳剪成牛耳形状 2. 按照牛号标记原则将牛号按顺序编号，用耳标笔将编号书写在塑料耳标上 3. 用耳标钳将耳标打在"牛耳"上，注意位置和方法 4. 观看犊牛去角视频 5. 分析牛场犊牛培育数据，判断培育目标是否完成			
考核评价	考核内容	评价标准		分值
	耳标标记	"牛耳"剪裁大小、形状合理（10分）；塑料耳标上牛号书写规范、标记正确（10分）；耳标钳使用正确（10分）；将塑料耳标正确打在"牛耳"合适位置上（10分）		40分
	犊牛去角	正确总结犊牛去角时间（10分）；正确总结去角方法（10分）；正确总结去角注意事项（10分）		30分
	检验培育目标	正确比对牛场培育数据与培育目标的关系，并进行全面分析（30分）		30分

任务 3　育成牛的生理特点

●●●●●目标呼应

任务目标	课程教学目标
了解育成牛的阶段划分	掌握奶牛生产中常规饲养管理技术
熟悉育成牛的生理特点	
能针对营养需要和生理特点合理进行饲喂	

●●●●●情境导入

育成牛活泼好动，精力旺盛，饲料采食相对于犊牛大幅度提高，生长速度变快。培育过程中要注意体形的控制，避免形成草腹和过度肥胖。育成牛免疫力提高，不容易生病。控制好育成牛的体形和身材大小，做到适时配种。怀孕的青年牛应注意避免流产和早产，确保产后健康产奶。

●●●●●知识链接

一、育成牛生长发育规律

（一）生长发育快

育成牛阶段是骨骼、肌肉发育最快的时期，7～12 月龄是增长强度最快阶段，生产实践中必须利用好这一特点，如果前期生长受阻，在这一阶段加强营养，可以得到部分补偿。科学的饲养管理有利于塑造良好的乳用体型。

（二）瘤胃发育迅速

随着年龄的增长，育成牛的瘤胃功能日趋完善，7～12 月龄的育成牛瘤胃容积大增，利用青粗饲料的能力明显提高，12 月龄左右接近成年奶牛水平。正确的饲养方法有助于瘤胃功能的完善。

（三）生殖机能变化大

一般情况下，荷斯坦品种体重达到 250 kg 左右时，可出现首次发情，13～14 月龄的育成牛正是进入性成熟的时期，生殖器官和卵巢的内分泌功能趋于健全，育成牛生长与繁殖性能的关系参考图 4-3-1。图中显示，性成熟不仅与年龄，而且与体重的关系更大。因此，生长速度对青春期配种及产头胎时的年龄影响也很大。若育成牛生长速度慢（小于 0.35 kg/d），在 18～20 月龄都不可能达到性成熟。若育成牛生长过快（大于 0.9 kg/d）会使育成牛在 9 月龄时达到性成熟。当育成牛体重达到成牛体重的 40%～50% 时就达到性成熟阶段，当达到成牛体重的 50%～60% 时就可以配种（14～16 月龄）。

二、饲养标准

不同月龄牛只，对日粮干物质的需求不同，详细见表 4-3-1。

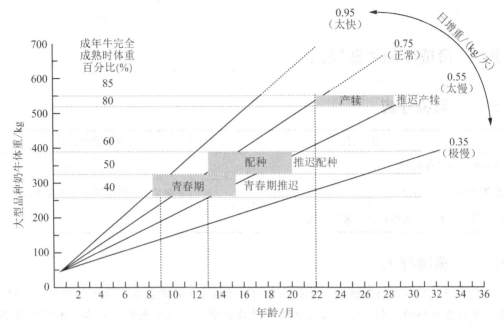

图 4-3-1　育成牛生长与繁殖性能的关系

表 4-3-1　育成牛饲养标准

月龄	占体重百分比/%	DMI/kg	粗蛋白百分比/%	产奶净能/(Mcal/kg)	实施方案
7～12	2.75～3.0	5.0～7.0	14.0	1.4	后备牛 TMR
13～18	2.2～2.6	8.0～9.0	13.0	1.3	后备牛 TMR
18 月龄～产前 21 d	2.0～2.3	10.0～11.0	12.5～13.0	1.3	后备牛 TMR

三、饲养日粮要求

性成熟较晚的育成牛往往体形小，过早配种不仅所产犊牛个体小、难产多，而且产后的泌乳量也低。然而，极为丰富的营养虽然能使育成牛有较大的增重，过高的增重往往导致体内蓄积大量脂肪，特别在乳房中蓄积过多脂肪，脂肪会堵塞乳腺，能够合成乳汁的泌乳细胞数减少，从而导致产犊后泌乳量不高。按照荷斯坦品种要求，日增重平均在 750 g，15～16 月龄时体重达到 350 kg 以上时，即可进行第一次配种。

在配种时间的掌握上，牛的发育指标比年龄更重要。配种后为了促进牛体、乳腺发育和保证妊娠需要，再适当增加营养供给。

育成牛阶段主要任务是增进瘤胃容积和机能，培育体形高大、肌肉适中、消化力强、乳用型明显的理想体形。

(一)7～12 月龄育成牛的日粮

这个阶段的育成牛瘤胃的容量大大增加，利用粗饲料的能力明显提高。正常饲养情况下，中国荷斯坦牛 12 月龄体重接近 300 kg，体高 115～120 cm。

日粮以优质粗饲料为主，日增重应达到 0.7～0.8 kg。注意粗饲料质量，营养价值低的秸秆不应超过粗饲料总量的 30%。一般精料喂量每天 2.5 kg 左右，从 6 月龄开始训练采食青贮饲料。

7～12 月龄育成牛饲养方案如表 4-3-2 所示，7～12 月龄育成牛精饲料参考配方如表 4-3-3 所示。

表 4-3-2　7～12 月龄育成牛饲养方案　　　　　　　　单位：kg/(头·d)

月龄	精料	玉米青贮	羊草
7～8	2.5	3	2
9～10	2.5	5	2.5
11～12	2.5～3	10	2.5～3

表 4-3-3　7～12 月龄育成牛精饲料参考配方　　　　　　　　单位：%

成分	1	2	3
玉米	50	50	48
麸皮	15	17	10
豆饼	15	10	25
葵籽饼	—	8	—
棉仁饼	6	7	10
玉米胚芽饼	8	—	—
饲用酵母粉	2	4	2
碳酸钙	1	—	—
石粉	—	1	1
磷酸氢钙	1	1	1
食盐	1	1	1
预混料	1	1	2

(二)13～18 月龄育成牛的日粮

13～18 月龄育成牛生殖器官及功能发育健全，荷斯坦牛体重达到 350 kg 以上，即可进行第一次配种，不要过早配种，否则对育成牛自身发育和胎儿发育均会带来不良影响。为了进一步促进消化器官的发育及合理增重，仍以粗饲料为主，在饲喂中要注意控制低质粗饲料的用量，防止育成牛营养不足。

实践表明，育成牛营养不足，可使其发育受阻、采食量减少，延迟发情及配种；过于肥胖易造成不孕及难产。

13～18 月龄育成牛饲养方案如表 4-3-4 所示，13～18 月龄育成牛日粮组成如表 4-3-5 所示，13～18 月龄育成牛精饲料配方如表 4-3-6 所示。

表 4-3-4　13～18 月龄育成牛饲养方案　　　　　　　　单位：kg/(头·d)

月龄	精料	玉米青贮	羊草	糟渣类
13～14	2.5	13	2.5	2.5

月龄	精料	玉米青贮	羊草	糟渣类
15～16	2.5	13.2	3	3.3
17～18	2.5	13.5	3.5	4

表 4-3-5　13～18 月龄育成牛日粮组成(以干物质计)

日粮配方	1	2	3	4
苜蓿干草/kg	5.1	10.1	—	—
苜蓿青草/kg	—	—	5.4	—
玉米秸秆/kg	—	—	—	6.5
玉米青贮/kg	4.0	—	3.6	—
玉米/kg	—	—	—	1.5
44%粗蛋白浓缩料/kg	—	—	0.27	1.3
磷酸氢钙/g	36	23	18	41
碳酸钙/g	—	—	—	23
微量元素添加剂/g	23	23	23	23
总喂量/(kg/d)	9.1	10.1	9.2	9.3

表 4-3-6　13～18 月龄育成牛精饲料配方　　　　　　　单位:%

成分	1	2	3	4	5	6
玉米	47	45	48	47	40	33.7
麸皮	21	17.5	22	22	28	26
豆饼	13	—	15	13	26	—
葵籽饼	8	17	—	8	—	25.3
棉仁饼	7	8	5	7	—	—
玉米胚芽饼	—	7.5	—	—	—	—
碳酸钙	1	1	—	1	—	3
磷酸氢钙	1	1	1	1	—	2.5
食盐	1	2	1	1	1	2
预混料	1	1	2	—	3	—
石粉	—	—	1	—	—	—
饲用酵母	—	—	5	—	—	—
尿素	—	—	—	—	2	—
高粱	—	—	—	—	—	7.5

(三)初孕牛日粮

初孕牛指初配受胎至产犊前的母牛。一般情况下,发育正常的牛在 15～16 月龄已经配种怀孕，此阶段，除母牛自身的生长外，胎儿和乳腺的发育是其突出的特点。

初孕母牛不得过肥，要保持适当膘情，以刚能看清最后两根肋骨为较理想上限。

在妊娠初期胎儿增长缓慢，此时的饲养与配种前基本相同，以粗饲料为主，根据具体膘情补充一定数量的精料，保证优质干草的供应。初孕母牛要注意蛋白质、能量的供给，防止营养不足，精饲料日喂量 3 kg 左右，每次饲喂后饮水。

妊娠后期（产前 3 个月），胎儿生长速度加快，同时乳腺也快速发育，为泌乳做准备，所需营养增多，需要提高饲养水平，可将精料提高至 3.5～4.5 kg。控制食盐和矿物质的喂量，以防加重乳房水肿；同时应注意维生素 A 和钙、磷的补充；玉米青贮和苜蓿要限量饲喂。如果这一阶段营养不足，将影响育成牛的体格以及胚胎的发育。

初孕母牛饲养方案如表 4-3-7 所示，初孕母牛精料配方如表 4-3-8 所示。

表 4-3-7　初孕母牛饲养方案　　　　　　　　　　单位：kg/(头·d)

月龄	精料量	干草	玉米青贮
19	2.5	3	14
20	2.5	3	16
21	3.5	3.5	12
22～24	4.5	4.5～5.5	8～5

表 4-3-8　初孕母牛精料配方　　　　　　　　　　单位：%

成分	比例
玉米	50
豆饼	25
DDGS(玉米生产乙醇糟)	20
育成牛复合预混料	5

●●●●● 任务工单

任务名称	育成牛生理及饲喂要求		
任务描述	分析牛场育成牛培育数据，比对育成牛培育标准，说明育成牛生理特点，分析案例牛场培育效果。针对饲料配方，进行饲料种类和比例分析。分析案例牛场饲喂方案		
准备工作	1. 准备育成牛随月龄变化的身高、体重培育标准数据表 2. 收集牛场育成牛培育数据 3. 收集育成牛、初孕牛饲料配方 4. 收集牛场育成牛饲喂方案		
实施步骤	1. 对比衡量育成牛身高体重标准值，衡量育成牛生长发育情况 2. 对比育成牛、初孕牛日粮配方，分析日粮组分的作用及比例 3. 分析案例牛场育成牛饲喂方案可行性		
考核评价	考核内容	评价标准	分值
	生长发育情况分析	正确分析案例牛场育成牛发育情况与标准值之间的关系(20分)；依据发育情况，全面总结育成生长发育特点(20分)	40分
	饲料组分及比例分析	分析饲料配方，正确说出所用饲料原料种类(15分)；分析各种原料比例(15分)	30分
	饲喂方案分析	全面分析牛场饲喂方案(各时期，各体重不同)是否符合育成牛饲喂标准(30分)	30分

任务4 育成牛的培育目标及要求

●●●●● 目标呼应

任务目标	课程教学目标
熟悉育成牛的管理要求	
明确育成牛配种的条件	掌握奶牛生产中常规饲养管理技术
能说明育成牛的培育目标	

●●●●● 情境导入

小王同学在新产牛圈中发现一头新产育成牛，身材矮小，体质虚弱，喘，产后 5 d，拒食。他看到这种情况后，非常着急。根据这些症状，分析一下这头育成牛可能患有什么病，分析患病的原因。并且说一说如何运用理论知识，科学饲养管理，杜绝类似事件在牛场发生。

●●●●● 知识链接

一、培育目标

1. 饲养目标

育成母牛培育的主要目标是，通过科学的饲养管理，使其按时达到理想的体型、体重标准；保证适时发情、及时配种受胎；乳腺充分发育；顺利产犊；并为其一生的高产打下良好的基础。

2. 培育目标

(1)7月龄至初配：体重大于等于 350 kg；日增重 700 g；体高大于等于 1.27 m；体况评分 2.5～3 分；配种月龄 14～16 月龄。

(2)初配至初产：分娩后体重大于等于 550 kg；临产牛体况 3.5～3.75 分；首次产犊月龄为 24～25 月龄。

二、管理要求

1. 定期称重

定期称重是为了检验饲养是否达到了预期的体重发育指标，各月龄体重增长不同。配种体重和产头胎体重与产奶量呈正相关，与终生产奶量有着密切关系。

体重指标是评定后备母牛生长的最常见指标，然而，这一指标不应作为唯一标准。因为体重侧重于反映后备牛器官、肌肉和脂肪组织的生长。奶牛不同品种相关体重，见表4-4-1。

表 4-4-1 奶牛不同品种相关体重

品种	出生体重	配种		产犊		平均日增重	成年体重
		体重	月龄	体重	月龄		
荷斯坦牛	40～50	360～400	14～16	544～620	23～25	0.74	650～725
瑞士褐牛、更赛牛、爱尔夏牛	35～40	275～310	13～15	450～500	22～24	0.6	525～580
娟姗牛	25～30	225～260	13～15	360～425	22～24	0.5	425～500

2. 检测体高和体况

体高反映了后备牛骨架的生长,因此,只有当体重测量和体高、体长相配合时,才能较好地评价后备母牛的生长发育情况。有研究表明,荷斯坦后备母牛产前最佳体高是 138～141 cm。此外,生产实践中还经常用体况评分来评价后备母牛的饲养和管理好坏,因为体况评分能够较好地反映牛体内脂肪的沉积情况,从而发现饲养中的问题,积极调整饲养方案,体况评分是调整饲喂水平的一个有效指标(表 4-4-2)。

表 4-4-2 后备母牛各阶段理想的体高和体况

月龄	3	6	9	12	15	18	21	24
体高/cm	92	104～105	112～113	118～120	124～126	129～132	134～137	138～141
体况评分	2.2	2.3	2.4	2.8	2.9	3.2	3.4	3.5

育成牛在 6、12、18 月龄进行体高、体重测定,了解其生长发育,并记入档案,作为选种的基本资料。一旦发现异常,应及时查明原因,并采取相应措施进行调整。

3. 分群饲养

育成母牛应根据年龄和体重情况进行分群,一般可以分为三群,即 7～12 月龄、13～18 月龄、初配受胎至分娩,这样便于饲喂和管理。

4. 初次配种

育成母牛何时初次配种,应根据母牛的年龄和发育情况而定。一般按 15 月龄左右,体重达 350 kg 以上,体高 127 cm 时开始初配。此期要注意观察育成牛发情表现,一旦发现发情牛及时配种。对于隐性发情的育成牛,可以采用直肠检查法判断配种时间,以免漏配。

5. 加强运动

育成牛(图 4-4-1)一般采用散养,除恶劣天气外,育成牛每天应放进运动场内保证至少 2 h 的运动,一般采取自由运动。育成牛运动场面积不少于 15 m²/头,运动场要保持卫生。加强育成牛的户外运动,进行日光浴,同时可使其体壮胸阔,心肺发达,食欲

图 4-4-1 运动场中的育成牛

旺盛，促进牛的发育和保持健康的体形，为提高其利用年限打下良好基础。多晒太阳，使皮下的脱氢胆固醇转变为维生素 D，促进钙的吸收和骨骼生长。如果精料过多而运动不足，容易发胖，体短肉厚个子小，早熟早衰，利用年限短，产奶量低。初孕母牛也应加大运动量，防止难产的发生。

6. 刷拭和调教

育成母牛生长发育快，每天应刷拭 1～2 次，每次 5～10 min，及时去除皮垢，以保持牛体清洁，同时促进皮肤代谢并养成温顺的性格，易于饲养管理。

7. 乳房按摩

热敷、按摩乳房，可促进青年母牛乳腺的发育和产后泌乳量的提高。试验证明，对 6～8 月龄的育成牛每天按摩一次乳房，18 月龄以上每天按摩两次，每次按摩先用热毛巾擦洗乳房，然后用双手从乳房两侧轻轻进行按摩，最后再用两手轮换握擦 4 个乳头，全过程需要 3～4 min，产前 1～2 个月停止按摩，这样做的结果母牛一个泌乳期的产奶量实验组比对照组多产 657.14 kg，增长 13%。

8. 检蹄、修蹄

育成母牛蹄质软，生长快，易磨损，应从 10 月龄开始于每年春秋两季各进行一次检蹄、修蹄，以保证牛蹄的健康。初孕母牛如需修蹄，应在妊娠 5～6 月前进行。

9. 保胎

对于初孕牛要加强护理，其中一个重要任务是防流保胎。初孕母牛往往不如经产母牛那么温顺，在管理上必须特别耐心。在牛群通过较窄的通道时，防止驱赶过快，防止牛跑、跳、相互顶撞和在湿滑或冰冻的路面行走，以免造成机械性流产。严禁打牛、踢牛，做到人牛亲和、人牛协调。防止初孕母牛吃发霉变质的饲料、冰冻的饲料及饮冰冻的水，避免长时间雨淋。

10. 饮水

此期育成牛采食大量粗饲料，必须供应充足清洁的饮水。要在运动场设置充足饮水槽，供牛自由饮用。

11. 明确预产期

用配种日期月减 3、日加 6 的办法推算出预产期。在预产期前 2～3 周转入产房，产房要预先打扫干净、消毒。预产期前 2～3 d 再次对产房进行清理消毒。初产母牛难产率较高，助产器械要准备齐全，洗净消毒，做好助产和接产准备。

●●●●●● **任务工单**

任务名称	育成牛培育管理及目标要求		
任务描述	通过育成牛养殖视频，总结育成牛管理要求。通过案例，分析配种条件对育成牛的影响。归纳育成牛培育目标		
准备工作	1. 牛场、育成牛 2. 测杖、卷尺 3. 育成牛发育标准表 4. 育成牛管理视频 5. 收集配种案例及各牛场配种要求		
实施步骤	1. 到实习牛场，利用工具测量育成牛身高、胸围，并记录其月龄 2. 对比育成牛发育标准值表，衡量育成牛生长发育情况 3. 观看视频，总结育成牛管理要求 4. 配种案例分析，配种时间和体重对日后育成牛生长和产奶影响 5. 结合各牛场配种要求，归纳育成牛培育目标		
考核评价	考核内容	评价标准	分值
	育成牛生长发育分析	正确使用测量工具(5分)；正确记录育成牛体高、胸围值(10分)；育成牛体重计算正确(5分)；与标准生长发育比对，分析饲养情况(10分)	30分
	总结管理要求	通过观看视频，总结育成牛常规管理要求全面、具体(20分)	20分
	分析配种案例	正确说明案例牛场育成牛初次配种时间、体重要求(15分)；正确分析案例牛场育成牛配种实施合理性(15分)	30分
	总结培育目标	比对各牛场育成牛配种要求，全面总结育成牛培育目标(20分)	20分

项目 5
泌乳牛饲养管理

泌乳牛生产是奶牛生产中最重要的一环，它是每天牛奶的直接生产者，也是经济效益的创造者。泌乳牛敏感、高产，一旦育成牛开始产下第一胎，就会步入产奶、干奶，再产奶、再干奶，如此往复下去，不变的循环之中。生产中，将成年牛划分为 6 个时期，分别是泌乳初期、泌乳盛期、泌乳中期、泌乳后期、干奶期和围产期，其中，围产期又和泌乳初期、干奶期有交叉。在育成牛产下第一胎后，如何将泌乳牛有效饲养和管理，最大限度地挖掘成年牛的泌乳潜能，实现生产效益最大化，是每一个奶牛场最朴实的目的。

任务 1 明确泌乳牛生产周期

●●●●● 目标呼应

任务目标	课程教学目标
明确泌乳牛泌乳周期	掌握奶牛生产中常规饲养管理技术
明确泌乳牛的繁殖周期	
能说明泌乳牛的生产周期	

●●●●● 情境导入

走进泌乳牛，就必须知道泌乳牛的生产周期，否则每一步工作都将不知道缘由。为什么高产奶牛在产后不容易配种？为什么产奶量用 305 d 衡量？为什么泌乳牛的各个时期体况胖瘦会不同？

●●●●● 知识链接

一、奶牛的一生（图 5-1-1）

学习奶牛生产，就要求掌握奶牛的一年又一年，一生的循环，只有明确了奶牛的生产循环，即生产规律，才能根据规律和生理阶段，进行科学的饲养与管理，实现奶牛场节本增效的目的。

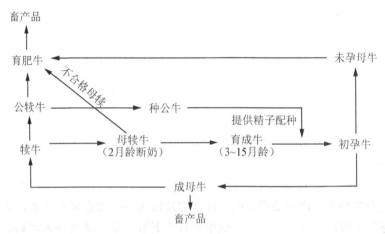

图 5-1-1 奶牛的一生

二、发情周期

（一）发情周期的四期变化

母牛在性成熟后，开始周期性出现一系列性活动现象，如外部生殖器官肿胀、阴道排出黏液、性兴奋等；内部则表现卵泡发育和排卵。一般把上述内外生理活动统称为发情；把集中表现出发情症状的阶段称为发情期。由一个发情期开始至下一个发情期开始，或从一次发情排卵至下一次发情排卵所间隔的时间称为一个发情周期（图 5-1-2）。在这段时间内，生殖器官及整个机体发生一系列的生理变化，这些变化周而复始进行，除妊娠或疾病等情况暂时停止外，循环不断再现，一直到衰老期。每一个循环周期即一个发情周期，一般平均为 21 d，变动范围为 17～25 d。

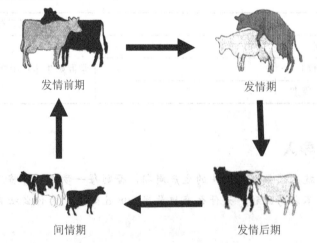

图 5-1-2 发情周期示意图

母牛的发情周期，在正常的情况下，除妊娠暂时停止外，全年都可出现，故称"全年多次发情"。尽管如此，由于受环境条件的影响，也会表现出淡、旺季之别，发情多在春、夏和秋初季节。

掌握发情周期的规律性，具有重要的实践意义。能够做到有计划地进行配种，调节分娩时间，防止不孕，以利于提高繁殖率。为了达到这些目的，现已采用人为方法（即生殖激素控制），来调节母牛的发情周期，使之集中发情排卵。对发情周期不正常的母牛也采用人为方法矫正，使之受胎。

根据生理变化的特点，发情周期一般分为发情前期、发情期、发情后期和间情期四个时期。由于发情周期是一个逐渐变化的复杂生理过程，因此每期前后之间不能完全分得很清楚。

（二）影响发情周期的因素

1. 外部因素影响

母牛虽然是常年发情的动物，但在温暖的季节发情有规律，而在气温低的季节，发情周期不规律，甚至停止。在低温季节即使有少数母牛发情，也往往表现不明显或发情不排卵，或排卵延迟。这说明母牛只有在条件适宜的情况下，才能保证发情周期的规律性。事实上，发情周期受光照、温度等条件的影响，这些条件与季节和环境温度有密切关系；膘情差、营养不足、管理粗放等不利条件，同样会使很多母牛发情周期受到影响或发情微弱。

2. 内部因素影响

内在因素影响主要受神经、激素调节控制。

（三）关注母牛产后发情，有效实施产后配种

为及时给产后母牛配种，必须注意产后母牛的第一次发情。产后第一次发情的时间很不一致，在饲养管理优良、气温适宜和无产后疾病的条件下，产后出现第一次发情的时间就相对早些，反之就要延长。

奶牛产后第一次发情时间比黄牛稍早，早期流产的较正常产后第一次发情也略早。奶牛产后第一次发情，早者可在产后3周左右，迟者可达数月，一般在产后$45\sim60$ d，平均50 d左右。高产奶牛，产后第一次发情时间则相对较晚，大多数在产后$60\sim100$ d内配种受孕。如自然发情率超过120 d，建议下次产后用激素处理，避免产犊间隔过长而影响经济效益。

有些母牛在显示产后第一次发情症状之前，就出现一次或数次排卵，即在产后一定时间内排卵，但无发情表现（也称隐性发情或安静发情）。因此，对产后长期不表现发情或表现不明显的母牛应进行卵泡检查，确定是否发情及发情程度，以便及时配种。

产后及时配种，是奶牛场良性循环的前提。大量的研究数据表明，母牛最为合理的产犊间隔是一年。为了保证奶牛产犊间隔，就要在产后及时配种。目前，牛场经常用平均泌乳天数指标来反馈产后配种情况。泌乳天数是160 d，指标正常，多于180 d，说明牛场产后配种存在问题，将给牛场经济效益带来损失。

三、母牛的繁殖周期

繁殖周期也称胎间距，指从一次正常分娩到下一次正常分娩所间隔的时间（图5-1-3）。对于一头奶牛来讲，一生一般产$6\sim8$胎，淘汰前所产胎次的多少与遗传、饲养管理、产

量、健康等因素有关，相临胎次的胎间距有可能不相同。群体平均胎间距是奶牛生产中关键的效益指标，一般牛场的平均胎间距控制在 13 个月是较为理想的。要缩短胎间距，就要提高产后发情揭发率和准胎率，减少早胚死亡、流产、死胎、早产等事件发生，同时采取相应的组织措施和技术措施。

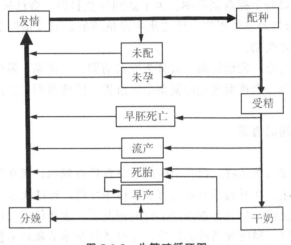

图 5-1-3　牛繁殖循环图

(一)组织措施

牛的繁殖工作应有专人负责，同时要建立健全以生产责任制为中心的各种必要的规章制度，落实兑现有关政策。根据具体情况落实授精、受胎和产犊头数，并制定完成任务的具体措施，认真做好发情配种记录，定期检查配种进度，分析牛群繁殖动态，搞好疫病防治。

(二)技术措施

1. 加强技术人员培训

通过对技术人员的培训，提高繁殖理论与技术操作水平。

2. 加强对适配母牛群管理

密切关注适配母牛群的饲养、管理，满足营养需要，促进母牛正常发情、排卵。必要时可采取激素类药物进行催情，诱导发情排卵。对有疾病的母牛要及时治疗，使之尽快恢复繁殖能力；治疗不愈者，马上淘汰。

3. 准确掌握发情期、适时输精

技术人员、饲养员(预报)要互相配合，注意观察，及时发现发情母牛(人员识别方法以外部观察法和直肠检查法相结合，也可通过仪器如计步器、电子项圈等反馈的奶牛步数推断发情)，根据母牛发情持续期短的特点(或根据卵泡发育情况)，适当地安排授精时间和次数，对发情不正常的母牛(如妊娠发情、隐性发情等)要结合直肠检查或 B 超影像加以鉴别，以免造成误配或漏配。

4. 掌握授精技术、做到准确授精

授精通常采用直肠把握子宫颈法，此种方法授精受胎率高，但授精人员必须细心、认真，严防损伤母牛生殖道，输入的精液必须准确达到所要求的部位，防止精液外流，发现外流要及时补配。

5．保证精液优良

定期对精液进行活力检查，对不符合标准的坚决不能使用。

6．防治生殖道疾病、消除不孕

除加强饲养管理保证母牛健康外，在阴道检查、授精、助产等操作中，要严格消毒，细致操作，以防生殖道感染与损伤。对已发生疾病的要及时治疗，使之尽快恢复繁殖机能。要搞好防疫工作，避免传染病的发生。

7．严格执行授精操作规程

要根据生产经验和科学技术水平的发展，不断地总结新的提高受胎率的操作办法。

8．做好早期妊娠诊断

做好妊娠早期诊断，以便及时补配，预防流产。

9．应用新技术进行繁殖控制

近年来，超数排卵、胚胎移植等新技术的广泛应用，为提高母牛繁殖率开辟了新的途径。

四、奶牛的泌乳周期

奶牛泌乳期分为四个时期，随着分娩时间的推移，产奶量也在发生着规律性的变化。根据分娩时间，将泌乳期分为泌乳初期、泌乳盛期、泌乳中期和泌乳后期。四个时期中，泌乳量呈现出"少—多—少"的规律(详见项目 5 任务 2)。

五、奶牛生产周期

奶牛生产包括繁殖和泌乳(图 5-1-4)。365 d 内产一胎，经历一个 305 d 标准的泌乳期，60 d 的干奶期；分娩后 80 d 配种受孕，妊娠期 285 d，如果每胎都能遵守这个时间进行生产，再保证所生均是母犊，并且全活全壮，就实现了"母牛生母牛，三年五个头"的农谚。

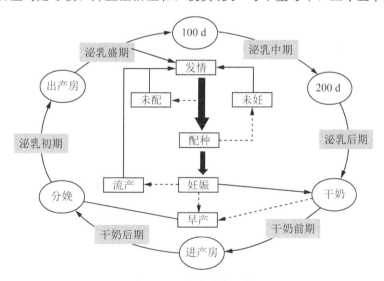

图 5-1-4　奶牛生产周期

不管能否实现这个农谚，生产中的每个牛都在经历着产犊、泌乳，再产犊、再泌乳的不断循环。如果失去了繁殖能力，生产就要停止，牛只将被淘汰。把奶牛繁殖、泌乳融合为一体，实际生产中保证产犊间隔平均 13 个月，高产牛群控制在 13.5 个月，当然从经济学角度上看，12 个月的产犊间隔是最理想的。

生产中屡配不孕的牛非常普遍，往往是高产奶牛，原因也比较复杂。高产奶牛因为不孕而被淘汰，给牛场每年造成的损失逐年上升。当高产奶牛被淘汰比例增加时，或当它们的泌乳期延长时，遗传进程就会减慢，现金流减少，生产者将要陷入经济困境。不孕并不一定是母牛的问题，假设其他因素都正常的情况下，奶牛不发情很可能是没有观察到，原因是没有花费足够的时间观察，或者没有利用现有的发情鉴定手段进行发情鉴定，频繁进行卵泡检查是不可能的。当然，即使在仔细观察的情况下，有些奶牛仍然观察不到发情迹象，很多环境条件会引起这种现象发生，如运动场结冰光滑、高湿高温、过度拥挤和跛足等。

遵循奶牛的生产周期规律，要认识到繁殖是产奶的前提，因此，做好母牛产后配种，是满足奶牛泌乳、干奶、再泌乳、再干奶的前提保障。

● ● ● ● ● 任务工单

任务名称	泌乳牛生产周期		
任务描述	将繁殖周期、泌乳周期结合，绘制奶牛生产周期示意图		
准备工作	1. 知识准备：奶牛发情周期、配种时期要求、奶牛妊娠期、泌乳规律 2. 纸、笔、刻度尺		
实施步骤	利用已学过的知识，使用纸和笔，自行绘制奶牛生产周期		
考核评价	考核内容	评价标准	分值
	以年为单位的生产周期图谱绘制	绘制准确（30分）；标记各时间节点正确（20分）	50分
	解释绘制图	对绘制的生产周期图解释全面，不落项（10分）；正确（20分）	30分
	分析绘制图	在规范的生产周期图基础上，若改变某些时间节点，能正确分析对生产的影响（20分）	20分

任务 2   泌乳曲线分析

●●●● 目标呼应

任务目标	课程教学目标
了解泌乳曲线的数据因子组成	能应用饲养管理知识，评价生产常见问题
明确泌乳曲线的正常趋势	
能分析绘制好的泌乳曲线	

●●●● 情境导入

泌乳曲线分为个体和群体之别。个体泌乳曲线能很好地反映不同生理时期泌乳量的变化情况。群体泌乳曲线则能说明受季节、温度、饲养管理等诸多因素影响，泌乳牛平均奶产量的变化。现根据一头泌乳牛一个泌乳期内的泌乳月产量测定值(分别为 15 kg、35 kg、30 kg、20 kg、18 kg、14 kg、12 kg、11 kg、10 kg、8 kg)，绘制泌乳曲线，并对曲线进行分析，曲线走势是否正常，上升和下降是否符合泌乳规律。

●●●● 知识链接

一、泌乳规律

奶牛泌乳规律，即奶牛性成熟后，在激素调节正常情况下，进行着分娩、泌乳；再分娩，再泌乳的循环。就泌乳的生理变化，国际公认的一个标准泌乳期为 305 d，个别牛因品种、饲养条件和繁殖等因素影响，时常有不足或超过 305 d 的情况，生产中应查清原因，尽力调整到标准泌乳期。

同一个体，不同胎次泌乳期的产奶量和奶质也有所区别，一般情况下，第二胎比第一胎上升 10%～12%；第三胎比第二胎上升 8%～10%；第四胎比第三胎高 5%～8%；第五胎比第四胎高 3%～5%；第六胎以后奶量逐渐下降。同一个胎次的泌乳期内的产奶量并不是保持一个水平不变，同样呈现一定的规律性，根据泌乳生理的规律性变化和生产实际情况，把一个泌乳期分为泌乳初期、泌乳盛期、泌乳中期和泌乳后期四个泌乳阶段。

(一)泌乳初期

母牛从分娩到产犊后的 21 d 称为泌乳初期，也称恢复期。这一时间的划分是以产后恶露是否自然排净、高产牛应激大小和分群管理需要为依据的，条件允许的牧场此期应在产房或单独组群进行饲养管理。

(二)泌乳盛期

泌乳盛期又称泌乳高峰期，一般是指母牛分娩后第 22 d 到泌乳高峰期结束，即 22～100 d。这一阶段产奶量迅速上升并达到高峰，一般 4～8 周达到高峰值，并维持 60 d 左右，然后开始逐渐下降。此期大多数牛已配种受孕。

（三）泌乳中期

产后第 101～200 d，这段时期为泌乳中期。该时期奶牛泌乳量逐渐下降，膘情逐渐恢复，产奶量下降幅度一般为每月递减 5%～8% 或更多。

（四）泌乳后期

产后第 201 d 至干奶，这段时间称为泌乳后期。此期的奶牛一般处于妊娠的中后期，受胎盘激素和黄体激素共同的作用，产奶量开始大幅度下降，一般每月递减 8%～12%。

值得一提的是，这四个泌乳阶段的规律性是一个连续的泌乳生理过程，除此之外，产奶量的变化还受遗传、饲养、管理和外界环境条件变化的影响，生产中应注重品种选配，加强饲养和管理，积极为奶牛创造舒适的环境是非常必要的。

二、泌乳曲线

泌乳期奶牛产奶量、采食量、体重变化、胎儿生长曲线图，见图 5-2-1。

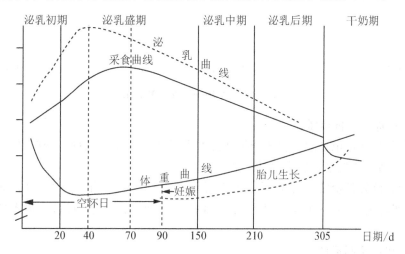

图 5-2-1　泌乳期奶牛产奶量、采食量、体重变化、胎儿生长曲线图

三、泌乳曲线图应用

泌乳曲线在奶牛各个胎次中表现各不一样，受奶牛年龄的影响，3 胎及以上是奶牛一生泌乳的高峰期。增加奶牛利用的年限，对牧场效益至关重要。奶牛各胎次泌乳对比，见图 5-2-2。

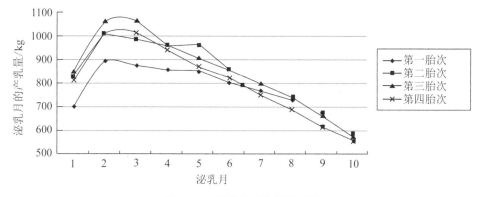

图 5-2-2　奶牛各胎次泌乳对比

受季节和环境温度的影响，牧场平均泌乳量也会有变化。7、8月，天气炎热，牛场产奶量会有所偏低。牧场年泌乳量可以用泌乳曲线来表示(图 5-2-3)。

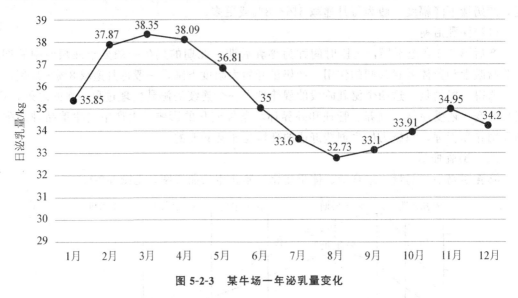

图 5-2-3　某牛场一年泌乳量变化

四、泌乳曲线分析要求

(1)根据日产乳量记录表计算出全期实际产乳天数、实际产乳量、全期平均日产乳量，并查出全期最高日产乳量，填入泌乳性能表。

(2)累计各泌乳月份的产乳量(自产犊开始，每 30 d 为一个泌乳月)，并计算出各泌乳月的日平均产乳量(最后一个泌乳月不足 30 d 按实际天数计算平均值)，填入各泌乳月产乳量表。

(3)用曲线法绘制成图。

(4)分析比较两头泌乳母牛的泌乳曲线、各项有关数据、不同特点及具体的趋势，以对其生产力水平进行比较。

●●●●● **任务工单**

任务名称	泌乳曲线分析		
任务描述	能根据提供的牛场产奶记录，自行绘制泌乳曲线。比对绘制泌乳曲线和泌乳曲线正常趋势图，对绘制图进行分析		
准备工作	1. 泌乳牛不同泌乳日产奶量数据 2. 正常泌乳曲线趋势图 3. 纸、笔、刻度尺		
实施步骤	1. 根据已知数据绘制泌乳曲线 2. 分析曲线走势是否符合规律 3. 对不符合规律的泌乳曲线进行分析		
考核评价	考核内容	评价标准	分值
	泌乳曲线绘制	正确计算月泌乳量（20分）；正确标注横坐标和纵坐标（10分）；将月泌乳量正确标记在坐标图中（20分）；正确连点成线（10分）	60分
	泌乳曲线分析	正确分析、判断泌乳曲线走势是否符合泌乳规律（20分）；分析泌乳中期产奶量下降速率（10分）；分析曲线不符合规律的原因（10分）	40分

任务3　TMR 调制与饲喂

●●●● 目标呼应

任务目标	课程教学目标
明确 TMR 概念	掌握奶牛生产中常规饲养管理技术
熟悉 TMR 制作流程	
掌握 TMR 饲喂常规管理	

●●●● 情境导入

　　TMR 饲喂技术是奶牛业的第二次变革，生产人员将 TMR 饲喂技术称之为"拌饭"，饲喂时要求严格遵循现喂现拌的原则。奶牛饲料既要求多样化，又要求营养均衡。奶牛场常见的饲料有玉米、豆饼、棉籽、麦麸、青贮玉米、羊草、苜蓿、燕麦、添加剂等，这些原材料如何混合饲喂给奶牛呢？

●●●● 知识链接

　　全混合日粮(Total Mixed Ration，TMR)饲养技术是指根据牛群营养需要(个体需要×群体牛头数)，将各种粗饲料、精饲料、青贮饲料及各种饲料添加剂等，在专用搅拌车内，按一定比例充分、均匀混合，并调整含水量至 45%±5% 的日粮。该技术需通过奶牛分群、TMR 日粮配制、加工、饲喂、管理和机械使用与维护来完成。

一、传统饲喂和 TMR 饲喂比较

　　TMR 饲喂方式相比于传统饲喂，在饲喂方式、采食时间、机械化程度等方面存在较大差异(表 5-3-1)。

表 5-3-1　传统饲喂方式与 TMR 饲喂方式比较

项目	传统饲喂方式	TMR 饲喂方式
饲喂方式	精粗饲料分次饲喂	精粗饲料混合均匀后饲喂
采食时间	定时、分次饲喂	全天候(24 h)采食
饲养方式	拴系、按产定料	分群、散栏饲养
机械化程度	劳动密集型	机械化操作
饲料利用率	粗饲料及农副产品利用率较低	提高粗饲料利用率，便于利用农副产品，降低饲料成本

二、TMR 技术优缺点

(一)TMR 技术能够解决的问题

　　(1)提高大规模牛场的劳动效率。

(2)避免奶牛挑食。

(3)维持瘤胃 pH 稳定，防止瘤胃酸中毒。

(4)有利于日粮的平衡。

(5)提高瘤胃微生物合成菌体蛋白的效率。

(6)有利于增加奶牛的采食量。

(7)可充分利用农副产品和一些适口性差的饲料原料，降低饲料成本。

(8)简化饲喂程序，减少饲养的随意性，使管理的精准程度大大提高。

(二)TMR 技术带来的问题

(1)需要分群饲喂，因需要经常调群，会带来管理的不便和产生一定程度的应激。

(2)需要 TMR 搅拌机和用于称量、取料等专业设备，生产一次性投入加大。

(3)需要经常检测日粮营养成分，调整日粮配方。

(4)需要较大投资和进行设备维护。

(5)需要适合的牛场道路和饲喂通道。

(6)需要丰富的饲料资源和足够量的青贮饲料。

三、TMR 日粮调制

(一)饲料管理

饲料原料储存过程中应防止雨淋、发酵、霉变、污染和鼠(虫)害。饲料按先进先出的原则进行配料，并做好相应的出库、入库和库存记录。

(二)原料投放

遵循先干后湿，先轻后重，先长后短，先粗后精原则，要准确称量，并记录审核每批原料投放量。按干草→精料→副饲料→全棉籽→青贮→湿糟类→水等顺序投放。

如果是立式搅拌车，应将精料和干草添加顺序颠倒。对于有青草的地区，应当注意青草要最后一道添加。

(三)搅拌时间

掌握适宜搅拌时间的原则是确保搅拌后 TMR 中至少有 12% 的粗饲料长度大于 3.5 cm。一般情况下，最后一种饲料原料加入后搅拌 5～8 min 即可，一个工作循环总用时在 25～40 min 较为理想。搅拌时间还要综合考虑所用饲料种类、加料的速度和刀片的锋利情况等。

四、TMR 饲喂要求

(一)TMR 日粮配制

配制实例，如表 5-3-2 所示。

(1)各牛群 TMR 的营养水平参照国家标准 NY/T 34—2004 奶牛饲养标准。也可参考表5-3-3 的推荐量(NRC)。

(2)要充分利用当地农副产品，追求配方成本最小化。

(3)精料补充料干物质最大比例不超过日粮干物质的 60%。

(4)冬季水分控制在 40%～45%；夏季控制在 45%～50%。

(5)保证日粮中降解蛋白质(RDP)和非降解蛋白质(RUP)的相对平衡。

(6)添加保护性脂肪和油籽等高能量饲料时，TMR 脂肪含量不超过日粮干物质 7%。

表 5-3-2 产奶量 30 kg/头的 TMR 日粮配制实例

原料	鲜重/kg	风干重/kg	精粗比	NND	CP%	NDF%	含水量
精饲料	11	11	—	2.35	21	15.8	1.1
苜蓿	3	3	—	1.72	17	45	0.3
羊草	2	2	—	1.85	7.5	45	0.2
玉米青贮	15	4.5	—	1.85	6.7	40	10.5
啤酒糟	8	1	—	2.2	2.9	15	7
总计	39	21.5	51:49	2.16	18.4	29	19.1(49%)

注：100 头牛，总计 3 900 kg，其中精饲料 1 100 kg、苜蓿 300 kg、羊草 200 kg、玉米青贮 1 500 kg、啤酒糟 800 kg、12 m³ TMR 搅拌车，一次混合。

表 5-3-3 TMR 牛群营养推荐量

营养水平	TMR 牛群				
	干奶牛 TMR	高产牛 TMR	中产牛 TMR	低产牛 TMR	育成牛 TMR
干物质 DMI/kg	13~14	23.6~25	22~23	19~21	8~10
NEL/(Mcal/kg)	1.38	1.68~1.76	1.6~1.68	1.5~1.6	1.3~1.4
脂肪 Fat/%DM	2	5~7	4~6	4~5	—
粗蛋白 CP/%DM	12~13	17~18	16~17	15~16	13~14
非降解蛋白(RUP)/%CP	25	34~38	34~38	34~38	32
降解蛋白(RDP)/%CP	70	62~66	62~66	62~66	68
酸性洗涤纤维 ADF/%DM	30	19	21	24	20~21
中性洗涤纤维 NDF/%DM	40	28~35	30~36	32~38	30~33
粗饲料提供的 NDF/%DM	30	19	19	19	—
Ca/%DM	0.6	0.9~1	0.8~0.9	0.7~0.8	0.41
P/%DM	0.26	0.46~0.5	0.42~0.5	0.42~0.5	0.28
Mg/%DM	0.16	0.3	0.25	0.25	0.11
K/%DM	0.65	1~1.5	1~1.5	1~1.5	0.48
Na/%DM	0.1	0.3	0.2	0.2	0.08
Cl/%DM	0.2	0.25	0.25	0.25	0.11
S/%DM	0.16	0.25	0.25	0.25	0.2
钴(Co)/(mg/kg)	0.11	0.11	0.11	0.11	0.11
铜(Cu)/(mg/kg)	16	14	10	9	10
碘(I)/(mg/kg)	0.50	0.88	0.60	0.45	0.30
铁(Fe)/(mg/kg)	20	20	15	14	40
锰(Mn)/(mg/kg)	21	21	20	14	14
硒(Se)/(mg/kg)	0.30	0.30	0.30	0.30	0.30

续表

营养水平	TMR 牛群				
	干奶牛 TMR	高产牛 TMR	中产牛 TMR	低产牛 TMR	育成牛 TMR
锌(Zn)/(mg/kg)	26	65	43	65	32
维生素 A/(IU/d)	100 000	100 000	50 000	50 000	40 000
维生素 D/(IU/d)	30 000	30 000	20 000	20 000	13 000
维生素 E/(IU/d)	1 000	600	400	400	330

注：1. 引自 NRC2001 年版所用标准，并根据养殖实际情况做了相应改动。

2. 营养浓度都是以干物质为基础计算。

3. 荷斯坦奶牛成年体重 680 kg(不含孕体)；妊娠期日增重 0.67 kg/d(含孕体)。

4. 育成牛营养水平依据 14 月龄营养需要，如果牛群较大，建议将后备牛群的分群细化，有利于后备牛群的生长发育和饲料成本的控制。

(二)饲料原料成分测定

配制 TMR 日粮时要经常测定原料成分，保证群体配方的准确性。测定时分别遵照 GB/T 6432、GB/T 6433、GB/T 6434、GB/T 6435、GB/T 6436、GB/T 6437 和 GB/T 6438 规定。

水分测定可用微波炉进行。

五、TMR 饲槽管理

(1)奶牛要严格分群，并且有充足的采食位。牛只要求去角，避免牛角影响采食(自锁颈枷受限)和牛只间的相互争斗。

(2)食槽宽度(保证有 70 cm)、高度、颈枷尺寸适宜，槽底光滑，浅颜色。

(3)每天 2～3 次饲喂，固定饲喂顺序，投料均匀。

(4)班前班后检查饲槽，观察日粮一致性，进行搅拌均匀度评价；观察牛只采食、反刍及剩料情况。

(5)每顿清除剩料，以保证饲料的干净和新鲜，剩料量为给料量的 3%～5% 为宜。剩料应每周至少称重一次，以确定是否存在足够的剩料，合理利用回头草，夏季要做到定期刷饲槽。

(6)不空槽、勤匀槽，如果投喂量不足，增加 TMR 给量时，切忌添加单一饲料品种。

(7)保持饲料新鲜度，认真分析采食量下降原因，不要马上降低投放量。

(8)观察奶牛反刍，要求奶牛在休息时至少应有 50% 以上的牛只在反刍。

(9)夏季成母牛回头草直接投放给后备牛或干奶牛，避免放置时间过长造成发热变质。也要注意避免有传染病牛只的剩料。

(10)要细致观察牛只有无挑食现象，定期对剩料和投放料进行一致性分析。

(11)要观察牛只在挤奶后有无采食的欲望。

(12)饲喂后，要勤推饲料，一般 1～2 h 一遍，这样有利于增加奶牛干物质采食量。

(13)开始实施 TMR 饲喂时，不要过高估计奶牛的干物质采食量，开始配制 TMR 日粮时比预期干物质采食量低 5%，然后慢慢提高到 5% 剩余料为止。

(14)日粮水分低于 40% 时应加水，加水时要保证速度又快又大，需要用喷雾的方式。当每头每日采食量变动超过 3 kg 时或当湿性原料干物质变动超过 5% 时，需要重新调整日粮配方。

●●●●● **任务工单**

任务名称	TMR 日粮制作与管理		
任务描述	通过 TMR 饲喂视频，明确 TMR 的概念，掌握 TMR 日粮的填料顺序和饲槽管理要求		
准备工作	1. TMR 日粮填料、搅拌和料槽管理视频 2. 记录用笔和纸		
实施步骤	1. 观看视频 2. 总结 TMR 日粮填料顺序 3. 总结料槽管理要求		
考核评价	考核内容	评价标准	分值
	TMR 概念	概念表述完整正确(20 分)	20 分
	TMR 日粮填料顺序	填料原则(20 分)；填料顺序(20 分)	40 分
	料槽管理要求	总结料槽管理要求全面，不落项(40 分)	40 分

任务 4 TMR 饲喂效果分析与评价

●●●● 目标呼应

任务目标	课程教学目标
熟悉 TMR 日粮评价的方法	能应用饲养管理知识，评价生产常见问题
明确宾州筛评价的数值范围	
能针对评价结果进行简单分析	

●●●● 情境导入

TMR 饲喂技术使得饲喂变得简单了，但也要求对饲喂监管更为严格了。只有严格的监管饲喂过程，才能充分体现 TMR 饲喂的优势。现有一牛场，泌乳牛群有跛行现象，对泌乳牛日粮进行宾州筛测定，结果如下：取料 102.5 g，上层剩料 11.3 g，第二层剩料 40.7 g，第三层剩料 37.6 g，底盘 12.9 g。分析跛行的原因，饲料的搅拌是否均匀？如果不均匀，应如何改进？如果不改进，还将会给生产带来怎样的后果？

●●●● 知识链接

一、TMR 填料注意事项

(1)根据搅拌车的容积，掌握适宜的搅拌量，避免过多装载，影响搅拌效果。通常搅拌量占总容积的 85% 为宜。每立方容量可搅拌 TMR 日粮 250~400 kg。

(2)保证各组分饲料精确称量，定期校正计量器。

(3)添加过程中，防止铁器、石块、包装绳等杂质混入搅拌车，造成车辆损坏。

二、TMR 日粮评价方法

(一)感官检查法

从感官上，搅拌效果好的 TMR 日粮表现为精粗饲料混合均匀，有较多精料附着在粗料的表面，松散不分离，色泽均匀，新鲜不发热、无异味，不结块。

(二)水分控制

水分控制在 45%~50%，偏湿或偏干的日粮均会限制采食。如果大量饲喂青贮料，全混合日粮(水分含量高于 50%)中的水分每增加 1%，干物质采食量将下降体重的 0.02%。这是因为偏湿饲料的发酵时间较长，提高了酸水平及蛋白质降解程度。

例如：一头奶牛体重 625 kg，若采食含水量是 60% 的 TMR 日粮，则干物质减少量 = (60%−50%)×625×0.02% = 1.25 kg，导致奶牛产奶量下降 2.5~3 kg。

(三)观察法

随时观察牛群时，应有 50% 左右的牛正在反刍，粪便正常，表明日粮加工程度适宜。

(四)宾州筛过滤法

宾州筛(图5-4-1)是由美国宾夕法尼亚州立大学设计，用来测定TMR日粮组分粒度大小的专用筛。目前多采用四层筛子，筛孔大小：上层19 mm、中层8 mm、下层4 mm和底层。具体使用方法：从日粮中随机取样，放在上部的筛子上，分四个方向，水平摇动2 min，日粮被分成上(粗)、中、下(细)和底层四层，再分别对这四层称重，计算它们在日粮中所占的比例，如表5-4-1所示的是宾州筛的推荐值。目前，宾州筛正广泛应用于各个牛场，是检验TMR混合均匀度的重要手段。TMR混合均匀度，直接影响了奶牛采食的稳定性，奶牛

图5-4-1 宾州筛

的反刍和消化。随着科学的研究，宾州筛各层的比例也在发生着变化。宾州筛的应用，可以评估均匀度，搅拌程度和新鲜饲料与剩余饲料的差异。

表5-4-1 泌乳牛宾州筛推荐

筛层	孔径/mm	颗粒大小/mm	玉米青贮/%	牧草青贮/%	TMR日粮/%
上层	19	≥19	3~8	10~20	2~8
中层	8	8~19	45~65	45~75	30~50
下层	4	4~8	20~30	30~40	10~20
底层	0	<4	<10	<10	30~40

三、TMR饲料搅拌的分析

(一)饲料搅拌过细

1. 后果

(1)产奶量下降；

(2)乳脂/乳蛋白比例反转；

(3)持续稀粪；

(4)反刍不足；

(5)盐或缓冲物自由进食量增加；

(6)吃褥草、木头；

(7)DM进食量不稳定；

(8)泌乳后期瘤胃移位；

(9)母牛拒食；

(10)跛行。

2. 纠正办法

(1)检查混合时间——缩短混合时间；

(2)长干草水分低，脆、易铡——缩短混合时间；

(3)最后加入长干草；

(4)检查日粮中是否饲草不足，纠正日粮配方。

(二)饲料搅拌过粗

1. 后果

(1)干草、半干青贮等原料聚在一起；

(2)母牛挑拣饲料，猛吃谷物；

(3)母牛拒食；

(4)DM 进食量不稳定；

(5)乳脂率下降；

(6)跛行。

2. 纠正办法

(1)混合时间如果不超过 6 min——增加混合时间；

(2)水分超过 15% 的干草不好混合——混合前铡短；

(3)检查混合机刀片磨损——更换或增加刀片；

(4)混合次序——较早加入粗干草；

(5)混合机中长粗干草过多——减少粗、干草比例；

(6)如果干草太粗，可能需要预先磨碎处理。

四、配方一致性

牛在饲喂的过程中，往往会出现多个配方，分别是计算机配方日粮、TMR 制作日粮、牛舍采食日粮等。如何保持三种日粮一致性，实现奶牛养殖的精准饲喂，减少误差率，是牛场养殖追求的目标。三种日粮的误差率控制在 2% 以内为宜。

如何保证配方的一致性，牛场都在从细节入手，进行人员培训和提高员工责任心。具体可以从下面几个方面改进。

(1)建立一定的企业文化，使员工都具有归属感，对工作高度负责。

(2)减少制作环节的误差。

(3)检查 TMR 的制作效果。

(4)投料的均匀度。

(5)检查饲料推扫效果。

(6)对比新料与剩料的差异。

图 5-4-2 所示为定时推料与料车监测。

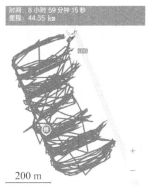

图 5-4-2 定时推料与料车监测

●●●●● **任务工单**

任务名称	TMR 饲喂效果评价		
任务描述	对新鲜的 TMR 日粮进行感官评价、水分评价和宾州筛评价		
准备工作	1. 刚刚搅拌好的 TMR 日粮 2. 微波炉、台秤、纸、笔、计算器 3. 宾州筛 4. 应用宾州筛评价 TMR 日粮的视频		
实施步骤	1. 取 TMR 饲料少许，观察 TMR 日粮的色泽和均匀度 2. 用四分法取 TMR 饲料少许，称重，放入微波炉中蒸干，再次对饲料样品称重 3. 计算两次称重差即是水分含量，水分含量除以始料重即得水分百分比 4. 分析 TMR 日粮水分是否符合要求 5. 观看应用宾州筛评价 TMR 日粮的视频，掌握宾州筛操作要领 6. 应用宾州筛对 TMR 日粮进行分级评价 7. 分析评价结果		
考核评价	考核内容	评价标准	分值
	感官检查法	感官判断 TMR 饲料的色泽(5 分)；气味(5 分)；均匀度(5 分)	15 分
	TMR 水分测定	TMR 取料适量，称量准确(10 分)；微波炉中烘干时间适宜，烘干程度适宜(10 分)；烘干后称重正确(10 分)；水分计算正确(10 分)	40 分
	TMR 宾州筛测定法	取料，称量正确(10 分)；宾州筛操作正确(10 分)；宾州筛各层称重正确，各层比例计算正确(10 分)；实际测量结果是否符合要求分析(15 分)	45 分

任务 5　泌乳期的饲喂与管理

●●●● 目标呼应

任务目标	课程教学目标
熟悉泌乳期的划分及其生理特点	
明确各泌乳期的饲喂要求	掌握奶牛生产中常规饲养管理技术
明确泌乳期的常规管理要求	

●●●● 情境导入

　　小王同学参观奶牛场，发现奶牛的体况膘情都不太一样，有的牛非常瘦，肋骨清晰，腰角突出，尾根内陷。他犯了难，这样清秀的奶牛是营养不良，还是生产需要？试统计牛只产奶记录，帮小王分析一下。

●●●● 知识链接

　　随着 TMR 饲喂技术的普及，在饲养和管理泌乳牛时，早已不再依据泌乳期进行分群，而是根据日泌乳量调整群体。尽管如此，我们仍然有必要掌握个体牛只泌乳期的泌乳规律变化和泌乳与饲喂的关系。

一、泌乳时期

（一）泌乳初期

泌乳初期为母牛从分娩到产犊后的 21 d。

1. 生理特点

产后母牛体质较弱，食欲、消化和繁殖机能正在恢复，个别牛乳房水肿，乳腺及循环系统的机能还不正常，产奶量迅速增加，将导致能量负平衡（营养入不抵出），表现逐渐消瘦，体重开始下降。

2. 饲养目标

千方百计增加食欲，提高干物质进食量，尽快恢复体质。进入泌乳盛期时，保持体况评分不低于 3.25 分。

具体做法见围产后期（项目 5 任务 8）。

3. 饲养管理要点

犊牛生后（顺产或经助产）立即与母牛分开，对产后母牛的外阴部及周围用 0.1% 高锰酸钾溶液水洗干净并擦干，圈舍或围栏内被污染的垫草应及时更换，保持清洁、温暖、防止贼风吹入。

每次挤奶时要充分热敷和按摩乳房，促进乳房水肿尽快消失。一定要遵守挤奶操作规程，保持乳房卫生，以免诱发细菌感染而患乳房炎。加强对胎衣、恶露排出的观察。适当进行户外运动。

(1)预防酮病：①养好干奶牛，防止过胖；②临产前供给优质，富含蛋白质和碳水化合物的饲料，并注意能量蛋白比；③产后保证有充足优质粗饲料，促进瘤胃功能尽快恢复，提高采食量，尽可能减少产后能量负平衡；④饲养上可采用引导饲养理论，逐渐增加精料的喂量，注意精粗比例和日粮中钙磷的含量。

(2)预防胎衣不下：①提高干奶后期日粮的蛋白质和能量浓度，保持奶牛干奶期正常体况；②干奶后期饲喂阴离子盐添加剂，降低日粮的DCAD(阴阳离子平衡)，确保日粮中常量、微量元素和维生素的含量。

(3)预防真胃移位：①养好干奶牛，防止过胖；②加强运动；③调整干奶后期日粮的阴离子水平，保证血钙的含量；④重视粗饲料和有效纤维的摄入量；⑤产后精料逐渐增加。

(二)泌乳盛期

泌乳盛期一般为产后22～100 d的一段时间，也称为泌乳高峰期。

1. 生理特点

此期奶牛乳房的水肿已消失；体内催乳素的分泌量逐渐增加，乳腺机能活动旺盛，日产奶量增至高峰值；食欲恢复，但尚未增加到最大采食量；日粮干物质进食量仍然不能满足产奶的营养需要，仍处于能量负平衡状态，奶牛在动用自身的体脂来泌乳，此期结束，奶牛减重(与分娩后比较)45 kg左右。

产奶高峰一般出现在产后4～8周，而最大干物质进食量通常出现在产后10～14周。

2. 饲养目标

在保证奶牛健康状况下，尽量克服能量负平衡，尽量提高产奶高峰值，充分发挥其产奶潜力，确保产奶高峰适时到来并延长高峰泌乳时间，使产奶量达到全泌乳期总产奶量的50%左右，保持奶牛合理的体况(理想的体况评分为2.5～3.0分)，并于产后60～110 d配种受孕。

3. 饲养管理要点

最好把初产牛单独组群饲养；群内过瘦牛加强补饲。坚持以"料领着奶走"的原则，精料增加到产奶量不再上升为止，并持续饲喂一段时间。日粮标准达全场最高水平，精粗比不超过60：40，精料喂量已经达到13 kg左右。奶料比2.6：1，产奶量与干物质进食量比大于1.5。保证舍内舍外均有充足清洁的饮水。加强牛舍消毒及挤奶用具的卫生，严格执行规范挤奶操作程序，预防乳房炎的发生；保证足够的运动量。

为了充分提高此期的产奶量、减少能量负平衡，应采取以下措施：

(1)提高日粮能量浓度：泌乳盛期奶牛体内营养物质处于负平衡状态、体重减轻，常规的饲料配合难以保证产奶的能量需要，通过添加脂肪酸钙等保护性脂肪，提高日粮中的能量浓度，一般用量为每千克精料60～80 g。

(2)提高饲料过瘤胃蛋白质的比例：泌乳盛期奶牛会出现组织蛋白质供应不足的问题，饲料蛋白质由于瘤胃细菌的降解，到达真胃和小肠的过瘤胃蛋白质不能满足需要量。因此，添加经保护(过瘤胃)的必需氨基酸，如赖氨酸、蛋氨酸、组氨酸等，在一定程度上解决或缓解组织蛋白质的不足。

(3)"引导"饲养理论：具体加料方法是，自产犊前2周开始，采食量在营养需要的基础上每天增加 0.25～0.45 kg，直到精料喂量接近日粮总干物质的 60% 为止。在整个引导饲养期内，须保证奶牛自由采食优质干草和充足清洁的饮水。在实际生产中，并不是所有奶牛对引导饲养法都能有良好适应，低产牛群和产前乳房水肿特别严重的奶牛慎用。

有效预防：

(1)预防瘤胃酸中毒：确保日粮精粗比合理，保证一定量的优质长干草，日粮中添加 1%～1.5% 缓冲剂(碳酸氢钠和氧化镁 2∶1)。

(2)预防奶牛发情延迟或安静发情：增加能量和蛋白质的摄入量，保证日粮中足够的维生素和微量元素。

(三)泌乳中期

泌乳中期一般指奶牛产后 101～200 d。

1. 生理特点

奶牛食欲旺盛，消化机能增强，采食量达到高峰。奶牛处于怀孕早期或中期，体质已经恢复，体重开始增加，发病机会很少。所以，泌乳中期是稳定产奶的良好时机。

2. 饲养目标

恢复体膘，日增重控制在 100～200 g/d，期末体况恢复到 2.75～3 分。减缓产奶量下降速度，一般每 10 d 下降在 3% 以内，高产奶牛不超过 2%。产奶量应力争达到全泌乳期产奶量的 30%～35%。

3. 饲养管理要点

精料喂量以"料跟着奶走"为原则，即随着产奶量的下降而逐渐减少精料的喂量。传统精粗分饲方法，可按下降 3 kg 奶后减少 1 kg 精补料比例进行，但开始时稍慢，即从下降 6 kg 奶开始减少 1 kg 精补料。采取全混合日粮饲养技术的牛场，日粮营养浓度逐渐降低，但要保持组成相对稳定，精粗比例接近为 50∶50。同时，TMR 日粮饲喂时，还要根据牛只日泌乳量情况进行有必要的调群管理。供给充足的饮水和保证足够运动。坚持规范的挤奶操作程序。

有效预防：

在精粗比合理的情况下，适当保持精料的喂量，保证足够干物质进食量，防止产奶量下降过快。注意能量和蛋白质的平衡。

(四)泌乳后期

泌乳后期通常指产后 201 d 至停奶的一段时间。

1. 生理特点

奶牛处于怀孕中后期，胎儿生长发育加快，母牛要提供大量的营养物质满足妊娠需要，产奶量下降幅度较大。食欲旺盛，消化机能很强，干物质进食量最大。发病机会很少。

2. 饲养目标

确保奶牛自身和胎儿健康。逐渐恢复体膘，日增重达 300～500 g/d，期末体况恢复到 3.5～3.75 分。要减缓产奶量的下降，每个月下降幅度控制在 10% 以内。同时注意保胎防流。

3. 饲养管理要点

精料喂量继续以"料跟着奶走"为原则，精粗比例接近 40∶60。饲喂策略是日粮以粗饲料为主，粗饲料的比例占干物质进食量的 60%。防止产奶量下降过快。

泌乳后期是饲料转化体脂效率最高的时期，因此母牛体重增加量高于泌乳中期，泌乳初期损失的 30～50 kg 体重，应在泌乳中期和后期得到恢复，不要等到干奶期进行，否则影响下一个泌乳期的健康和产奶。适时进行干奶。

有效预防：

(1)体况控制：对过胖牛群应降低日粮的能量浓度，控制精料和青贮玉米的饲喂量。对过瘦的牛群相应提高日粮中精料的能量浓度或增加饲喂数量；增加优质的粗饲料。

(2)预防流产：饲养中要避免赶牛过急，路面结冰过滑等对牛只行走的影响；还要避免饲喂发霉变质的饲料，预防流产。

(3)预防疾病：做好牛舍环境维护，预防因环境和过度挤奶而导致乳房炎的发生。

二、各时期比较

各时期奶牛的产奶量、采食量、体重变化、胎儿生长发育均呈现规律性曲线变化，采食量曲线(干物质进食量)变化直接影响着其他曲线，生产中只有保证足够的干物质进食量，其他曲线才会相应回归正轨。泌乳期各时期的比较见表 5-5-1。

表 5-5-1　泌乳期各时期的比较

泌乳时期	生理特点	饲养目标	饲养管理要点	注意事项
泌乳初期	体质弱，正在恢复，开始能量负平衡	提高干物质进食量，尽快恢复体质	主动增加精料，以"料领着奶走"为原则。加强产后护理。规范挤奶操作	预防乳房水肿、酮病、胎衣不下和真胃移位
泌乳盛期	体质恢复正常，产奶量增加到高峰，能量严重负平衡	提高干物质进食量，减缓能量负平衡，做到产后 60～110 d 配种受孕	坚持"料领着奶走"的原则，提高日粮配制营养浓度，全力提高产奶量。提高受胎率	预防乳房炎，瘤胃酸中毒、发情延迟，安静发情
泌乳中期	产奶下降。采食量达到高峰。处于怀孕早期或中期，体重开始增加	减缓产奶量的下降速度，逐渐恢复体重	以"料跟着奶走"为原则，精粗比例接近为 50∶50	防止产奶量下降过快
泌乳后期	产奶量大幅度下降，处于怀孕中后期，采食量最大，体重增加	减缓产奶量的下降速度，恢复体重。保胎防流	继续以"料跟着奶走"为原则，以粗饲料为主。结束时体重恢复到产前	防止过胖或过瘦，早产

三、饲养标准

不管是传统饲喂还是 TMR 日粮饲喂方式，对于奶牛的不同生理时期，都要遵循饲养标准，合理采食，将饲料有效转化，在避免饲料浪费和不足的同时，保证牛只体况和高产。饲养标准见表 5-5-2。

表 5-5-2 饲养标准

月龄	DM 占体重的百分比/%	DMI/kg	粗蛋白百分比/%	产奶净能/(Mcal/kg)	实施方案
产前 21 天～分娩	1.8～2.1	9.0～11.0	13.0～15.0	1.45～1.55	干奶后期 TMR
新产牛	2.5～3.0	17～20	17～19	1.7～1.75	新产牛 TMR
高产牛	3.5～4.5	21～27	16～18	1.67～1.72	高产 TMR
中低产牛	2.5～3.0	15～20	14～16	1.56～1.65	中低产 TMR
干奶牛	1.8～2.0	11～13	11～13	1.36～1.45	干奶牛 TMR

四、饮水

水是奶牛生理代谢和产奶不可缺少的物质。饮水量一般为干物质采食量的 5～7 倍，每天需水 60～100 L。因此，要保证奶牛有充足的饮水，水质必须符合国家饮用水标准。饮水不足会严重影响产奶量，良好的水质和饮水条件能提高产奶量 5%～20%。

奶牛的饮水方法有多种形式，最好在运动场和牛舍内安装自动饮水器或设置水槽，供牛只自由饮用。定期清洗、消毒奶牛饮水设备。

冬季饮水温度应不低于 8℃，否则会增加奶牛机体能量消耗；饮用冰碴水还能导致妊娠母牛流产。夏季则应饮凉水，利于奶牛散热，缓解高温应激。

五、日常管理

管理泌乳牛，就像细心呵护孩子一样，要明察秋毫，将牛只的任何不合常规的蛛丝马迹表现及时地记录下来，并找到问题原因，及时解决。只有这样，才能保证牛只的健康、高效与高产。

1. 遛圈

每日清晨，在牛群第一次上槽时，要遛圈，细心观察所有牛只的精神、采食情况及瘤胃充盈度等。

2. 饲喂

最好饲喂次数与挤奶次数相匹配，在通常日三次挤奶的前提下，建议日投放饲料三次，牛只去挤奶时，添加新鲜的饲料，这样有利于保持牛群旺盛的食欲。牛只日上颈枷的时间不应超过 2 h，否则会造成奶牛应激。

3. 清粪

清粪的形式有铲车、刮粪板和水冲等。建议在牛去挤奶的时候，即空舍时进行清粪，效果较好。

4. 垫料

良好的垫料，增加了牛只的舒适性和上床率，增加了趴卧时间，增加了产奶量。垫料原则应以不易滋生细菌为前提。要求垫料每周至少上一次，每两天匀一次垫料。

5. 挤奶

牛场根据自身特点、牛群特点，制定合理的挤奶制度，一旦制定，不能随意更改，要严格执行。

6. 肢蹄护理

肢蹄病对于奶牛生产影响极大，造成的经济损失仅次于乳房炎。奶牛肢蹄病轻者会引起行走困难，采食量和饮水量下降，导致产奶量下降；重者导致奶牛无法站立被淘汰。目前，我国奶牛肢蹄病的发病率较高，造成的奶牛淘汰率也较高。因此，必须加强奶牛的肢蹄护理，保持蹄形端正，肢势良好。奶牛肢蹄病主要是蹄趾增生形成的变形蹄、蹄底溃疡、蹄底外伤和蹄叶炎等。生产中可以采取以下措施预防奶牛肢蹄病。

(1)保持牛舍及运动场地面清洁、干燥：每年对牛舍进行1～2次彻底清扫和消毒。经常检查奶牛的活动场地，清除尖锐的石块、铁钉等，保持地面平坦、松软，以免损坏蹄底而引起炎症。及时清洗牛蹄夹住的污泥和粪便。

(2)保证营养均衡：蹄叶炎常与消化道、子宫和泌乳系统发病有关，发生瘤胃酸中毒时可诱发本病。蹄叶炎通常发生在奶牛产犊几天前至产后几周之内，此时期往往精料增加较快，粗料喂量减少，引起瘤胃酸中毒所致。因此，干奶期时应控制精料喂量，多喂优质粗饲料，产后精料喂量应逐渐增加，同时合理搭配含锌无机盐混合料。锌可以抑制趾间蜂窝组织细菌的感染，预防蹄叶炎，提高皮肤病的治愈率。

(3)定期修蹄：为保持蹄形端正，每年在春、秋季节各修蹄1次。实践证明，与不修蹄的奶牛相比，及时修蹄的奶牛年平均产奶量高200 kg以上。

(4)经常蹄浴：用3％～5％福尔马林溶液，温度在15℃以上进行蹄浴，也可用5％硫酸铜溶液。舍饲奶牛蹄浴1次后间隔3～4周再进行1次，每次连续2～3 d。

●●●●● **任务工单** 1

任务名称	泌乳时期及其饲养要求		
任务描述	根据泌乳牛生理特点，划分不同泌乳期，并对不同时期进行合理饲喂，科学计算干物质进食量		
准备工作	1. 泌乳牛饲喂管理视频 2. 不同时期干物质进食量参考对照表		
实施步骤	1. 观看视频 2. 总结泌乳期生理特点 3. 总结泌乳四个时期泌乳量的变化情况 4. 总结饲喂要求 5. 根据泌乳量，推导日采食干物质的量		
考核评价	考核内容	评价标准	分值
	泌乳初期特点	生理特点分析正确（10分）；饲喂要求总结正确（15分）	25分
	泌乳盛期特点	生理特点分析正确（10分）；饲喂要求总结正确（15分）	25分
	泌乳中期特点	生理特点分析正确（10分）；饲喂要求总结正确（15分）	25分
	泌乳后期特点	生理特点分析正确（10分）；饲喂要求总结正确（15分）	25分

●●●●● **任务工单** 2

任务名称	泌乳期管理技术		
任务描述	通过管理视频，掌握泌乳牛的常规管理技术，明确管理的细节是决定牧场饲养成败的关键		
准备工作	1. 修蹄视频 2. 泌乳牛管理视频 3. 网络收集奶牛精细管理的实例		
实施步骤	1. 观看视频，总结修蹄要点 2. 观看视频，总结泌乳牛管理要点 3. 总结精细管理对生产的影响		
考核评价	考核内容	评价标准	分值
	修蹄要点	修蹄时间总结正确（10分）；修蹄对象总结正确（10分）；修蹄要求总结正确（15分）	35分
	管理要点	总结管理要点随环境改变而变化（20分）；日常管理（20分）	40分
	精细管理应用举例	通过视频和已学知识，能够举例说明精细管理对奶牛的影响（25分）	25分

任务6　挤奶操作

●●●●● 目标呼应

任务目标	课程教学目标
明确排乳反射的概念	
熟悉挤奶操作流程	掌握奶牛生产中常规饲养管理技术
能分析牛场挤奶操作流程正误	

●●●●● 情境导入

挤奶是泌乳牛日常必备工作，泌乳潜能的发挥受饲料、管理、挤奶设备等多种因素的影响，同时，挤奶操作流程也至关重要。挤奶流程的正确与否，决定了挤奶效率，决定了乳房健康。据调查，一奶牛场经常出现将奶杯套上牛乳头后，覆杯时间过短就纷纷掉杯，你能根据已学知识对这样一种现象给出合理解释吗？并且提出改进措施。

●●●●● 知识链接

一、泌乳原理

（一）牛的乳房结构

乳房的外形呈扁球状，附着于奶牛的后躯腹下，重量为 $11\sim50$ kg。乳房内被一条中央悬韧带（纵向），沿着乳房中间向下延伸，将乳房分为左右两半，每一半乳房的中部又各被结缔组织隔开（横向），分为前后两个乳区。因此，乳房被分为前后左右 4 个各不相通的乳区。故当一个乳区发生病情时并不影响其他乳区产乳。4 个乳区产乳可能稍有差别。通常，后面 2 个乳区比前面两个乳区发育更为充分，泌乳量更多（后面 2 个乳区产奶量约占 55%）。

乳房内部由乳腺腺体、结缔组织、血管、淋巴、神经及导管所组成。在每一乳区的最下方各有一个乳头，乳头内部是一空腔，称为乳头乳池。乳头乳池上方连接一乳腺池，在每一乳腺池上方各有一组乳腺。乳腺的最小组成单位是乳腺泡，多个乳腺泡构成乳腺小叶，各乳腺小叶之间都有小的输乳管相连，多个输乳管汇合形成更大的输乳管，最后汇入乳腺乳池，整个乳腺系统如一串葡萄，其结构如图 5-6-1 所示。

（二）乳的生成与排出

乳的生成是复杂的生理生化过程，主要通过神经、激素调节。牛乳中的各种成分，均直接或间接来自血液。乳刚挤完时，乳的分泌速度最快。两次挤奶之间，当乳充满乳泡腔和乳导管时，上皮细胞必须将乳排出。如不挤奶，乳的分泌即将停止，乳的成分将被血液吸收。所以，泌乳牛必须定时挤奶。

排乳是一个复杂的生理过程，它同样受神经和内分泌的调节。当乳房受到犊牛吸吮、

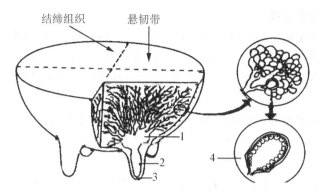

图 5-6-1　乳房的剖面

1-乳腺泡池　　2-乳头乳池　　3-乳头管　　4-乳腺泡

按摩、挤奶等刺激时，乳头皮肤末梢神经感受器冲动，传至垂体后叶，引起神经垂体释放催产素进入血液，经 20～60 s，催产素即可经血液循环到达乳房，并使腺泡和细小乳导管周围的肌上皮细胞收缩，乳房内压上升而迫使乳汁通过各级乳导管流入乳池。由于血液中催产素的浓度在维持 7～8 min 后急剧下降。要加快挤奶速度，尽量在 8 min 内将奶挤完。即奶杯覆杯时间应为 5～8 min。加快挤奶速度，对提高产奶量具有非常重要的作用。在挤奶时如发生疼痛、兴奋、恐惧的反常环境条件（包括突然更换挤奶员等）均会抑制排乳反射，从而导致产奶量减少。

二、挤奶操作

挤奶是发挥奶牛产奶性能的关键技术之一，同时，挤奶技术还与牛奶卫生以及乳腺炎的发病率直接相关。正确而熟练的挤奶技术可显著提高泌乳量，并大幅度减少乳腺炎的发生。挤奶操作主要分为手工挤奶和机械挤奶。

（一）手工挤奶操作程序

手工挤奶是以前我国小型奶牛场和广大奶农采用的一种挤奶方式。手工挤奶虽然比较原始，但已被机械挤奶所取代的今天，仍有一定的应用，如机械挤奶的挤掉前三把奶和对患乳房炎的牛进行的挤奶。所以挤奶员除掌握机械挤奶技术外，还必须熟练掌握手工挤奶技术。

手工挤奶操作程序：准备工作→乳房的清洗与按摩→乳房健康检查→挤奶→乳头药浴→清洗用具。

手工挤奶时，最常用的方法为拳握法，但对于乳头较小的牛，可采用滑挤法。拳握法的要点是用全部指头握住乳头，首先用拇指和食指握紧乳头基部，防止乳汁倒流；然后用中指、无名指、小指自上而下挤压乳头，使牛乳自乳头中挤出。挤乳频率以每分钟 80～120 次为宜。当挤出奶量急剧减少时停止挤奶，换另一对乳区继续进行，直至所有的乳区挤完。因此，手工挤奶操作要求熟练、快速。滑挤法是用拇指和食指握住乳头基部自上而下滑动，此法省力，但容易拉长乳头，造成中央悬韧带松弛而形成悬垂乳房。手工挤奶手势图如图 5-6-2 所示。

正确手法　　　理想手法　　　滑挤法

图 5-6-2　手工挤奶手势

(二)机械挤奶技术流程

目前，大型现代化奶牛场均已采用机械挤奶。机械挤奶是模仿犊牛自然哺乳过程的生理规律进行科学设计，利用真空原理将乳从牛的乳房中吸出，一般由真空泵、真空罐、真空管道、真空调节器、挤奶器(包括乳杯、集乳器、脉动器、橡胶软管、计量器等)、储存罐等组成。

机械挤乳操作技术流程：准备工作→挤奶前检查→弃掉头两把奶→挤前乳头药浴→擦干→套奶杯→挤奶→卸奶杯→挤后乳头药浴→清洗器具。

1. 准备工作

做好挤奶前的卫生准备工作，包括牛只、挤奶员的卫生，其准备工作与手工挤奶相似。

2. 挤奶前检查

调整挤奶设备及检查奶牛乳房健康。高位管道式挤奶器的真空读数调整为 48~50 kPa，低位管道式挤奶器的真空读数调整为 42 kPa。将脉动器频率调到 60 次/min。调试好设备后，除故障外，一般情况不要频繁调整，以便牛群相适应。定期对弃掉的头两把奶进行隐性乳房炎检查，经常检查乳房外表是否有红、肿、热、痛症状或创伤，如果有临床乳房炎或创伤应进行手工挤奶。患临床乳房炎的牛奶另作处理。

3. 弃掉头两把奶

因头两把奶细菌数较高，要求弃到指定容器内。

4. 挤前乳头药浴

常用药液有碘甘油(0.3%~0.5%碘+3%甘油)、0.3%新洁尔灭或2%~3%次氯酸钠。

5. 擦干

牛只前药浴后，等待至少30 s后用纸巾或消毒过的毛巾擦干，做到一牛一巾，避免交叉感染。

6. 套奶杯

距弃掉前两把奶90 s后，套奶杯，否则排乳反射没有形成，容易造成脱杯或二次峰值的出现。套奶杯时开动气阀，接通真空，一手握住集乳器上的4根真空管和输奶管，另一只手用拇指和中指拿着乳杯，用食指接触乳头，依次把乳杯迅速套入4个乳头上，迅速将奶杯扶正，并注意不要有漏气现象，防止空气中灰尘、病原菌等吸入奶源中。熟练者可双手同时进行套杯操作。

7. 挤奶

充分利用奶牛排乳的生理特性进行挤奶，大多数奶牛在5~7 min内完成排乳。挤奶器应保持适当位置，避免过度挤奶造成乳房疲劳，影响以后的排乳速度。通过挤奶器上的玻璃管观察乳流的情况，若不是自动脱杯，观察无乳汁通过，则需立即关闭真空导管上的开关。

8. 卸奶杯

关闭真空导管上的开关2~3 s后，让空气进入乳头和挤奶杯内套之间，再卸下奶杯。避免在真空状态下卸奶杯，否则易使乳头损伤，并导致乳房炎。目前绝大多数的挤奶机械都采用了自动脱杯，根据奶的流出速度，在设备设定脱杯流量的前提下，奶杯自行脱落。

9. 挤后乳头药浴

挤奶结束后必须马上用药液药浴乳头，因为在挤奶后 15～20 min 乳头括约肌才能完全闭合，阻止细菌的侵入。用药液浸没乳头是降低乳腺炎的关键步骤之一。乳头浸液，现配现用。每天对药液杯进行一次清洗消毒。

10. 清洗器具

每次挤完奶后清洗奶厅内卫生，做到挤奶厅台上、台下清洁干净。管道、机具立即用温水漂洗，然后用热水和去污剂清洗，再进行消毒，最后凉水漂洗。至少每周清洗脉动器一次，挤奶器、输乳管道冬季每周拆洗一次，其他季节每周拆洗两次。凡接触牛乳的器具和部件先用温水预洗，然后浸泡在 0.5% 纯碱水中进行刷洗。清洗挤奶管道通常采用碱洗加酸洗的方法，清洗效果要看水在管道内的流速，许多设备厂家安装了浪涌放大器，增加水流速度。清洗效果还要注意回水水温，而不是清洗时长，如果回水水温过低，则达不到预期清洗的效果。

机械挤奶操作主要程序如图 5-6-3。

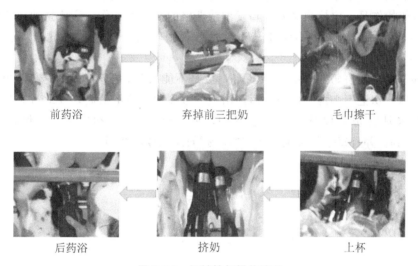

前药浴　　　　　　弃掉前三把奶　　　　　　毛巾擦干

后药浴　　　　　　挤奶　　　　　　上杯

图 5-6-3　机械挤奶操作流程

对于瞎奶头的牛，机械挤奶时须用假奶头填充奶杯防止漏气。假奶头待用时，要浸泡在有效浓度的消毒液中备用。

三、挤奶注意事项

(1)建立完善的挤奶工作制度。在操作过程中，除严格遵守挤奶规程外，还要守时、认真。建立一套行之有效的检查、考核和奖惩制度十分必要。

(2)要保持奶牛、挤奶员和挤奶环境的清洁、卫生。挤奶环境要保持安静，避免奶牛受惊应激。挤奶员要和奶牛建立亲和关系，严禁粗暴对待奶牛。

(3)挤奶次数和挤奶间隔确定后应严格遵守，不要轻易改变，否则会影响泌乳量。

(4)患乳房炎的母牛使用手工挤奶。

(5)挤奶时密切注意乳房情况，及时发现乳房和奶的异常。同时，既要避免过度挤奶，又要避免挤奶不足。

(6)挤乳后，尽量保持母牛站立 1 h 左右。这样可以防止乳头过早与地面接触，使乳头括约肌完全收缩，有利于降低乳房炎发病率。常用的方法是挤奶后供给新鲜饲料。

（7）挤奶迅速，中途避免脱杯，争取在排乳反射结束前将奶挤完。

（8）挤奶时第一、第二把奶中含细菌较多，要弃去不要，对于病牛，使用药物治疗的牛，乳房炎牛的牛奶不能作为商品奶出售，不能与正常奶混合。

（9）挤奶机械应注意保养，始终保持良好工作状态，对已老化的橡胶配件要及时更换。管道及盛奶器具应认真清洗消毒。

四、挤奶次数和间隔的确定

泌乳期间，乳汁随着在腺泡和腺管内的不断聚积，内压上升将减慢分泌速率。因此，适当增加挤奶次数可提高产奶量。据报道，3 次挤奶产奶量较 2 次提高 16％～20％，而 4 次挤奶又比 3 次多 10％～12％。尽管如此，在生产上还得同时兼顾时间分配、劳动强度、饲料消耗（奶牛 3 次挤奶的干物质采食量较 2 次多 5％～6％）及牛群健康。通常在劳力低廉的国家多实行日挤奶 3 次，而在劳动费用较高的欧美国家，则实行挤奶 2 次。采用 3 次挤奶，挤奶间隔以 8 h 为宜，而 2 次挤奶，挤奶间隔则为 12 h 为宜。

奶厅挤奶操作是一项枯燥又要求高度细致严格的技术性工作。实施挤奶过程中，要求每个挤奶环节都不能疏忽，并保证其正确性，否则不利于奶牛乳房健康，进而形成乳房炎。

挤奶环节中，在挤奶操作的前后药浴，更是不能疏忽，前药浴后，要在 30 s 之后擦干，后药浴后，切记不必再次擦掉。后药浴液的浓度比前药浴液高，在北方冬季使用的后药浴液还要求具有防冻成分。药浴过程中，要做到"100％"和"75％"，保证每个乳头"100％"药浴到，并且每个乳头至少要有"75％"的面积被药浴到。

●●●●● **任务工单**

任务名称	挤奶操作流程		
任务描述	观看挤奶操作视频，熟悉挤奶规范操作流程，掌握泌乳反射机理及形成要素，分析挤奶人员占位要求		
准备工作	1. 规范的挤奶操作视频 2. 上网收集挤奶操作视频 3. 纸和笔		
实施步骤	1. 观看规范的挤奶操作视频 2. 总结规范操作的流程 3. 观看不规范的挤奶操作视频，分析遗漏和错误的操作，对生产带来的影响 4. 分析固定式和转盘式挤奶厅人员占位问题		
考核评价	考核内容	评价标准	分值
	泌乳反射机理	泌乳反射生成条件（10分）；泌乳反射作用时间（10分）	20分
	挤奶操作流程	挤奶流程全部操作概括正确（20分）；前处理要求总结正确（10分）；药浴注意事项总结全面（10分）；各操作步骤时间间隔正确（10分）	50分
	挤奶操作分析	对收集的挤奶视频分析正确（15分）	15分
	挤奶人员占位要求	分析奶厅所需人员数量正确（5分）；分析人员占位正确（10分）	15分

任务 7　干奶处理

● ● ● ● ● **目标呼应**

任务目标	课程教学目标
熟悉干奶的方法	掌握奶牛生产中常规饲养管理技术
明确干奶期的长短	
明确干奶期奶牛营养需要和饲喂要求	

● ● ● ● ● **情境导入**

　　干奶是指泌乳牛在下一次产犊前 45～75 d 停止挤乳。停乳后的母牛称之为干奶牛。干乳的这段饲养期称之为干奶期。干奶期是母牛饲养管理过程中的一个重要环节，身体在复壮，胎儿在快速增长。同时，也是疾病最佳治疗时期。重视干奶期，即是重视母牛的下一个泌乳期。

● ● ● ● ● **知识链接**

　　干奶期是指奶牛从停止挤奶到分娩的一段时间。从停止挤奶到分娩前 15 d 为干奶前期，分娩前 15 d 到分娩为干奶后期。奶牛确定干奶期能更好地保证胎儿健康发育，维护奶牛健康，恢复体质，修复和更新乳腺组织，使消化系统能够从高水平进食所造成的应激中恢复过来，为下一个泌乳期做准备，减少消化道疾病、代谢病或传染病的发生。

　　一、干奶的意义

　　1. 满足胎儿发育要求

　　干奶期正好是母牛产前两个月左右的时间，这时胎儿发育加快，需要大量营养；同时胎儿体重增大，压迫母牛消化器官，消化能力减弱。为了保证胎儿营养需要，减轻母牛负担，必须采取干奶措施。

　　2. 使乳腺组织周期性休整

　　母牛乳腺组织经过一个泌乳期的分泌活动，必然会受到不同程度的损伤，因此，通过干奶，给乳腺一个休整时机，以便乳腺分泌上皮细胞进行再生、更新、重新发育，为产后泌乳打下良好的基础。

　　3. 瘤网胃机能恢复

　　母牛的瘤网胃经过一个泌乳期高水平精料日粮的应激，其消化代谢机能进入疲劳状态。干奶期大量饲喂粗料，可以恢复瘤网胃的正常机能。

　　4. 治疗疾病

　　某些在泌乳期难以治愈的疾病(如乳房炎)，通过干奶期，可以得到有效防治，同时还能调整代谢紊乱，特别是有利于乳热症的预防。

二、干奶期的确定

干奶期的长短应兼顾前后两个泌乳期的产奶量，考虑奶牛干奶时的膘情、年龄和健康情况。干奶期不宜过长或过短，以 45～75 d 为宜，在母牛预产期前的 45～75 d 彻底干奶。长于 75 d 会影响上一个泌乳期的产奶量和效益，也容易使干奶牛过肥；短于 45 d 不利于乳房恢复，会影响下一个泌乳期的产奶量和效益。一般情况，初产或早配、体弱及老龄、高产以及饲养条件较差的奶牛，干奶期可适当长些；而体质强壮、产奶量较低、营养状况较好的壮龄奶牛，干奶期可短些。

通过配种日期，用配种月减 3，配种日加 6，推算出分娩日期，根据上述具体情况来确定干奶时间。

奶牛正常干奶期可分为 3 个阶段：第一阶段为干奶最初 10 d，奶牛乳腺开始从泌乳状态转入停乳状态，在营养上需要对饲料中的能量和蛋白质加以限制，以帮助奶牛停止泌乳；第二阶段为从干奶 10 d 开始约 1 个月的时间，是胎儿生长发育加快、母牛乳腺组织再生及身体复壮的时期，需要提供含一定干草量的营养平衡饲料；第三阶段为临产前 3 周，母牛在代谢及生理上发生一系列变化，为分娩和泌乳做准备，临产时开始分泌初乳。

三、干奶的方法

在正常情况下，高产奶牛在接近干奶时，每天仍有较高的产奶量，但无论产奶量高低，到需要停奶时均要采取果断措施使之停止产奶。患有乳房炎的奶牛需治愈后再干奶。干奶的方法有逐渐干奶法和快速干奶法两种。

(一)逐渐干奶法

利用 1～2 周的时间完成干奶。从计划干奶日前 10～20 d，逐渐减少精饲料和多汁饲料，限制饮水，缩短运动时间，停止按摩乳房，减少挤奶次数，改变挤奶时间，使日产奶量下降到 5 kg 以下时便停止挤奶。2～3 d 后如果乳房内的奶较多，可对乳房进行充分细致地擦洗和按摩，把奶彻底挤净。干奶时，首先做好乳头的消毒工作，再向每个乳头内注入干乳软膏，最后对乳头进行后药浴。

(二)快速干奶法

到干奶日期，认真细致按摩乳房，将奶挤净后即停止挤奶。操作中同样要求先做好乳头的消毒工作，再向每个乳头内注入干乳软膏，最后再对乳头进行后药浴。乳头经封闭后即不再触碰乳房，3～4 d 内要随时注意乳房变化。最初乳房会继续膨胀，但只要不出现红、肿、热、痛症状可继续观察。经 3～5 d 后乳房内存留的乳汁逐渐被吸收，10 d 左右乳房松软收缩，干奶工作完成。如果停奶后，乳房出现过分膨胀、红肿和滴乳时，须重新把奶挤净，并按照上述方法消毒、封闭乳头。该方法对曾患有乳房炎或正患乳房炎的母牛不适用。

目前，多提倡采用突然停止挤奶的方法进行干奶，乳房内存在奶的压力也有助于母牛干奶，而不是在几天内逐渐干奶。逐渐干奶会延长干奶过程，还可能增加乳房炎的发病率。但是，如果母牛在干奶时仍日产奶 20 kg 以上，则必须在干奶前先减少精料、多汁饲料喂量，待日产奶量降低后再进行干奶。

干奶前还有两项重要的工作，一是要验胎，确保有孕；避免因初次验胎的失误导致奶牛长期空怀。二是必须进行隐性乳房炎检测，若是乳房炎，必须治愈后再行干奶。

四、干奶期饲养管理

干奶期是母牛体内蓄积营养物质的时期，合理的营养可使干奶牛在此期间获得良好的体况，对母牛在下一个泌乳期达到较高的产奶量和较大的采食量具有重要作用。干奶期母牛体况以维持中等为宜，体况评分为 3.5 分。过肥的母牛容易发生皱胃变位、乳房水肿、酮病和难产等。

干奶前期饲养管理的主要目标是：保证胎儿健康发育，恢复并维持奶牛合适的膘情，促进消化系统特别是瘤胃机能恢复。干奶后期饲养管理见本项目任务 10 围产前期。

(一)干奶期的饲养

从停奶之日起到乳房变软恢复正常、泌乳活动完全停止，约需 2 周时间，此时一般以优质青粗饲料为主，少用或不用多汁饲料和精饲料。待乳房内的乳汁被吸收并萎缩以后，可以逐步增加精饲料和多汁饲料，按妊娠后期的饲养标准进行饲养。补饲精饲料过早，会刺激母牛重新泌乳，轻者延长干奶过程，重者引发乳房炎。

干奶前期要掌握奶牛以下营养特点：一是维持日粮中适宜的纤维含量；二是限制能量摄入量；三是避免过多进食蛋白质；四是满足矿物质和维生素的需要量。具体饲养应根据母牛膘情确定，膘情较好的奶牛一般只给予优质干草，补充少量精料，维持膘情稳定即可。膘情较差的奶牛，在充足供应优质粗饲料基础上，还应饲喂一定量的精料，精料的喂量视粗饲料的质量和奶牛膘情而定，一般可以按日产 10～15 kg 奶的营养标准饲喂。日粮干物质采食量占体重的 1.8%～2.5%，一般为 12～13 kg，粗蛋白质占干物质的 12%～13%。一般情况，粗饲料喂量占体重的 1% 以上，糟渣类和多汁类饲料不宜饲喂过多，以免压迫胎儿，引发早产，每头每天不宜超过 5 kg。精料喂量根据粗饲料品质及体况调整，一般每头每天 3～4 kg。

干奶牛豆科牧草的喂量不能超过干草干物质的 30%～50%，以免食入过多的蛋白质、钙和钾，使母牛易患乳房水肿、产后瘫痪或酮病，并可能引起繁殖方面的问题。玉米青贮不能超过饲草干物质喂量的 50%～60%，否则容易使母牛过肥，在产犊时和泌乳初期出现较多的代谢和繁殖问题。为了保持干奶牛良好的瘤胃机能，每天自由采食或饲喂 2～3 kg 的禾本科干草。粗饲料加工过细，会导致牛胃肌肉变得松弛，弹性减弱，易发生皱胃变位。

干奶牛矿物质营养的要点是保持钙磷比例平衡，防止钙摄入过多；日粮中钾的含量超过 0.65%～0.8% 时，会影响镁的吸收和钙的代谢，也会导致产后瘫痪或胎衣不下等；干奶牛不能与泌乳牛一样使用碳酸氢钠等缓冲剂，以减少乳房水肿和产后瘫痪的发生；食盐喂量按日粮干物质的 0.25% 添加。

维生素 A、维生素 D 和维生素 E 对于干奶牛的营养代谢十分重要，胎衣不下常与维生素 A 和维生素 E 缺乏有关。抗病力下降、乳房炎发病率增加常与维生素 E 缺乏有关。因此，干奶牛的精料中应添加矿物质微量元素和维生素，每千克精料中添加量为：硫酸铜 83 mg、硫酸锰 570 mg、硫酸锌 571 mg、氯化钴 6.1 mg、碘酸钙 2.6 mg、亚硒酸钠 2.6 mg、维生素 A 1.6 万 IU、维生素 D 4 000 IU、维生素 E 70 IU。

(二)干奶期的管理

干奶期奶牛处于妊娠后期，管理的重点是做好保胎工作。同时，要预防乳房炎的发生，维持奶牛较理想的体况，维护奶牛健康。

1. 分群

应及时将干奶牛从泌乳牛群中分离出来，单独饲养，否则很难控制干奶牛的营养水平，极易导致干奶牛过肥，也容易造成牛的碰撞而流产。

2. 做好保胎工作

不要随意驱赶，以防相互碰撞、拥挤、摔倒而造成流产。不喂腐败变质与冰冻的饲料。冬季不饮过冷的水。妊娠后期禁止饲喂酒糟、马铃薯、棉籽饼等，防止流产、难产或胎衣不下等发生。

3. 加强乳房护理

奶牛乳腺活动停止后，每天按摩乳房 1～2 次，每次 5～10 min。按摩可以促使干奶期奶牛乳腺组织的修复与更新，为下一个泌乳期的高产打下良好基础。每次按摩后要对乳头进行药浴消毒，以防感染。临产前乳房出现水肿时停止按摩。

4. 加强卫生管理

妊娠期母牛代谢旺盛，容易产生皮垢，因此每天应加强刷拭，以促进血液循环，使牛养成温驯的习惯。保持圈舍清洁卫生，定期消毒。

5. 加强户外运动

运动可以促进血液循环，增强体质，减少肢蹄病或难产发生。有室外运动场的牛场，可使牛只增加阳光照射时间，促进皮肤代谢，有效预防干奶牛维生素 D 的缺乏，防止产后瘫痪。运动场设置凉棚，使牛自由活动，分娩前 2～3 d 停止运动。

6. 合理饮水

设置水槽，自由饮水，水温以 10～12℃为宜。

五、培育目标

(1)干奶前 21～28 d 修蹄。

(2)保证干奶时体况评分为 3.5 分。

(3)干奶前检胎，保证受孕再干奶。

(4)干奶前进行乳房炎检测，对患有乳房炎的牛只，治疗痊愈后再行干奶。

(5)确保干奶成功。

(6)做好干奶牛的转群工作。

●●●●● **任务工单**

任务名称	干奶及干奶期饲养管理		
任务描述	通过视频，掌握干奶操作过程要点、干奶期饲养管理要求和乳房炎试剂检测方法		
准备工作	1. 牛只干奶操作视频 2. 牛只干奶期饲养管理视频 3. 乳房炎检测托盘、乳房炎检测指示剂、牛奶、钟表 4. 纸和笔		
实施步骤	1. 观看干奶操作视频和干奶期饲养管理视频 2. 总结干奶操作要点 3. 总结干奶期饲养管理要点 4. 进行乳房炎检测：将乳房炎检测托盘洗净烘干，向每个托盘内加入少许牛奶；倾斜检测盘，以便去掉大部分牛奶；加入同样体积的检测液到剩余的奶样中；用转圈的方式涡旋混合样，混合均匀，出现胶状或黏液样反应，记录检测结果		
考核评价	考核内容	评价标准	分值
	干奶操作要点	干奶操作步骤全面（15 分）；干奶操作注意事项总结全面（15 分）	30 分
	干奶期饲养管理要点	饲养总结（20 分）；管理总结（20 分）	40 分
	乳房炎检测	用 CMT 法检测乳房炎方法步骤正确（20 分）；乳房炎结果判断正确（10 分）	30 分

任务 8 围产期饲喂与管理

●●●● 目标呼应

任务目标	课程教学目标
熟悉围产前期的生理特点及饲喂要求	掌握奶牛生产中常规饲养管理技术
熟悉围产后期的生理特点及饲喂要求	

●●●● 情境导入

奶牛围产期饲养管理是奶牛生产管理的重要组成部分，其饲养管理好坏直接关系到奶牛产后健康状况及泌乳性能的发挥，关系到奶牛的下一胎的产奶量及终生产奶量。围产期的饲养管理跟不上，常导致奶牛产后疾病增多，可引起产后瘫痪（乳热症）、子宫炎、卵巢囊肿、胎衣不下、乳房炎、真胃移位、酮病等一系列的疾病发生。

●●●● 知识链接

围产期是指母牛分娩前后各 15 d，也可适当缩短和延长 1 周的时期。围产期奶牛一般在专门的产房进行饲养管理。

据报道，牛群围产期疾病的发生率一般高达 25%～27%。就个体而言，奶牛围产期疾病占整个产奶周期疾病总数的 70%，即只要控制了奶牛围产期的疾病，就等于控制了奶牛 70% 的疾病。有统计表明，成母牛 70%～80% 的死亡发生在这一时期，所以这一阶段的饲养管理应以保健为重点。

奶牛围产期的管理非常重要，而且奶牛围产期疾病属于多因子病，既与生理变化、遗传方面密不可分，又与饲养管理及环境卫生等息息相关。因此，加强围产期奶牛生殖系统、泌乳系统和消化系统疾病的检测，做好围产期奶牛的饲养和护理，安排好产后奶牛的挤奶将是这一时期的中心任务。

一、多病原因

(一)生理变化

(1)妊娠后期，内分泌系统的平衡被打破。

(2)分娩过程是一种强烈的应激。

(3)分娩后母牛恢复食欲较慢，而产奶量急剧上升。

(二)遗传因素

有些个体特别易发生围产期疾病。

(三)产前过饲

精料饲喂过多，可导致酮病、子宫炎、真胃移位等疾病。据报道，干奶期日粮粗蛋白质含量为 15% 时，代谢病发生率为 70%，而当粗蛋白质含量降至 12% 时，发病率减少至 7%。

（四）饲料配制

日粮中某些营养成分缺乏或不足，钙、磷比例不当，日粮中硒、维生素 E 缺乏，围产期发病率增加，反之，给日粮中补充维生素 E 和硒，可显著降低乳房炎、胎衣不下。

（五）感染因素

子宫炎和乳房炎与病原微生物感染有着直接的联系。围产期是奶牛生理、病理最敏感的时期，应重视饲养管理，并加强环境卫生和保健。

二、围产前期饲养管理

围产前期又称为干奶后期，饲养管理水平高低直接关系到母牛的正常分娩、产后的健康、产奶性能和繁殖性能的发挥。

（一）饲养

除应注意干奶期的一般饲养要求外，还应根据母牛的体况和乳房肿胀程度等情况灵活掌控，做好特殊的饲养工作。

母牛临产前 1 周会发生乳房肿胀，由于精料比例不断增加，可能会加重乳房水肿。如果肿胀情况严重，应减少糟渣类饲料喂量，暂缓增加精料或降低精料喂量，同时减少食盐喂量。

日粮粗饲料应以优质干草为主，如羊草、苜蓿干草、谷草等，增加奶牛粗饲料的采食量。日粮应逐步向产后日粮过渡，每天饲喂一定量的青贮玉米，可有效避免产后因日粮变动过大而影响奶牛食欲。青贮料每头每天不宜超过 15 kg，以免导致母牛过肥。临产前 2～3 d，日粮中适量添加小麦麸以增加饲料的轻泻性，防止便秘。可按下列比例配合精料：麸皮 70%、玉米 20%、大麦 10%，另加磷酸氢钙 2%、食盐 1%。

为了使母牛能在下一个泌乳期内多产奶，促进泌乳高峰期尽早到来，防止泌乳高峰期内体重过度损失，以及瘤胃微生物能适应产后大量采食精料，可采取"引导饲养法"。即从产前 15 d 开始增加精料的喂量，每天增加 0.45 kg 精料，逐日进行，直到分娩时精料量占到体重的 1% 左右为止，这样可以使瘤胃微生物区系提前适应产后的高精料日粮。产犊 5 d 后继续每天增加 0.45 kg 精料，直至出现泌乳高峰时为止，待泌乳高峰过后再调整精料喂量，逐渐过渡到按标准饲养。

采用低钙日粮，能有效防止产后瘫痪的发生。一般将钙含量由占日粮干物质的 0.6% 降低到 0.2%。因为牛体内的血钙水平受甲状旁腺释放激素的调节，当日粮中钙供应不足时，甲状旁腺分泌增强，奶牛动用骨钙的能力加强，以维持正常血钙水平，而且这种能力也会延续到产后，可以有效地避免由于产后大量泌乳而导致血钙的急剧下降。奶牛分娩后，应采用高钙日粮，钙含量应占日粮干物质的 0.8%，可直接弥补钙的缺乏，减少产后瘫痪的发生。

分娩前 7～10 d 一次灌服 320 g 丙烯乙二醇，可有效降低体脂肪的分解代谢，减少产后酮病的发生。在分娩前 2 周和产后最初 10 d 内，每天饲喂 6～12 g 烟酸，可有效降低血酮的含量。

在此期奶牛日粮中添加氯化铵、硫酸铵、硫酸镁、氯化镁、氯化钙、硫酸钙等阴离子盐，使阴阳离子平衡，可有效降低血液和尿液 pH，促进分娩后日粮钙的吸收和代谢，提高血钙水平，减少产后瘫痪的发生。由于阴离子矿物质盐适口性不好，故应将其与精料充分混合饲喂。要给予适量的维生素 A、维生素 C、维生素 E，常年饲喂青贮而很少喂青饲料的牛，更需要补充维生素 A。注射硒和维生素 E，可以降低母牛产后胎衣不下的发病率。

(二)管理

重点做好奶牛保健工作，预防生殖道和乳腺的感染，减少代谢疾病的发生。做好保胎工作，停止对乳房按摩，仔细检查并严密监视奶牛乳房变化。

奶牛在产前 7～10 d 应转入产房，以减少病菌感染，习惯产房环境。产房应清洁干燥、通风良好，预先用 2% 火碱水喷洒消毒，冲洗干净后铺上清洁干燥的垫草，地面不应光滑，以防母牛滑倒。门口最好设单独的消毒池或消毒间。母牛进入产房前，后躯及四肢应用 2%～3% 来苏儿溶液洗刷消毒，做好转群记录和移交登记工作，由专人进行护理，随时注意观察奶牛的变化。工作人员进出产房要穿工作服，用消毒液洗手。

天气晴朗时，牛只可出产房做自由运动，产前 2～3 d 停止运动。产前 1～2 d，奶牛食欲降低，要精心调配饲料，特别要保证充足的饮水。应密切观察临产征状的出现，并提前做好接产和助产准备。

三、围产后期饲养管理

(一)饲养

奶牛产后产奶量迅速增加，代谢非常旺盛。精饲料饲喂过多时，极易导致瘤胃酸中毒，并诱发其他疾病，特别是蹄叶炎。高产奶牛饲料营养不足时，就会导致奶牛体况严重下降，影响奶牛健康和产奶量。因此，在生产中，必须根据奶牛消化机能、乳房水肿和恶露排出情况细致地进行饲养。

母牛分娩后腹压降低并大量失水，要立即喂给温热、足量的麸皮汤，可起到暖腹、充饥及增加腹压的作用，利于母牛恢复体力和胎衣排出。麸皮汤的配合比例是：麸皮 1～2 kg、食盐 100～150 g、碳酸钙 50～100 g、温水 15～20 kg。为了促进子宫恢复和恶露排出，还可以喂给益母草温热红糖水，温度为 40℃ 左右，每天 1 次，连服 2～3 d。益母草温热红糖水的配合比例是：益母草 250 g、水 1.5 kg，煎成水剂后，再加红糖 1 kg 和水 3 kg。

为了减缓产后母牛乳腺的活动，并考虑产后消化机能较弱的特点，分娩后 2～3 d 内应以优质干草为主，适当补喂玉米、麸皮等易于消化的饲料，控制催奶饲料。分娩 4～5 d后，根据食欲和乳房水肿情况，逐渐增加精料、多汁饲料、青贮饲料和干草的喂量，精料每天增加 0.5～1.0 kg，但喂量不得超过体重的 1.5%。分娩 7 d 后，在乳房水肿消除良好的情况下，继续增加精料喂量，一直增加到出现产奶高峰为止。分娩 15 d 后，青贮饲料喂量可达 20 kg 以上(干草 3～4 kg、精料 10～15 kg)。

增加精料喂量是为了减轻母牛产后能量负平衡影响，满足日益增多的产奶需要，尽量减少体重损失。但在增料的过程中，应随时观察母牛的食欲、乳房、行为和粪便等情况。当母牛出现消化不良、粪便有恶臭、乳房未消肿或有硬结现象时，则要适当控制精料和多汁饲料的喂量，直至乳房水肿消失、乳腺组织恢复正常后，才可按标准定量饲喂。一般在产后 10～14 d 即可按标准喂料。有的母牛产后乳房水肿程度较轻，身体健康，食欲旺盛，可喂适量精料和多汁饲料，6～7 d 后便可达到标准喂量。要注意控制多汁饲料和精饲料的喂量，不要急于催奶。粗饲料尽量多喂，以保持旺盛食欲，为日后高产创造条件。使用TMR 饲喂技术，也要依据上述理论进行新产牛的日粮配合。

产后母牛体内钙、磷也处于负平衡状态。如果日粮中缺乏钙、磷，有可能患软骨症、肢蹄病和产后瘫痪等，产奶量降低。因此，母牛分娩 10 d 后，每头每日应喂钙 150 g、磷 100 g。

此外，整个泌乳初期要提供充足、清洁、适温的饮水，一般产后 1 周宜饮 37～40℃温水，以后逐渐转为常温。但对于乳房水肿严重的奶牛，应适当控制饮水量。

(二)管理

母牛产后要尽早驱赶使其站立，以减少子宫出血和防止子宫外脱。30 min 后可以进行初次挤奶。挤奶前先用温水清洗牛体两侧、后躯、尾部，并把污染的垫草清除干净，用 0.1%～0.2% 的高锰酸钾溶液消毒乳房和外阴周围。开始挤奶时，每个乳头的第一、第二把奶弃掉不要，同时观察牛奶感观性状是否正常。

产后挤奶时，对中低产及体质较好的奶牛在分娩后应挤净初乳，可刺激奶牛加速泌乳，增进食欲，降低乳房炎的发病率，促使泌乳高峰提前到达，而且不会引起产后瘫痪。对于体弱或 3 胎以上的高产奶牛，在产后 3 h 内静脉注射 20% 葡萄糖酸钙 500～1 500 mL，可以有效地预防产后瘫痪。总之，产后能否将奶挤净，要视奶牛体质、产奶量情况酌情而定，对产奶量特别高的应慎重对待。

为尽快消除乳房水肿，每次挤奶时要坚持用 50～60℃温水擦洗并按摩乳房，每次按摩 5～10 min，并适当增加挤奶次数，每天最好挤奶 3 次以上。如果乳房消肿较慢，可用 40% 的硫酸镁温水洗涤，并按摩乳房，以促进乳房水肿尽快消失。为防止压坏乳房，可多铺干燥柔软清洁的垫草。

胎衣通常在产后 4～8 h 自行脱落。胎衣脱落后要将外阴部清洗干净，并用来苏儿溶液消毒，以防感染生殖道。排出的胎衣应立即移出产房，以免被母牛吃下而影响消化。胎衣超过 12 h 仍未脱落称为胎衣不下，应请兽医处理。母牛在产后的几天内，应坚持每天或隔天用 1%～2% 的来苏儿溶液清洗后躯，特别是臀部、尾根、外阴部要彻底洗净。加强监护并随时观察恶露排出情况，如有恶露闭塞现象，即产后几天内仅见稠密透明分泌物而不见暗红色液态恶露，应及时处理，以防发生产后败血症或子宫炎等生殖道疾病。

观察奶牛有无发生瘫痪征兆，阴门、乳房、乳头等部位是否有损伤。每天要对新产牛进行巡舍，观察新产牛的精神、采食、瘤胃充盈度等情况。对表现异常的牛只，要进行每天 1～2 次体温监测，若有升高要及时查明原因并进行处理。分娩后 12～14 d，肌内注射促性腺激素释放激素(GnRH-a)，可有效预防产后早期卵巢囊肿，并使子宫尽早康复。夏季注意产房的通风与降温，冬季注意保暖和换气。

奶牛经过泌乳初期后，身体康复，食欲日趋旺盛，消化机能恢复正常，乳房水肿消退，恶露排尽。此时，可调出产房转入泌乳牛群饲养。

●●●●● 任务工单

任务名称	围产期饲喂管理与评估		
任务描述	通过视频，进一步掌握围产前期、围产后期生理特点和饲喂要求。利用图片，评估新产牛采食情况		
准备工作	1. 围产期饲养管理视频 2. 新产牛采食情况图片或数据		
实施步骤	1. 观看视频，总结围产期的生理特点，营养需要，饲喂特点，易感疾病，管理要求 2. 对新产牛采食情况进行评估，挑选出疑似亚健康的牛只		
考核评价	考核内容	评价标准	分值
	围产期要点	围产期生理特点总结(10分)；营养需要(10分)；饲喂特点(20分)；易感疾病(10分)；管理要求(20分)	70分
	新产牛评估	新产牛饲槽评估(10分)；新产牛瘤胃充盈度评估(10分)；新产牛精神状态评估(10分)	30分

任务9 如何避免奶牛应激

●●●● 目标呼应

任务目标	课程教学目标
明确可能引起奶牛应激的因素	能应用饲养管理知识，评价生产常见问题
明确各种因素对奶牛的影响	
能说明如何降低奶牛的应激	

●●●● 情境导入

奶牛是一个高度敏感的动物，饲料、管理、人员等改变都会对奶牛造成应激。应激后的奶牛，产奶量会大幅度下降。走访一奶牛场，在奶牛数量基本稳定不变的前提下，当室外温度是20℃时，收集奶牛奶量为5 423.8 kg；当室外温度为25℃时，收集奶量为3 899.6 kg，可见环境温度对奶牛产奶的影响。想一想，在生产中，采取哪些措施可以降低奶牛应激，减少牛奶损失？

●●●● 知识链接

一、引起奶牛应激的原因

奶牛是高产，同时也是高度敏感的动物，喜欢一成不变的生活，日常饲喂和管理的细节改变，都会对奶牛造成应激，进而影响生产性能的发挥。

（一）环境温度

奶牛适宜的环境温度是4～21℃，当温度超过或低于这个范围，奶牛都会出现不同程度的应激。高温和低温同样会对奶牛产奶产生影响，相对于高温来说，低温对奶牛的应激副作用较小，所以可以近似的说，奶牛怕热不怕冷。

热应激对奶牛的影响巨大，当温度超过24℃，奶牛产奶量就会受到影响。我国南方，每年从4月1日开始就会迎来高温天气，牧场如何应对奶牛热应激成为夏季的首要问题。为此，各个奶牛场采用了风扇、喷淋等设施来缓解热应激。风扇要求均匀地分布于采食区和牛卧床区；而喷淋装置则设置于饲槽上，喷淋装置只有在牛采食时才会启动。有监测表明，当环境温度是33℃，湿度是70.2％时，在牛舍内有喷淋和没有喷淋的牛只体表温度相差3～5℃，可见喷淋对降低牛只体表温度的作用。

夏季来临后，细心的牛场还对牛舍的各个位置点进行温度监测，有的牛场发现天棚的透明阳光板温度较高，需要一定的遮盖，否则牛舍温度会升高。

也有的牛场试图尝试在夏季的水槽中添加冰块，降低水的温度，进而降低瘤胃内温度，增加采食量。

温度不同，干物质采食量不同，见表5-9-1。

表 5-9-1　体重 600 kg，产奶量 27 kg，乳脂率 3.7%，不同温度下的 DMI　　　单位：kg

温度/℃	维持需要（与10℃相比）	DMI 需要量	实际 DMI	产奶量
0	110	18.8	18.8	27
20	100	18.2	18.2	27
25	104	18.4	17.7	25
30	111	18.9	16.9	23
35	120	19.4	16.7	18
40	130	20.2	10.2	12

注：在超过 20℃时，每增加 1℃，DMI 下降 0.15 kg；DMI 每下降 1 kg，产奶量下降 2 kg。

（二）噪声

牛喜欢安静的生活，突然大的声响会使牛只害怕，并引起应激。因此，生产中，避免鞭打牛只和对牛只大声吆喝，敲击牛卧床、敲击栏杆等。TMR 饲喂车上料、清粪车清粪对牛来说都是大的噪声，所以尽量在牛只离开牛舍，去挤奶厅时进行上料和清粪。

奶厅也是一个噪声较大的地方，挤奶机的轰鸣声对牛只也是应激。牛场为了缓解牛在奶厅应激，经常放一些轻松的音乐。同时，在待挤区等待时间，过度拥挤都会形成应激。所以，应该减少奶牛在待挤区的等待时间，尽量做到到达待挤区，即上挤奶位。还要合理安排牛只在待挤区内密度，避免过度拥挤。

（三）配种、孕检

为了使奶牛产奶的有序进行，就必须要求配种有序进行。在对奶牛按时配种的过程中，找牛、抓牛，奶牛会受到应激，所以很多牛场设置了牛群分栏门，将需要配种牛只自动分离，既减少了找牛的人工，也减少了抓牛应激。配种也可以在采食时，利用自锁颈枷进行保定，进而实施。妊娠检查对奶牛同样是一种应激，所以要求对孕检员工进行培训，孕检时做到又快又准。

（四）免疫、转群

奶牛的日常管理中还包括免疫接种以及抓牛、接种造成的应激；为了 TMR 日粮饲喂合理，要对牛群进行定期转群，将生产性能相似的牛只混合在一起，转群会使牛群重新组合，牛只重新认识伙伴，甚至需要确立新的头牛，为此，要求至少一周才可以调群一次，否则牛群天天处于调群的应激困扰之中。有的牛场尝试泌乳期内只调一次群，泌乳 200 d 内一个群，泌乳 200 d 后一个群，效果较好。

（五）干奶

干奶对于奶牛而言，由泌乳转为不泌乳，同样是一种应激。干奶牛要面临牛群改变、饲料改变、环境改变、管理改变，这些改变，都需要牛只慢慢适应。

（六）修蹄

在牛场中，肢蹄病是奶牛淘汰的主要病因之一，为此，应该对牛群进行定期有规律的修蹄。修蹄应在春秋进行，但修蹄工作的进行，也会对奶牛造成应激，改变奶牛的产奶量。

（七）更换饲料

饲料更换或饲料组分的更换，奶牛瘤胃内的细菌和纤毛虫需要重新适应，种类重组，比例重调，以满足饲料的消化。所以更换饲料一定要慎重，并且按照要求具有相应的饲料过渡期。

（八）外来人员参观

奶牛场应该谢绝外来人员参观。外来人员的参观，不但可以传播疾病，而且对奶牛来说，是一种打扰，这种应激会使奶牛当日产奶量不同程度的下降。

二、如何规避奶牛应激

奶牛喜欢一成不变的生活，包括一成不变的饲料，一成不变的温度，一成不变的群体，一成不变的管理，甚至一成不变的人员。因此，牛场必须尽可能提供给牛只稳定的环境，稳定的管理，足够长的时间休息。

养牛就是一个细心的工作，细节决定成败，只有遵循了牛只规律，进行细心呵护，才能发挥奶牛的生产潜能，实现牛场的经济效益。

●●●●● 任务工单

任务名称	奶牛应激案例分析		
任务描述	通过视频和收集的案例，分析引起奶牛应激的原因，如何避免应激对奶牛的影响		
准备工作	1. 图片、视频 2. 网上关于奶牛应激的报道 3. 牛场真实案例 4. 纸和笔		
实施步骤	1. 观看图片、视频和其他资源 2. 分组讨论引起奶牛应激的因素组成 3. 分析牛场真实案例，说明应激的原因，对产量的影响，生产中如何规避		
考核评价	考核内容	评价标准	分值
	学习态度	观看图片、视频和其他资源态度端正（10分）；小组内讨论激烈，将讨论结果积极记录（10分）	20分
	奶牛应激原因	自然条件原因分析全面，并提出解决方案（20分）；饲料饲养原因分析全面，并提出解决方案（20分）；精细管理原因分析，并提出解决方案（20分）；生产流程原因分析，并提出解决方案（20分）	80分

任务 10　奶牛的评分管理

●●●● 目标呼应

任务目标	课程教学目标
熟悉粪便评分的方法	能应用饲养管理知识，评价生产中常见问题
熟悉步态评分的方法	
熟悉卫生评分的方法	
熟悉乳头评分的方法	

●●●● 情境导入

随着信息化、数据化管理走进牧场，牧场管理人员也在试图通过牛只及其表现，来分析饲养管理情况。为此，我们引入了评分管理。常见的评分管理包括体况评分、粪便评分、卫生评分、步态评分和乳头评分。其中，体况评分已在项目 2 中做了介绍，本任务将针对剩余四项进行阐述。

●●●● 知识链接

一、粪便评分

成年奶牛日排粪 12～18 次，排粪量 20～35 kg。通过对牛粪形态特征变化的评定，可以发现奶牛日粮消化及瘤胃发酵的情况；通过对粪便硬度、气味和颜色的判定，来反映肠道内变化情况，从而评价日粮的合理性。

（一）粪便形态评分

奶牛粪便形态评分是根据粪便的稀稠、高度和流散性的变化，来评估奶牛对日粮的消化程度高低，以及日粮的营养成分（蛋白质、粗纤维和碳水化合物）是否平衡及饮水量是否合适，进一步评估日粮在瘤胃中的发酵及胃肠内变化情况，从而对日粮配方的科学性及管理的有效性进行验证。

奶牛粪便形态评分时，主要考虑其外观形状，评分标准可参照表 5-10-1。

表 5-10-1　奶牛粪便五级评分表

级别	形态描述	原因	实例
5	粪很干，呈球状，超过 7.5 cm 高	干草饲喂过多或氧化严重，脱水，有消化障碍	消化道阻塞的牛的粪便

续表

级别	形态描述	原　因	实　例
4	粪干，厚度5～7.5 cm，半成型的圆扁状	食入低质量的饲料，粗纤维含量高，精饲料喂量低或蛋白质缺乏	干奶牛或大龄牛的粪便
3	粪呈较细的扁状，中间有较小的凹陷，厚度在2～5 cm	日粮精粗料比例合适	舍饲牛，精粗饲料搭配合理
2	粪软，没有固定形状，周围有散点，能流动，厚度小于2 cm	缺乏有效中性洗涤纤维，精饲料、青贮和多汁饲料喂量大	牛在茂盛的草场上放牧时的粪便，待分娩的牛
1	粪很稀，像豌豆汤，呈弧形下落	食入过多蛋白质饲料、青贮料、淀粉、矿物质饲料或日粮中缺乏有效中性洗涤纤维，牛患病	腹泻

从日粮角度来说，如果奶牛排出稀粪(1～2级)，一方面可能是由于日粮中含有过多的精饲料以及糟渣类饲料，缺乏长的干草和有效中性洗涤纤维；另一方面可能是由于瘤胃酸中毒、日粮粗蛋白或矿物质含量过高。如果排出的粪便过于干燥(4～5级)，厚度过大，呈坚硬的粪球状，则可能干草饲喂过多，食入劣质的粗饲料过多，或精饲料饲喂量过小；另外，限制饮水和限制蛋白进食量时也会出现坚硬的粪便，严重脱水时粪便呈坚硬的球状。因此，要根据粪便的评分及时调整日粮。

热应激时奶牛大量饮水，导致瘤胃内容物流通速度过快，会造成瘤胃消化不良，故牛粪稀软。牛暴露于冷环境条件下，饲料通过肠道的速度加快，网胃收缩频率增加，干物质消化率下降，同时饮水量明显减少，因而粪便干硬。

如果粪便出现变稀(1～2级)，同时表现为糊状、部分发亮、含有气泡，可能是酸中毒的征兆；发生前胃迟缓或瘤胃积食的牛，粪便呈半液体状或泥样，甚至水样；发生皱胃溃疡或创伤性网胃炎的牛，粪便干、小，呈棕黑色或黑色；发生瘤胃臌气的牛，初期排粪次数增加，但量少，以后完全停止；发生皱胃左侧变位时，排粪少而硬，表面附有黏液，有的病牛腹泻、粪便稀软呈糊状。

(二)粪便气味评分

饲料在消化过程中，因微生物分解而产生臭气，同时未被消化的养分排出体外后又被微生物分解产生更多的臭气。因此，合理的日粮应该有较高的消化率，特别是较高的蛋白质消化率，从而减少粪便的臭味。我国以恶臭强度来表明臭味对人体的刺激程度，一般奶牛场粪便恶臭强度为3级，2级以上为努力的目标。

图5-10-1、图5-10-2所示为粪便形态1～5分，表5-10-2所示为不同阶段奶牛粪便评分推荐值，表5-10-3所示为奶牛粪便恶臭强度等级标准。

图 5-10-1　粪便形态 1～3 分

图 5-10-2　粪便形态 4、5 分

表 5-10-2　不同阶段奶牛粪便评分推荐值

牛群	干奶牛	围产期	新产牛	高产牛	产奶后期牛
理想评分	3.5 分	3.0 分	2.5 分	3.0 分	3.5 分

表 5-10-3　奶牛粪便恶臭强度等级标准

级别	强度	说　明
0	无	无任何臭味
1	微弱	一般人难以觉察，但嗅觉灵敏的人可以觉察到
2	弱	一般人难以觉察
3	明显	能明显觉察到
4	强	有很明显的臭味

二、卫生评分

奶牛的舒适度、乳中体细胞数与环境卫生密切相关，因此，奶牛生产中要评定牛体和乳房卫生，以便监测奶牛饲养环境和及时有效采取改善措施。

牛体卫生评分主要评定小腿、大腿和乳房三个部位，采用 4 分制（表 5-10-4）。

表 5-10-4　牛体卫生评分标准

卫生评分	小　腿	大　腿	乳　房
1 分	蹄冠以上没有或很少粪迹	没有粪迹	没有粪迹
2 分	蹄冠以上有少量粪迹	有少量粪迹	接近乳头部有少量粪迹
3 分	蹄冠以上及稍远处粘有斑点状牛粪，腿部皮毛上无粪迹	皮毛上有明显的斑点状牛粪	乳房下半部有明显的斑点状牛粪

续表

卫生评分	小　腿	大　腿	乳　房
4 分	块状牛粪遍布整个小腿部	皮毛上粘有大的块状牛粪	整个乳房和乳头上都有块状牛粪

小腿卫生评分主要观察小腿部位粪迹的多少程度和向大腿部延伸的距离；大腿卫生评分主要观察大腿和臀部之间粪迹面积和数量；乳房卫生评分主要观察乳房上粪迹面积和数量，评定时从后方和一侧观察，粪迹越接近乳头，患乳房炎的风险越大。

牛体卫生评分系统可作为奶牛卫生管理的指标，使卫生标准数量化。

评定时牛群要有一定规模，当牛群小于 100 头时要全部进行评定，当牛群较大，超过 100 头时，至少要评定其中的 1/4。当个别评分出现 3 分或 4 分时，则表明卫生较差，进一步计算出 3 分和 4 分牛在每一部位评分中所占的比例，从而评价整个牛场的牛体卫生状况（图 5-10-3、图 5-10-4）。

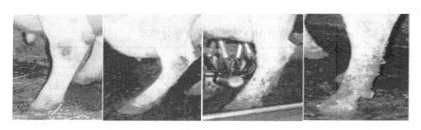

图 5-10-3　卫生评分之小腿评分 1～4 分

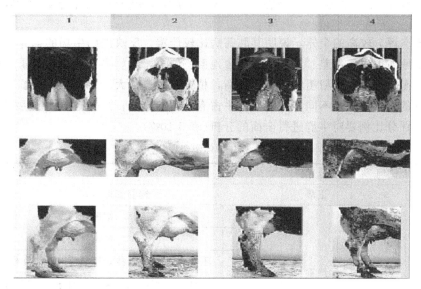

图 5-10-4　奶牛卫生评分 1～4 分

为了保持良好的牛体卫生，应对牛场泌乳牛的牛体卫生制定一个合适的评分目标。牛体卫生评分目标见表 5-10-5。

表 5-10-5   牛体卫生评分目标表

饲养类型		每个部位 3 分和 4 分所占比例/%		
		小腿	大腿	乳房
散栏式	平均	54	20	17
	最佳	24	5	6
拴系式	平均	25	18	26
	最佳	9	0	5

三、步态评分

步态评分是评定牛群肢蹄健康状况的有效方法，以奶牛站立、运步姿势和背部姿势为主要评定内容，具有直观、简便易行的特点。利用该方法能及时发现影响肢蹄健康的原因，以便尽早采取措施，减少因肢蹄疾病引起的淘汰率升高、产奶量降低、繁殖率低下等问题，在保证奶牛高产以及延长利用年限等方面均具有不可忽视的作用。步态评分采用 5 分制，具体评分标准见表 5-10-6。

表 5-10-6   奶牛步态评分标准

评分	步态	站立姿势	步行姿势	步幅	描　述
1 分	正常	平直	平直	大	步行正常，四肢落地有力
2 分	轻度跛行	平直	稍弯曲		站立时背线平直，但步行时拱背
3 分	中度跛行	弯曲	弯曲	中	站立和步行时拱背，单肢或多肢步幅小
4 分	跛行	弯曲	弯曲		单肢或多肢跛行，但仍有部位支撑牛体
5 分	严重跛行	弯曲	弯曲	小	单肢很难支撑牛体，很难从趴卧处移动

奶牛步态评分较高的个体，说明其肢蹄病比较严重，反映出奶牛场的饲养管理存在严重问题，如环境卫生条件差、运动场和牛舍地面坚硬等，对奶牛肢蹄损伤严重，也说明奶牛日粮不平衡，可能存在精粗料比例不平衡，精饲料采食量大，牛群处于亚临床酸中毒状态。在良好的奶牛群中，不同步态评分奶牛占有合适的比例，1～2 分的比例要大于 75%，超出合适的评分比例要对牛群进行全面的分析（表 5-10-7）。

表 5-10-7   奶牛群体步态评分分析表

步态评分	比例/%	跛行评价	分　析		
1～2 分	>75	正常	饲养管理良好		
3 分以上	>15	严重	感染性		细菌、病毒
			损伤		地面、垫料
			蹄叶炎	环境	舒适度、挤奶厅滞留时间，卧栏使用
				管理	修蹄时间、频率，消毒、治疗、体况监测
				营养	日粮平衡、瘤胃 pH、粪便评分
				遗传	公牛评定、遗传参数、选种选配

步态评分与奶牛的干物质采食量、产奶量、繁殖性能及体况评分呈负相关，奶牛蹄部的损伤、脓肿、溃疡等都可影响到背部的姿势和步态。根据步态评分值可有效地评定步态

评分与奶牛生产性能的关系(图 5-10-5、表 5-10-8)。

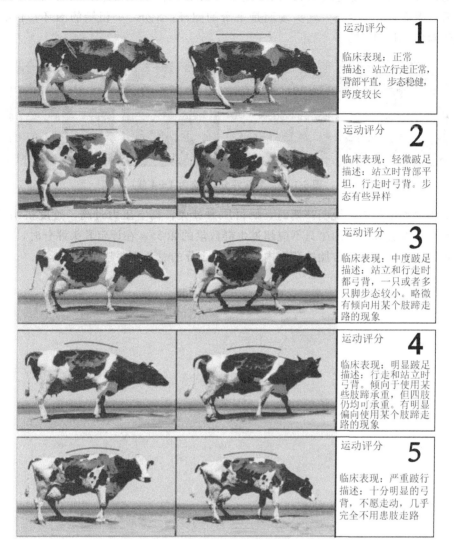

图 5-10-5　奶牛步态评分

表 5-10-8　奶牛步态评分与生产性能关系表

步态评分	DMI 降低/%	产奶量降低/%	体况	繁殖性能
1 分	正常	正常	较好	无影响
2 分	1	0	好	
3 分	3	5	一般	
4 分	7	17	差	空怀天数和配种次数增加
5 分	10	36	很差	

四、乳头评分

乳头评分衡量的是乳头末端的损伤程度、角质化程度。乳头的损伤程度、角质化程度和奶牛临床型乳房炎、亚临床型乳房炎、干奶期感染之间有着直接的关系。奶牛的乳头评分和挤奶设备，挤奶参数也有着必然的联系。根据损伤程度可分为1～4分，1分——乳头表面光滑，无圈环；2分——乳头表面是平滑的圈环；3分——粗糙的圈环；4分——非常粗糙的圈环(图 5-10-6)。

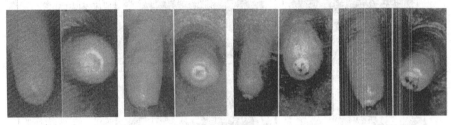

图 5-10-6 乳头评分(依次为 1～4 分)

乳头粗糙程度越大，说明挤奶时，奶衬压力过大，真空压力过高，过度挤奶引起的。生产中，要求 3 分和 4 分的牛只不应超过牛群数量的 20%。在评定乳头评分时，还要兼顾牛群平均胎次，要求在正常胎次范围内，3 分和 4 分的总和不要超过 20%。

●●●●● **任务工单** 1

任务名称	粪便评分		
任务描述	利用收集的粪便图片，分析粪便评分级别，并进行生理阶段与粪便级别匹配可行性分析		
准备工作	1. 牛群生理阶段信息 2. 牛群粪便随机照片(10 张以上)		
实施步骤	1. 比对牛粪照片 2. 对牛粪照片进行分析，并进行评分 3. 分析该牛群生理阶段的粪便，分析消化特点		
考核评价	考核内容	评价标准	分值
	牛粪评分	比对牛粪照片，将每个照片进行评分(30 分)；分析牛群所处阶段和牛粪的评分是否匹配(30 分)	60 分
	牛消化效果分析	根据粪便图片，分析奶牛消化情况(20 分)；提出合理化建议(20 分)	40 分

●●●●● **任务工单** 2

任务名称	步态评分		
任务描述	利用收集的图片和视频，分析奶牛步态评分，并说明牛场肢蹄健康情况		
准备工作	1. 牛步态图片和视频 2. 纸和笔		
实施步骤	1. 仔细观察步态照片和视频 2. 对图片和视频中的步态进行评分 3. 分析步态评分和饲养管理的关系		
考核评价	考核内容	评价标准	分值
	步态评分	对图片和视频中步态进行合理评分(25 分)；说明评分的依据(25 分)	50 分
	说明步态评分和饲养管理的关系	1~2 分，分析饲养管理(25 分)；3 分以上，分析饲养管理(25 分)	50 分

●●●●● **任务工单**3

任务名称	卫生评分		
任务描述	通过图片分析牛群的卫生评分，并说明评分与饲养管理的关系		
准备工作	1. 收集10头以上牛体卫生照片 2. 纸和笔		
实施步骤	1. 对牛体卫生照片进行比对分析 2. 对牛体照片逐一进行评分 3. 算出牛体卫生评分各分值所占比例 4. 分析卫生评分和饲养管理的关系		
考核评价	考核内容	评价标准	分值
	评定牛体卫生评分	卫生评分评价正确（40分）	40分
	牛群卫生评分比例计算	正确计算各评分占牛群比例（20分）；分析牛群卫生评分是否符合生产要求（10分）	30分
	卫生评分和饲养管理联系	分析卫生评分1分和饲养管理的关系（10分）；分析2分和饲养管理的关系（10分）；分析3、4分和饲养管理的关系（10分）	30分

●●●●● **任务工单**4

任务名称	乳头评分		
任务描述	通过乳头图片，评定牛群乳头评分，并分析挤奶操作正误		
准备工作	1. 牛群随机10头牛以上乳头照片 2. 牛群平均胎次信息 3. 纸和笔		
实施步骤	1. 逐一对乳头图片进行分析，评定分值 2. 计算各分值乳头评分占所有图片的比例 3. 分析挤奶操作是否存在问题，对生产是否有影响 4. 形成书面报告		
考核评价	考核内容	评价标准	分值
	乳头评分	对比乳头评分标准图，将收集到的乳头图片逐一进行评分评定（40分）	40分
	乳头评分比例确定	正确计算1～2分占比例（15分）；正确计算3～4分所占比例（15分）	30分
	挤奶操作分析	针对3～4分比例牛只，正确分析挤奶操作是否存在问题（20分）；对牛场建议（10分）	30分

项目 6
肉用牛饲养管理

随着生活水平的提高，人们对蛋白质的需求不断增加，肉牛市场缺口非常大。在这个群雄逐鹿的时代，需要从业人员静心思考、深耕细作，才能赢得市场。

肉牛饲养管理需要掌握肉牛的生长规律和育肥原理，采取科学的饲养管理方法，提高饲料的利用率、改善牛肉的品质、获得较高的肉牛养殖经济效益。另外，影响肉牛育肥效果的因素较多，在肉牛养殖过程中还要充分了解影响育肥效果的因素组成，最终达到理想的育肥效果。

任务 1　肉用牛的育肥原理

●●●● 目标呼应

任务目标	课程教学目标
明确肉用牛的育肥原理	掌握肉牛生产中常规饲养管理技术
掌握补偿生长的概念、原理	

●●●● 情境导入

晓东是一名创业的大学生，毕业后打算进行肉牛生产，在建场时是选择自繁牛场，还是育肥牛场，这让晓东有些举棋不定。不管进行什么样的生产，首先要根据肉用牛的育肥原理，结合生产条件，采用科学合理的饲养方法，达到育肥目的。那么肉牛的育肥原理是什么呢？如何在肉牛生产中应用育肥原理呢？

●●●●● 知识链接

一、育肥牛体重增长规律

增重受遗传和饲养两个因素的影响。增重的遗传力较强，断奶后增重速度的遗传力为0.5～0.6，是选种上的重要指标。妊娠期间，胎儿在4个月以前的生长速度缓慢，以后生长变快，分娩前的速度最快。犊牛的初生重与遗传、孕牛的饲养管理和妊娠期长短有直接关系。初生重与断奶重呈正相关，也是选种的重要指标。

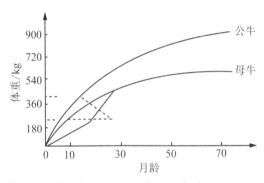

图 6-1-1　肉牛的生长曲线

胎儿身体各部分的生长特点，在各时期有所不同。一般情况下，胎儿在早期头部生长迅速，以后四肢生长加快，在整个体重中的比重不断增加。维持生命的重要器官，如头部、内脏、四肢等发育较早，肌肉次之，脂肪发育最迟。

在充分饲养的条件下，出生后到断奶生长速度较快，断奶至性成熟最快，性成熟后逐渐变慢，到成年基本停止生长。从年龄来看，12月龄前生长速度快，以后逐渐变慢(图6-1-1)。

生长发育最快的时期，也是把饲料营养转化为体重的效率最高的时期。掌握这个特点，在生长较快的阶段给予充分的营养，便可在增重和饲料转化率上获得最佳的经济效果。

二、补偿生长

在生产实践中，常见到牛在生长发育的某个阶段，由于饲料不足造成生长速度下降，一旦恢复高营养水平饲养，则其生长速度比未受限制饲养的牛只要快，经过一定时期的饲养后，仍能恢复到正常体重，这种特性叫补偿生长。

根据这一特性，生产中我们常选择架子牛进行育肥，往往获得更高的生长速度和经济效益。但需注意，补偿生长不是在任何情况下都能获得的，例如：

(1)生长受阻若发生在初生至3月龄或胚胎期，以后很难补偿；

(2)生长受阻时间越长，越难补偿，一般以3个月内，最长不超过6个月补偿效果较好；

(3)补偿能力与进食量有关，进食量越大，补偿能力越强；

(4)补偿生长虽能在饲养结束时达到所要求的体重，但总的饲料转化率低，体组织成分会受到影响，比正常生长骨比例高，脂肪比例低。

三、体组织的生长规律

牛体组织的生长直接影响到体重、外形和肉的质量。肌肉、脂肪和骨为三大主要组织。

(一)肌肉的生长

从初生到8月龄强度生长，8～12月龄生长速度减缓，18月龄后更慢。肉的纹理随年龄增长而变粗，因此青年牛的肉质比老年牛嫩。

(二)脂肪的生长

12 月龄前较慢,稍快于骨,以后变快。生长顺序是先蓄积在内脏器官附近,即网油和板油,使器官固定于适当的位置,然后是皮下,最后沉积到肌纤维之间形成"大理石"花纹状肌肉,使肉质变得细嫩多汁,但"大理石"状肌肉必须饲养到一定肥度时才会形成。老年牛经肥育,使脂肪沉积到肌纤维间,亦可使肉质变好。

(三)骨骼的生长

骨骼在胚胎期生长速度快,出生后生长速度变慢且较平稳,并最早停止生长。

三大组织的生长规律见图 6-1-2。

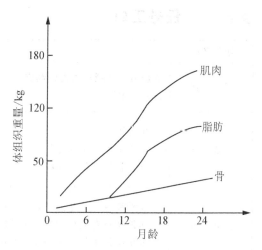

图 6-1-2 三大组织的生长规律

●●●●● 任务工单

任务名称	肉用牛的育肥原理		
任务描述	结合肉牛育肥技术视频和肉牛场的生产情况，说明育肥牛生长发育规律，分析补偿生长的应用情况		
准备工作	1. 牛育肥技术视频 2. 调查家乡周边的育肥牛场的生产流程（包括日增重、饲料配方、饲喂情况） 3. 准备补偿生长的曲线图		
实施步骤	1. 观看视频，总结肉牛育肥规律性变化 2. 实地调查育肥牛的日增重情况，观察是否符合品种育肥规律 3. 分析补偿生长的应用及生产中注意事项		
考核评价	考核内容	评价标准	分值
	总结肉牛育肥规律	肉牛不同时期生长速度分析（15分）；肉牛不同时期生长部位分析（15分）	30分
	计算育肥牛日增重	计算案例牛场育肥牛日增重正确（15分）；分析日增重结果是否吻合育肥牛品种和育肥阶段要求（15分）	30分
	补偿生长应用分析	补偿生长的概念（10分）；补偿生长的补偿条件（10分）；分析案例牛场补偿生长应用情况（20分）	40分

任务2 肉用牛的育肥形式

●●●● 目标呼应

任务目标	课程教学目标
明确肉用牛的育肥形式	掌握肉牛生产中常规饲养管理技术
明确犊牛育肥的方法	
明确高档牛肉育肥方法	

●●●● 情境导入

晓东通过学习肉用牛的育肥原理，掌握了肉用牛生产的先行条件。那么选择何种育肥方式进行生产，才能生产出受欢迎的产品呢？结合市场消费条件、养殖场当地的饲料资源和牛源情况，科学选择合理的育肥方式，才能培育出成功的肉用产品，获得较高的经济价值。

●●●● 知识链接

一、持续育肥

(一)育肥特点

充分利用牛饲料利用率最高的生长阶段，能够保持较高的增重和肌肉组织生长，缩短生产周期，提高出栏率和育肥效率；通过持续育肥方式，牛肉肉质鲜嫩、脂肪少、品质好。该方法育肥效率高，能满足市场对高档优质牛肉的需求。

(二)育肥原则

1. 选好犊牛

应选择良种肉牛或良种肉牛与本地黄牛的杂种犊牛，断奶重大、健康无病、采食量大、消化能力强，体型好、断奶时体重要求 135 kg 以上。

2. 抓好营养

采用高于维持需要和生长发育需要的营养供应，在犊牛阶段使其日增重达到 0.9 kg 以上，180 日龄体重达 200 kg，进入育肥期按日增重 1.2 kg 配合日粮，12 月龄体重达 400～450 kg。根据牛各阶段体重和体组织规律，合理确定能量和蛋白质营养比例，使其在增重和饲料转化率上获得最佳效果。

3. 选好粗料

断奶后的犊牛，消化器官还处于强度发育时期，消化粗饲料能力比成年牛弱。所以，日粮中的粗饲料要求质量高、易消化。最好选择优质干草和优质青贮，少喂或不喂秸秆饲料。

4. 做好管理

加强卫生管理，应做到草料净、饲槽净、饮水净、牛体净、圈舍净。

(三)育肥技术

1. 育肥目标

在犊牛阶段进行合理的饲养，本阶段育肥目标使其平均日增重达到 $0.8\sim0.9$ kg。

2. 新生护理

初生犊牛的处理与乳用犊牛基本相同，主要区别在于肉用犊牛体表的黏液一般由母牛舔舐而不要人工擦拭，以加强母子亲和力，有利于随母哺乳。如果出现个别母牛不舔舐，可在犊牛身上撒麸皮加以诱导促使母牛舔舐犊牛体表黏液。

3. 哺乳

犊头生后 $0.5\sim1$ h 及时喂给初乳，7 d 内一定要吃足。在犊牛可自行站立的时候，让其接近母牛后躯，采食初乳。对个别体弱的可以进行人工辅助。工作人员应随时观察犊牛采食初乳的表现，顶撞母牛乳房频繁，但犊牛吞咽次数不多的说明母牛奶量少，不能满足犊牛需求，应加大补饲量，反之犊牛嘴角出现白沫时，则说明已经吃饱，应将犊牛拉开，否则会造成哺乳过量而引起消化不良。初乳有助于增强抵抗力、轻泻胎粪，营养极为丰富。同时，应对犊牛补充一些维生素 A、维生素 D 和维生素 E。

利用母乳哺喂，1 月龄内每天每头哺喂全乳 $6\sim7$ kg，2 月龄哺喂 8 kg，3 月龄哺喂 7 kg，4 月龄哺喂 4 kg。

4. 采食植物性饲料

一周龄开始，引导犊牛采食优质干草，以促进瘤胃和网胃的发育。生后 $10\sim15$ d 开始训练犊牛采食精料，开始时每日 $10\sim20$ g 干粉料；1 月龄采食 $150\sim300$ g；2 月龄每天 $500\sim700$ g；3 月龄犊牛自由采食配合料(玉米 63%、豆饼 24%、麸皮 10%、磷酸氢钙 1.5%、食盐 1%、小苏打 0.5%)，每千克配合料中加维生素 A 1 万 IU；$4\sim5$ 月龄，每天每头喂配合料 $1.2\sim2.0$ kg。

青绿多汁饲料、胡萝卜、甜菜等在 20 日龄开始补饲，每天 20 g；2 月龄每天 $1\sim1.5$ kg；3 月龄 $2\sim3$ kg。

青贮饲料 2 月龄开始饲喂每天 $100\sim150$ g；3 月龄 $1.5\sim2$ kg；$4\sim6$ 月龄 $4\sim5$ kg。

5. 犊牛断奶

自然哺乳的母牛应在断奶前 1 周停喂精料，只喂优质牧草。断奶初期定时将母牛带离犊牛。断奶后犊牛 2 周内饲料不变，日粮中精料比例 60%，粗蛋白质 12%。

6. 进入肥育期

入舍注意事项：犊牛入舍前应对牛舍地面、墙壁用 2% 火碱溶液进行消毒，舍内使用器具用 1% 新洁尔灭溶液或 0.1% 高锰酸钾溶液消毒，断奶后将犊牛转入育肥舍进行饲养，封闭育肥舍，温度应保持在 $6\sim25$℃，开放式牛舍冬季应扣暖棚。

肥育期可分为适应期、增重前期、增重后期和催肥期四个阶段。肥育具体做法：

(1)适应期大约 1 个月。日粮配方为酒糟 $5\sim8$ kg、玉米面 $1\sim2$ kg、优质干草 $15\sim20$ kg、麸皮 $1.0\sim1.5$ kg、食盐 $30\sim35$ g。初期消化不良可加喂干酵母约 30 片。

(2)增重前期 $4\sim5$ 个月。日粮为酒糟 $15\sim20$ kg、玉米面 3 kg、优质干草 $5\sim10$ kg、麸皮 1 kg、豆饼 1 kg、尿素 50 g、食盐 $30\sim40$ g。

(3)增重后期2~3个月。日粮为酒糟20~25 kg、玉米面3~4 kg、优质干草2.5~5.0 kg、麸皮1 kg、豆饼1 kg、尿素100 g、食盐50 g。此期末可见肉牛背部形成背槽。

(4)催肥期约为1.5~2.0个月。进一步增喂精料，促进其增膘，沉积脂肪。日粮为酒糟25 kg、玉米面4~5 kg、麸皮1.5 kg、豆饼1.5 kg、尿素150 g、食盐70 g。如牛有厌食现象或消化不良，可喂酵母40~60片。

（四）管理技术

(1)育肥牛日喂3次。

(2)犊牛10~12月龄时用虫克星或左旋咪唑驱虫1次。虫克星每头牛口服剂量为每千克体重0.1 g；左旋咪唑每头牛口服剂量为每千克体重8 mg。育肥牛12月龄时最好用人工盐健胃一次。

(3)每日刷牛体一次。

(4)每群10~15头为宜，每头牛占有面积4~4.5 m²。拴系的缰绳40~60 cm长。

(5)出栏要求：当肥育牛18~24月龄或体重达320 kg以上时即可出栏。

二、后期集中育肥

后期集中育肥是指在肉牛出栏前或屠宰前采取的集中育肥方式，用以提高牛肉品质，增加胴体重和净肉率。

目前国内多数牛场均采用这样的饲养策略。主要是针对犊牛期断奶后，由于饲养条件较差，不能保持较高的增重速度的肉用牛，在屠宰前集中进行强度育肥，加大体重，增加牛只体脂肪的沉积，改善肉质。这种育肥方法，对日粮品质的要求较低，且精料的消耗低，还可以充分利用农副产品，使饲养费用减少，是一种国内外普遍应用的、较经济的育肥方式。进入集中育肥期，应根据肉牛强大的消化能力，供给营养丰富的粗饲料和适量的含蛋白质较多的精饲料，并给予充足饮水；肉牛在此期间可以实现增重快、外形变化大、短期"成型"。

架子牛育肥就是一种典型的后期集中育肥形式(详见本项目任务5)。

肉用牛后期集中育肥还要注意以下几点：

(1)掌握好出栏牛的育肥水平，牛只具有皮肤褶少，体膘丰满，看不到明显的骨骼外露；采食量下降，牛腹部缩小，不愿走动；臀部丰满，尾根两侧看到明显凸起；胸前端凸出且圆大；手握肷部皮紧，手压背部有厚实感等表现时即可出栏。

(2)精料要求单独进行配制，突出能量供给，可适当添加少量动植物油脂(占精料的1%~3%)，适当降低蛋白质比例，满足矿物质和维生素的供应。精粗饲料比为60:40，500 kg体重的育肥牛日供应混合精料不低于6 kg/头；应选用能量大，易消化，适口性好的牧草；要随时保证牛能够喝上清洁饮水。同时保持牛舍环境安静、防止噪声，不可惊吓牛只；可采用拴系式饲养，尽量减少牛只活动，保证牛床、运动场卫生，及时清扫粪便，食槽等用具要经常刷洗消毒；经常观察牛只采食、反刍、饮水、排便和精神状态，预防消化道疾病；经常刷拭牛体，促进血液循环，加快新陈代谢，提高育肥效果。

三、小白牛肉生产

小白牛肉是指犊牛生后90~100 d，体重达到100 kg左右，完全由乳或代用乳培育所产的牛肉。因饲料含铁量极少，故其肉为白色，肉质细嫩，味道为乳香味，十分鲜美。其营养价值在人们所食的肉类中最高，蛋白质含量比一般牛肉高63.8%，脂肪却低95.9%。

价格昂贵，是一般牛肉的 8～10 倍。

现代意义上的小白牛肉生产，起源于 20 世纪 50 年代的欧洲，它与奶牛业的发展紧密相关。为保证泌乳的长期性和连续性，奶牛必须每年产犊，而农场主通常将母犊保留下来。在小牛肉产业发展以前，奶牛场的公犊除了部分保留下来作配种用以外，大部分因为不能产奶，不能为农场主带来经济效益而被认为没有利用价值，尤其是随着人工授精技术的发展，每年奶牛场出生的大量乳用公犊因无用武之地而成了一个迫切需要解决的难题。最早荷兰人发现用乳清粉、干草和脂肪为日粮来饲喂犊牛能够改善体重和肉质。随着小白牛肉质量的提高，欧洲对于全乳饲喂的小白牛肉的需求量日益增多，正是由于有了蓬勃发展的小白牛肉产业，使得奶牛场每年出生的大量的奶公犊及乳品加工副产物有了用武之地。

(一)小白牛肉的特点

(1)肉质鲜嫩多汁，风味浓郁，肌肉含水量为 72%～74%，比成年奶牛肉低 10% 左右，老、少、青、妇皆宜食用，中餐、西餐皆可烹调加工。

(2)蛋白质含量高，而脂肪特别少，非常适合当代消费者对肉类(高蛋白、低脂肪)追求的需要。

(3)胴体形态好，上(货)架率高。犊牛屠宰后，胴体(即躯干部分)形态好，外部轮廓明显。肩、背、腰和臀部肌肉丰满，皮下脂肪分布均匀，厚度适宜，覆盖度大，肌肉有光泽，肌纤维纹理细、肌肉呈大理纹状，脂肪乳白色，有弹性但不沾手，质地较硬。

(4)经济效益高，养殖者收入颇丰。

(5)小白牛肉的开发与兴起，不但为种用之外的大量公犊资源找到了一条有益出路，而且为"一奶多用"开辟了新的途径。

(二)初生犊牛的选择

小白牛肉的犊牛要选择优良的肉用品种、乳用品种、兼用品种或杂交牛的犊牛，要求身体健康、消化吸收机能强、生长发育快，初生重在 38～45 kg。

(三)育肥技术

犊牛出生时，前胃发育较差，瘤、网、瓣胃的容积总和仅占胃总容积的 30%，消化功能与单胃动物相似，出生后完全使用全乳或者代乳品进行饲喂，不使用植物饲料，可抑制瘤胃的生长发育，使犊牛不反刍和不发生空腹感，从而能够快速生长。

出生后喂足初乳，实行人工哺乳，每日哺喂 3 次。喂完初乳后喂全乳或代乳粉，喂量随日龄增长而逐渐增加。平均日增重 0.8～1 kg，每增重 1 kg 消耗全乳 10～11 kg，成本很高。

代乳粉饲喂，每千克增重需 1.3～1.5 kg。严格限制代乳粉中的含铁量，强迫犊牛在缺铁条件下生长，这是小白牛肉生产的关键技术。

(四)管理技术

管理上应严禁铁和铜元素介入犊牛的生长环境。采用圈养或犊牛栏饲养，每圈 10 头，每头占地 2.5～3 m²。犊牛栏可采用木制，长 150 cm，高 120 cm，宽 120 cm，地板离地 30～50 cm。各栏之间装有隔板，以防犊牛互相吸吮乳头、睾丸和被毛，形成毛球咽下而造成胃肠障碍。人工乳头及其他器具都必须经常刷洗消毒，以保持清洁，防止细菌繁殖。犊牛舍的环境要保持安静；舍温要求保持 18～20℃，避免 5℃ 以上的急变温差，尤其高温对犊牛最为不利。牛舍相对湿度要求在 80% 以下；换气量每 10 头犊牛 1 h 为 510 m³，通风秒速要求在 9 cm 以下。小白牛肉生产方案见表 6-2-1。

表 6-2-1　小白牛肉生产方案　　　　　　　　　　　　　　单位：kg

日龄	日喂乳量	日增重	需乳总量	期末重
1～30	6.40	0.80	192.0	40.0
31～45	8.30	1.07	133.0	56.1
46～100	9.50	0.84	513.0	103.0

四、小牛肉生产

小牛肉（图 6-2-1）是犊牛出生后饲养至 1 周岁之内屠宰所生产的牛肉。小牛肉富含水分，鲜嫩多汁，蛋白质质量高而脂肪含量低，营养丰富，是一种理想的高档牛肉。

（一）选择犊牛

生产小牛肉应尽量选择早期生长发育速度快的牛品种，肉用牛的公犊和淘汰的母犊是生产小牛肉的最好选材。

在国外，奶牛公犊被广泛利用生产小牛肉。目前，我国选择荷斯坦奶牛公犊和西门塔尔牛高代杂交公犊进行小牛肉生产，利用公犊牛前期生长快、育肥成本低的优势。体重一般要求初生重在 35 kg 以上，健康无病，无残疾。

图 6-2-1　小牛肉

（二）育肥方法

为了保证犊牛生长发育需要，代乳品和育肥精料一定要喂量充足、质量可靠。国外采用代乳品喂养，主要是为了节省用奶，降低育肥成本。实践证明，采用全乳比用代乳品喂养日增重高。国内可根据综合支出的成本高低情况，决定采用全乳还是代乳品饲喂。代乳品或人工乳如果不采用工厂化批量生产，其成本反而会高于全乳。所以，在小规模生产中，使用全乳喂养可能效益更好。

1 月龄后，犊牛随着月龄的增长，日增重逐渐提高，营养的需求也逐渐由以奶为主向以草料为主过渡。因此，为了提高增重效果，减少疾病发生，育肥精料应具有高热能、易消化的特点，并加入少量抑菌促生长药物。犊牛初生至 1 月龄的代乳品配方见表 6-2-2。

表 6-2-2　犊牛初生至 1 月龄的代乳品配方

序号	类别	代乳品配方	采用国家
1	代乳品	脱脂奶粉 60%～70%，玉米粉 1%～10%，猪油 15%～20%，乳清 15%～20%，矿物质、维生素 2%	丹麦
2	代乳品	脱脂奶粉 10%，优质鱼粉 5%，大豆粉 12%，动物性脂肪 71%，矿物质、维生素 2%	日本

续表

序号	类别	代乳品配方	采用国家
3	前期人工乳	玉米 55％，优质鱼粉 5％，大豆粉 38％，矿物质、维生素 2％	日本
	后期人工乳	玉米 42％，高粱 10％，优质鱼粉 4％，大豆粉 20％，麦麸 12％，苜蓿粉 5％，糖蜜 4％，矿物质、维生素 3％	
	人工乳	玉米、高粱 40％～50％，鱼粉 5％～10％，麦麸、米糠 5％～10％，亚麻粉 20％～30％，油脂 5％～10％	

1～3 月龄可添加土霉素 22 mg(每千克饲料)作抗菌剂，冬、春季节因青绿饲料缺乏，每千克饲料可添加 1 万～2 万 IU 的维生素 A，以补充营养不足。

小牛肉生产应控制犊牛不要接触泥土，育肥牛栏多采用漏粪地板。育肥期内，夏季可饮凉水。犊牛发生软便时，不必减食，可饮温开水，但给水量不能太多，以免造成"水腹"。若出现消化不良，可酌情减喂精料，并用药物治疗。

(三)小牛肉的生产指标

小牛肉分大胴体和小胴体。犊牛育肥至 6～8 月龄，体重达到 250～300 kg，屠宰率 58％～62％，胴体重 130～150 kg 称小胴体。如果育肥至 8～12 月龄，屠宰体重达到 350 kg 以上，胴体重 200 kg 以上，则称为大胴体。西方国家市场上偏爱大胴体。

牛肉品质要求多汁，肉质呈淡红色，胴体表面均匀覆盖一层白色脂肪。为了使肉色发红，许多育肥场在全乳或代用乳中补加铁和铜，可以提高肉质和减少犊牛疾病的发生。

(四)管理技术

4 周龄前严格控制喂奶速度，奶温(37～40℃)及奶的卫生，以防消化不良或者腹泻的产生。5 周龄开始可拴系饲养，减少运动，但每天应保证晒太阳 3～4 h。夏季要防暑降温，冬季室内饲养温度在 18～20℃，每天刷拭一次，保持牛体卫生。犊牛在育肥期内每天喂 2～3 次，自由饮水，夏季饮凉水，冬季饮 20℃左右温水。

五、高档牛肉育肥

高档牛肉是指肥育达标的优质肉牛，经特定的屠宰和嫩化处理及部位分割加工后，生产出的特定优质部位牛肉，最高占胴体重的 12％。在生产高档牛肉的同时，还可分割出优质切块，二者重量占胴体重 45％～50％。

牛柳、西冷、眼肉的重量占屠宰活重的 5.3％～5.4％，这三块肉目前国内卖价较高。臀肉、大米龙、小米龙、膝圆、腰肉的重量占屠宰活重的 8.8％～10.9％。

(一)高档牛肉的标准

目前，我国肉牛和牛肉等级尚未统一规定，综合国内外研究结果，高档牛肉至少应具备以下标准。

1. 活牛

健康无病的各类杂交牛或良种黄牛；年龄 30 月龄以内，宰前活重 550 kg 以上；满膘(看不到骨头突出点)、尾根下平坦无沟、背平宽，手触摸肩部、胸垂部、背腰部、上腹部、臀部有较厚的脂肪层。

2．胴体评估

胴体外观完整，无损伤；胴体体表脂肪色泽洁白而有光泽，质地坚硬，脂肪覆盖率80％以上，12～13肋骨处脂肪厚度1～2 cm，净肉率52％以上。

3．肉质评估

大理石花纹丰富，牛肉质地松软，鲜嫩多汁，易咀嚼，不留残渣，不塞牙；完全解冻的肉块，用手触摸时，手指易插进肉块深部。每条牛柳重2.0 kg以上，每条西冷牛排重5.0 kg以上，每条眼肉重6.0 kg以上。

（二）育肥牛的生产条件

生产高档牛肉，对肥育牛的要求非常严格。

1．品种

品种的选择是高档牛肉生产的关键之一。大量试验研究证明，生产高档牛肉最好是安格斯牛、利木赞牛、夏洛莱牛、皮埃蒙特牛等引入的国外专门化肉用品种或与本地黄牛的杂交后代。其中，以安格斯牛（图6-2-2）为例，安格斯牛具有良好的肉用性能，被认为是世界上专门化肉牛品种中的典型品种之一。秦川牛、南阳牛、鲁西牛、晋南牛也可用来生产高档牛肉。

图6-2-2　安格斯牛分割图

2．年龄与性别

生产高档牛肉最佳的开始肥育年龄为12～16月龄，30月龄以上不宜肥育生产高档牛肉。阉牛虽然不如公牛生长快，但其脂肪含量高，胴体等级高于公牛，而又比母牛生长快，可以选择阉牛进行育肥。

（三）肥育期和出栏体重

生产高档牛肉的牛，肥育期不能过短。一般肥育期12月龄牛为8～9个月，18月龄牛为6～8个月，24月龄牛为5～6个月。出栏体重应达500～600 kg，否则胴体（图6-2-3）质量就达不到应有的级别，牛肉达不到优等或精选等级。所以，生产高档牛肉既要求适当的月龄，又要求一定的出栏体重，二者缺一不可。

图6-2-3　高档牛肉胴体

（四）饲养方法

如选择12月龄、体重300 kg的牛进行肥育，按日增重1 kg的日粮饲喂，到18月龄以后，应酌情增加喂料量10％左右。每天饲喂2～3次，饮水3～4次。

最后2个月要调整日粮，停喂含有各种能加重脂肪组织颜色的饲料，如大豆饼粕、黄玉米、南瓜、胡萝卜、青草等。多喂能使脂肪白而坚硬的饲料，如麦类、麸皮、麦糠、马铃薯和淀粉渣等。粗料最好用含叶绿素、叶黄素较少的饲草，如青玉米秸、谷草、干草等。并提高营养水平，增加饲喂次数，使日增重达到1.3 kg以上。高精料肥育时，应防止发生酸中毒。到 22 月龄时，体重达到 600 kg，此时膘情为满膘，脂肪已充分沉积到肌肉纤维之间，使眼肌切面上呈现理想的大理石花纹。

下面列举几例典型日粮参考配方：

配方1(适用于体重300 kg)：精料 4～5 kg/(d·头)(玉米50.8％、麸皮24.7％、棉粕22.0％、磷酸氢钙0.3％、石粉0.2％、食盐1.5％、小苏打0.5％、预混料适量)，谷草或玉米秸 3～4 kg/(d·头)。

配方2(适用于体重400 kg)：精料 5～7 kg/(d·头)(玉米51.3％、大麦21.3％、麸皮14.7％、棉粕10.3％、磷酸氢钙0.14％、石粉0.26％、食盐1.5％、小苏打0.5％、预混料适量)，谷草或玉米秸 5～6 kg/(d·头)。

配方3(适用于体重450 kg)：精料 6～8 kg/(d·头)(玉米56.6％、大麦20.7％、麸皮14.2％、棉粕6.3％、石粉0.2％、食盐1.5％、小苏打0.5％、预混料适量)，谷草或玉米秸 5～6 kg/(d·头)。

(五)管理技术

(1)按卫生防疫制度和防疫程序，实施卫生防疫措施，防止疫病发生，减少经济损失。

(2)夏季防暑、冬季防寒，使牛只能生活在 7～27℃ 的适宜生长发育的温度环境之中，快速生长发育。

(3)及时除粪，每天清洁牛床、食槽、水槽。

(4)草料要切短、捡净，严防异物(铁钉、塑料等)污染。

(5)每天刷拭，保证牛体干净。

(6)供应充足清洁饮水，拴系式每天 3～4 次。

(7)肥育后期，拴系式饲养，每天喂料 3～4 次。

●●●●● 任务工单

任务名称	肉用牛的育肥形式		
任务描述	通过观看视频、案例分析，总结肉牛的育肥形式，以及小白牛肉、小牛肉和高档牛肉生产要求		
准备工作	1. 网络收集肉牛育肥方案 2. 肉牛育肥生产视频		
实施步骤	1. 通过育肥方案，总结育肥形式及特点 2. 分析对比小牛肉、小白牛肉、高档牛肉生产时期、饲喂要求、出栏体重等不同		
考核评价	考核内容	评价标准	分值
	育肥形式	总结育肥形式(每点 5 分，共 25 分)；总结每一种育肥形式特点(每种 5 分，共 25 分)	50 分
	生产方式对比	小牛肉、小白牛肉、高档牛肉生产时期比对(15 分)；饲喂要求比对(15 分)；出栏体重比对(20 分)	50 分

任务3　肉用牛的选择及运输

●●●● 目标呼应

任务目标	课程教学目标
明确肉用牛的选择条件	掌握肉用牛生产中常规饲养管理技术
针对肉用牛在运输途中产生的问题及时处理	

●●●● 情境导入

经调查，有一牛场，新购犊牛，运输后到场即剧烈咳喘。连续输液7 d，在此期间分别使用了环丙沙星、头孢、土霉素、链霉素、庆大霉素等抗生素，结果，毫无好转。可见，运输产生的相关问题严重危害到了肉牛养殖业者的利益，成为困扰肉牛场经济效益的最大因素。

●●●● 知识链接

一、肉用牛的选择

（一）品种与类型

品种与类型是影响产肉性能最主要的因素。与乳用品种、乳肉兼用品种、役用品种相比较，肉用品种产肉性能高，肉的质量也好。

在同等饲养环境条件下，一般大型肉牛品种比小型肉牛品种的初生重大、日增重高；成年母牛体重大小对犊牛的生长也有明显影响。

早熟品种，生长早熟，发育早熟。利用早期生长快的特点，可进行育肥生产犊牛肉。

（二）经济杂交

牛的经济杂交是提高肉牛生产效益的主要手段。肉牛经济杂交的主要方式有肉牛品种间杂交、改良性杂交（肉用牛×本地牛）及肉用品种与乳用品种间的杂交等。

目前，我国采用外国优良肉牛与本地黄牛杂交，利用杂交后代育肥是我国肉牛生产的理想方式。如夏洛莱牛与本地黄牛杂交，周岁体重提高50%，屠宰率提高5%，净肉率可提高10%。若进行三元杂交，效果更为显著。

（三）性别

牛的性别能影响肉的产量和质量。公母犊牛在性成熟前的发育几乎没有差别。但从性成熟开始，公犊的增重速度明显超过母犊。其原因是雄性激素促进公犊生长，而雌性激素抑制母犊的生长。育成公牛比阉牛有较高的生产率和饲料转化率。公牛比阉牛有较多的瘦肉、较高的屠宰率和较大的眼肌面积。当前，我国肉用母牛主要是用来繁殖后代，很少用于肥育。

早有试验证明，商品肉牛的增重速度以公牛最快，阉牛次之，母牛最慢。肌肉的增重速度也是公牛最快。但脂肪的沉积则以阉牛最快。目前，多数国家采用公牛不去势育肥，以提高生产效率，尽早出栏。但性成熟以后屠宰，会因雄性激素分泌影响肉的质量和风味。因此，一般都在 12～15 月龄时屠宰。

(四)年龄

肉牛增重速度、胴体质量和饲料消耗与年龄关系十分密切。年龄越大，增重速度越慢，饲料转化率越低。年龄较大的牛，增加体重主要依靠在体内蓄积脂肪，年龄较小的牛主要依靠肌肉、骨骼和多种器官的生长增加其体重。一般是 1 岁内增重最快，2 岁时仅为 1 岁前的 70%，3 岁时只有 2 岁时的 50%。从肉质看，幼牛肉质细嫩，水分含量高、脂肪少、肉色淡、可食部分多；年龄越大，肉质越差。专门肉牛品种最佳出栏时间为 1～1.5 岁，最晚不超过 2 岁。改良牛以及我国地方黄牛最好选择 1.5 岁前的育成牛进行肥育，出栏时间可比肉牛品种适当延迟 0.5～1 年。

二、肉用牛的运输

(一)运输季节选择

肉牛运输最佳季节应选择在四季中的春、秋季较为适宜，牛只出现应激反应比其他季节少。夏季运输时热应激较多，白天应在运输车厢上安上遮阳网，减少阳光直接照射。冬天运牛要在车厢周围用帆布围挡，以防寒冷。

(二)运输车辆与车型的选择

选用货车运输较为合适，肉牛在运输途中只需装卸各 1 次即可到达目的地，对肉牛应激反应比较小。运输途中押运人员饮食和牛饮水比较方便，便于途中经常检查牛群的情况，发现牛只有异常情况能及时停车处理。火车运输需装卸多次才能到达目的地，肉牛出现应激反应较大，肉牛出现异常情况无法及时处理。

图 6-3-1　牛只装车

车型要求：使用高护栏敞篷车，护栏高度应不低于 1.8 m。车身长度根据运输肉牛头数和体重选择适合的车型。同时还要在车厢靠近车头顶部分用粗的木棒或钢管捆扎一个约 1 m^2 的架子，将饲喂的干草堆放在上面(图 6-3-1)。

(三)车厢内防滑要求

在肉牛上车之前，必须在车厢地板上放置干草或草垫 20～30 cm 厚，并铺垫均匀。若长途运输可能连续三四天吃睡都在车厢里，牛粪尿较多，使车厢地板很湿滑，垫草能有效做到汽车紧急刹车时肉牛不会向前滑动。

(四)饮水桶和草料的准备

在肉牛装车之前应准备胶桶或铁桶 2 个，不要使用塑料桶。另外还要准备 1 根长 10 m 左右软水管，便于停车场接自来水给牛饮水。草料要选择运输时饲喂的，估计几天路程，每天每头牛需要多少草料，计算出草料总量，备足备好，只多不少。将干草放在车厢的头顶部，用雨布或塑料布遮盖，防止路途中遇到雨水浸湿发霉变质。

(五)肉牛运输前和运输途中饲养技术

在运输之前，应该对待运的肉牛进行健康状况检查，对体质瘦弱的牛不能进行运输。在刚开始运输的时候应控制车速，让牛有一个适应的过程，在行驶途中规定车速不能超过80 km/h，急转弯和停车均要先减速，避免紧急刹车。

牛在运输前草料和饮水只喂半饱就行。肉牛在长途运输中，每头牛每天喂干草5 kg左右。但必须保证牛每天饮水1～2次，每次10 L左右。为减少长途运输带来的应激反应，可在饮水中添加适量的电解多维或葡萄糖。

(六)办好检疫证明

在长途运输时沿途经过多个省市，每个省都设有动物检疫站，押运人员一定要将车辆进站进行防疫消毒，更不要冲关逃避检疫消毒。同时还要准备好相关的检疫证明，如出具出入境动物检疫合格证明和动物及动物产品运载工具消毒证明等。

(七)对牛应激反应采取的措施

由于突然改变饲养环境，车厢内活动空间受到限制，青年牛应激反应较大，免疫力会下降。因此在汽车起步或停车时要慢、平稳，中途要匀速行驶。长途运输过程中押运人每行驶2～5 h要停车检查1次，尽最大努力减少运输引起的应激反应，确保肉牛能够顺利抵达目的地。

在运输途中发现牛只患病，或因路面不平、急刹车造成牛只滑倒关节扭伤或关节脱位，尤其是发现有卧地牛时，不能对牛只粗暴地抽打、惊吓，应用木棒或钢管将卧地牛隔开，避免其他牛只踩踏。要采取简单方法治疗，主要以抗菌、解热、镇痛的治疗方针为主，针对病情用药。

三、运输应激

(一)应激来源

在肉牛的一生中，平均要被运输4～9次，运输应激无处不在。可能导致运输应激的因素有：驱赶、司机、空间、温度、湿度、车辆行驶、运输路线、车辆尾气、运输密度、卡车透气程度、车内地面情况、饥渴。

(二)运输应注意的问题

1. 运输前

(1)检查车辆，包括轮胎、车灯、清洁程度。

(2)计划合理路线，中转站，停车休息地点，行车时间。

(3)看路线的天气预报。

(4)看路况。

(5)使用合理的工具驱赶牛只，避免暴力驱赶。

(6)装车最好在大清早。

2. 运输中

(1)预防热应激。

(2)预防冷应激。

(3)防止车辆急起急刹。

(4)如果发生事故，一定把牛赶到公路之外。

3. 运输后

(1)检查牛是否有外伤或疾病。

(2)将牛卸于接收牛圈中休息并观察精神情况。

(3)接收牛圈中应备有充足清洁的饮水以及高质量的饲草。

(4)一般休息 12～72 h 再开始对牛进行处理，包括疫苗注射、消炎、驱虫、去势等。

●●●●● 任务工单

任务名称	肉用牛的选择和运输		
任务描述	通过图片、视频，结合理论知识，说明肉用牛选择的要求和运输的注意事项		
准备工作	1. 收集肉用牛不同品种、不同阶段图片及视频 2. 收集肉用牛运输方案		
实施步骤	1. 通过比对图片、视频，说明育肥牛选择时应考虑哪些条件，并将图片牛只按照"好—坏"的顺序排序 2. 分析牛只运输方案的可行性		
考核评价	考核内容	评价标准	分值
	牛只选择	全面总结牛只选择要点，包括品种(3分)、杂交方式(3分)、性别(3分)、年龄(3分)、精神面貌(3分)；正确将图片牛只按照"好—坏"进行排序(15分)	30分
	运输要求	正确概括牛的运输要求，包括季节(5分)、气温(5分)、车辆(5分)、车速(5分)、密度(5分)、饲喂及防应激处理(5分)	30分
	运输方案分析	阐述运输方案的可取之处(10分)、作用(10分)以及运输方案中需补充的条款(10分)，为什么(10分)	40分

任务 4　肉用牛的进场操作流程

●●●●● 目标呼应

任务目标	课程教学目标
明确肉用牛运输应激对增重的影响	掌握肉牛生产中常规饲养管理技术
说明肉用牛进场操作流程	

●●●●● 情境导入

　　晓东已经掌握了肉用牛的选择和长途运输的要点，那么新购入的育肥牛怎么进场，又成了晓东面临的新问题。肉用牛在育肥进场前因为运输的关系，必然产生运输应激。牛只的来源、运输距离、不同地点的温湿度差异对牛群传染病以及呼吸道疾病(BRD)均会产生影响，这些问题都要依据具体情况，设计合理的入场流程。

●●●●● 知识链接

　　由于母牛繁殖的区域性特点，育肥牛生产不可避免要到交易市场去选牛、买牛，然后把牛运回到自己牧场，经历育肥期后再交易、屠宰。而牛来到牧场之前，在交易市场很可能经历了很多个环节，农户家、牛经纪、多个不同的交易市场的转运以及混群问题，所以，带来一个无法回避的问题就是运输应激。牛只来源与入场流程设计密切相关，因为牛的品种、来源、运输距离、不同地点温湿度差异、气候条件都决定着牛群的传染病风险以及牛呼吸道疾病(BRD)发病率和严重程度，因此牛群入场操作流程环节的设计至关重要。

一、呼吸道疾病和寄生虫问题

　　育肥场应对长途运输引起肉牛的应激问题给予足够的重视，2010 年，某机构对河南省 7 个规模肉牛养殖场的近 1 300 头调运架子牛的发病情况研究发现，由运输应激导致肉牛平均发病率达 73.2%，死亡及后续因为病重淘汰牛只达 14.2%，忽略由发病导致的生产性能下降等间接损失不计，7 家牛场由运输应激导致的直接经济损失达到 91.3 万元。

　　运输应激是指动物机体在运输途中由于禁食或限饲，环境变化、颠簸、心理压力等因素的综合作用，会产生适应性和防御性反应。动物到场后由于运输应激常常表现出消瘦、惊恐，抗病能力下降，最终影响生化指标和免疫功能，生产性能与畜产品质量遭受到严重影响。对育肥牛场来说，其盈利主要来源于牛只生长速度，而运输应激引发的进场后牛呼吸道疾病(BRD)与寄生虫问题，便是肉牛场盈利道路上最大的两只"拦路虎"，所以，针对新购入牛只的接收和处理应成为肉牛养殖管理过程中的重点。

　　育肥牛相关的健康问题 70%～80% 由 BRD 引起，死亡率高达 40%～50%，进而会影响到牛后续的生产性能。在养殖业比较发达的美国，每头 BRD 病牛平均给养殖企业造成 240 美元的经济损失，专家估算每年由 BRD 对整个肉牛行业造成的损失可以高达 10 亿美元。寄生虫控制是肉牛养殖业者普遍重视的问题，由于国内大多育肥场的牛源多样，很多来自散户放牧的小牛，体内外寄生虫感染概率极高，对经济性能的影响也很大。

二、牛只进场的接收流程

在我国，随着肉牛产业的不断发展，国内的肉牛行业从业者逐渐意识到 BRD 及寄生虫感染所带来的严重问题，并尝试通过各类方式做一些相关预防和治疗的操作，但是并没有完整专业的标准操作流程建议。下面介绍一套方案，以期最大限度降低运输应激带来的负面影响和经济损失。

首先，当运牛卡车进场完成称重后，牛只应当尽快被卸载，同时由接收牛只的工作人员查验牛群的健康证明，运输订单等。其次，应由指定人员卸牛，检查是否存在明显疾病或受伤的情况。再次，牛群到场后应当获得适当休息，休息时间可以和运输路途时间大致相同。牛只应当被放置于单独的符合要求的畜栏，获得足量的饮水和饲料，如果遇到雨雪或极端寒冷天气可以添加垫料，供牛只休息。最后，所有后续处理流程应当在休息时间之后进行，除非有严重影响牛群健康的极端天气出现，如在高温天气时避免进行处理流程，防止热应激，低温结冰天气时提防牛只滑倒受伤等。

牛只进场的处理流程，应包括以下六个步骤：

(1)卸牛后，让牛只有适当的休息时间，提供充足的饮水与饲料，尽量在到场 24 h，最好不超过 72 h 内开始处理，育肥场应当根据进场牛的应激程度、天气、牧场工作安排等因素决定是否需要延迟进场处理的时间。

(2)进行打耳标、称重等认证登记工作。这些对于质量追溯、疾病控制，还有牛的生产表现来说都是十分重要的。

(3)根据健康风险评估表，预估不同牛只个体的健康风险等级，确认每批次进场牛群的风险等级，以便进行后续处理。

(4)选择合适的抗生素进行 BRD 治疗，并确认治疗效果。对牛群进行驱虫。

(5)根据接收的牛只和牧场的情况，选择是否进行去角和去势。在牛群中，有角的牛经常会造成一些外伤，导致牛肉品质下降。从生产便捷性考虑，应去角。

(6)详细记录牛只处理情况，备案之后将牛群分群移入畜栏。

●●●● 任务工单

任务名称	肉用牛的进场操作流程		
任务描述	根据案例分析肉用牛运输应激对日后生产的影响，如何应对运输应激。根据案例分析肉牛育肥场入场操作流程的可行性		
准备工作	1. 收集肉用牛运输应激的表现 2. 收集肉用牛入场操作流程实例		
实施步骤	1. 分析肉用牛产生运输应激的因素 2. 分析如何应对运输应激 3. 分析肉用牛入场操作流程可行性		
考核评价	考核内容	评价标准	分值
	分析肉用牛产生运输应激的因素	正确概括运输应激概念(15分)；指出运输应激的影响(15分)	30分
	制订运输应激方案	制订运输应激方案(20分)	20分
	肉用牛入场操作流程可行性分析	分析入场前牛场准备工作是否齐备(10分)；分析牛只进场流程步骤是否合理(10分)；各流程作用(10分)；是否需要补充(20分)	50分

任务5 架子牛的育肥技术

●●●● **目标呼应**

任务目标	课程教学目标
明确架子牛的育肥原理	掌握肉牛生产中常规饲养管理技术
明确架子牛的选购要点	
掌握架子牛的饲喂管理要点	

●●●● **情境导入**

晓东已经明确选择育肥牛场，育肥牛场通常选择架子牛进行育肥，架子牛育肥具有育肥周期短、资金周转快、报酬高等优势，也是我国目前肉牛育肥的主要形式。那么晓东接下来要做哪些具体工作来养好架子牛，做到及时出栏，尽快回笼资金呢？

●●●● **知识链接**

架子牛是指断奶后经过一定时期的生长，体重在 300 kg 左右，年龄 1～2 岁，未经肥育，虽有较大骨架但不够屠宰体况的牛。对这类牛进行屠宰前 3～5 个月短期育肥，称为架子牛育肥。育肥周期短，资金周转快，是我国目前肉牛育肥的主要形式。

一、架子牛的营养需要

(一)吊架子期

犊牛断奶后，到育肥前经过 8～10 个月甚至更长时间的生长期，即吊架子期。这一时期主要保证各器官和骨骼的正常发育，以降低成本为主，不追求高速生长，日增重维持在 0.5 kg 即可。日粮选择主要是粗饲料，保证钙磷的供应，适当的蛋白质含量，不要求过高的能量。

(二)育肥阶段

充分利用补偿生长的特点，促进其肌肉和脂肪的沉积。营养以能量和蛋白质为重点，供应量要高于体重的维持需要和生长需要的总和。在保证矿物质的前提下，采用高能量高蛋白质营养。实际饲养时按照生长育肥牛的饲养标准，根据对日增重的要求和环境因素进行必要调整。充分利用本地成本低廉，资源丰富，能长期稳定供应的饲料。催肥期 1～20 d，精料比例 45%～55%，粗蛋白质水平保持在 12%；21～50 d 日粮精料比例提高到 65%～70%，粗蛋白质水平 11%，51～90 d 日粮中能量浓度要进一步提高，精料比例还可进一步加大，粗蛋白质水平降至 10%。

二、架子牛的选购

育肥前牛的状况与育肥速度及牛肉品质关系密切，是确保育肥效率的重要因素，育肥牛在品种、年龄、性别、体重、体形外貌和健康方面均有较强的选择性。

（一）品种选择

应选择肉用牛的杂交后代（图 6-5-1）或是秦川、鲁西、晋南、南阳等地方良种黄牛，这类牛肌肉多，脂肪少，饲料转化率高，抗逆性强。

（二）年龄和体重选择

牛的增重速度、胴体质量、饲料报酬均与牛的年龄密切相关，架子牛的年龄最好是 1.5～2 岁，架子牛的体重一般以 12～18 月龄，体重在 300 kg 左右为宜。

购买什么样的牛饲养较为合适？还要考虑以下几方面的因素：

图 6-5-1　肉用牛杂交后代

（1）计划饲养 100～150 d 出栏的，应选择 1～2 岁的架子牛；

（2）秋天购牛第二年出栏的，应选购 1 岁左右的架子牛；

（3）利用大量粗饲料育肥，应选购 2 岁左右的牛为好。

另外育肥牛的基础体重选择，应充分考虑育肥计划。如计划育肥周期 4 个月，预期日增重为 1.2 kg，预期增重计算为 $4 \times 30 \times 1.2 = 144$（kg），出栏体重达 500 kg，则所购架子牛体重至少应达到 $500 - 144 = 356$（kg）。

（三）性别选择

性别选择要根据育肥目的和市场而定。公牛生长速度和饲料利用率比阉牛高 5%～10%，阉牛高于母牛 10% 左右。公牛具有较多的瘦肉和较大的眼肌面积，而阉牛和母牛则脂肪较多，因此可以说明阉牛和母牛的肉质要比公牛高。18 月龄屠宰的架子牛应选择公牛，若生产一般优质牛肉可在 1 岁左右去势，生产高档牛肉应选择早去势的阉牛为好。

（四）体形外貌

架子牛体形外貌选择应以骨架发育程度为重点，不要过于强调膘情的好坏。具体要求：嘴阔、唇厚、上、下唇对齐，坚强有力，采食能力强；体高身长，胸宽而深，尻部方正，背腰宽广，后档宽，十字部略高于体高；皮肤松弛柔软，牛的生长潜力大；四肢粗壮，蹄大有力，性情温顺，身体健康。身体有一定缺陷，但不影响采食，消化正常，也可用于育肥；相反如果牛只发育虽好，但性情暴躁，富有神经质的，饲料利用效率低，不宜用来育肥。

（五）健康状况

1. 精神状态

精神不振，两眼无神，眼角分泌物多，胆小易惊，鼻镜干燥，行动倦怠，这种牛很可能健康状况不佳。

2. 发育情况

被毛杂乱，体躯短小，浅胸窄背，尖尾，表现严重饥饿，营养不良，说明牛只可能生过病或者患有慢性疾病，生长发育受阻，不宜选择。

3. 肢蹄

看牛站立和走路的姿势，检查蹄底。若出现肢蹄疼痛，肢端不敢着地，抬腿困难，前肢、后肢表现明显的 X 形、O 形或蹄匣不完整，要谨慎选购，当拴系饲养，地面较硬时，该病可导致牛中途被淘汰。

其他疾病：观察到牛的采食下降，甚至绝食、排便干燥、色泽发暗、反刍减少甚至不反刍等，初步确定患有消化道疾病。

三、架子牛的育肥原则

(一)加强运输管理，减少应激

在运输过程中架子牛因环境条件的改变导致生活规律的变化，会产生运输应激。为预防应激反应，将损失降到最低，每头牛应在运输前2～3 d肌内注射维生素A25万～100万IU，运前2 h口服补液盐溶液。同时在运前应合理饲喂，使架子牛不要吃饱饮足，具有轻泻性的饲料运前3～4 h停喂。装运过程中切忌粗暴行为，要合理装载，每头牛应根据体重大小占有不同面积。

(二)做好架子牛的管理

架子牛运到目的地后，要选择地势开阔平坦，有卸牛台的场地卸牛，并给予充分的休息，对购进的架子牛要用驱虫药物，驱除体内外寄生虫。体外寄生虫可使牛采食量减少，抑制增重，育肥期延长。体内寄生虫会吸收肠道食糜中的营养物质，影响育肥牛的生长和育肥效果。一般可选用阿维菌素，一次用药，同时驱杀体内外多种寄生虫。驱虫可从牛入场的第5～6 d进行，驱虫3 d后，每头牛口服"健胃散"350～400 g健胃。驱虫可每隔2～3个月进行一次。如购买牛在秋天，还应注射倍硫磷，以防治牛皮蝇，隔离饲养15 d以上，防止随牛引入疫病。

新购的架子牛经过长距离或长时间运输，应激反应大，胃肠食物少，体内严重缺水，应逐渐补充水和饲料。第一次饮水切忌暴饮，饮水量限制为15～20 kg，每头牛可另补人工盐100 g，第一次饮水后3～4 h，再第二次自由饮水，水中掺些麸皮效果更好。饲喂草料先粗后精，粗料要优质，以青干草为好，第一次不要喂精料。第二天开始加喂精料，以后逐日增加，5 d内应控制在每头2 kg。

(三)注意牛的采食习惯，尽量提高采食量

牛有争食的习性，群饲时采食量大于单槽饲喂，因此有条件的育肥场应采用群饲方式喂牛。投料时应少喂勤添，使牛总有吃不饱的感觉，争食而不厌食、不挑食。但少喂勤添时应注意牛的采食习惯，一般早上采食量大，因此每天早上第一次填料要多些，避免因争料而打架，晚上最后一次填料也要多些，以供夜间采食。

(四)饲料变更逐步进行

随着牛体重的增加，各种饲料比例会有所调整，养牛场也会出现某种饲料供应不及时的现象。因此在架子牛育肥过程中，饲料变更常会发生，应采取逐渐变更的方法，不可以突然更换，避免扰乱牛原有的采食习惯，更换饲料要有3～5 d的适应期，饲养员要勤观察，发现异常反应及时采取措施处理，减少损失。

(五)坚持"四定"

育肥牛坚持定时上下槽、定量饲喂、定牛位(拴系式牛舍，室内外都要拴在固定的位置限制牛运动)、定时刷拭(每天喂牛后，把牛拴在背风向阳处，由专人刷拭牛体1次，促进血液循环，增进食欲)。

(六)保证饮水

饮水不足，会影响育肥牛的生长发育；饮水充足，牛精神饱满，被毛有光泽，食欲

好，采食量大。最好采用自由饮水装置，如因条件限制而采用定时饮水的话，每天至少3次。

(七)限制运动

为增强育肥效果，育肥牛应限制运动，降低维持需要的营养消耗，因此育肥牛应采取小围栏或拴系饲养，缰绳要短，长度在50～60 cm，以减少牛的活动量，降低维持损耗，提高育肥效果。

(八)及时出栏

经3～4个月育肥，体重在500 kg以上，要及时出栏。

四、架子牛的饲养技术

育肥前期为20～30 d，架子牛因运输、草料、气候等变化引起一系列生理反应，通过科学调理使其适应新的环境，熟悉育肥饲料，进行驱虫健胃，锻炼采食精料的能力。最初1～2 d不喂草料，只提供饮水，适量加盐以调理胃肠，增进食欲，以后第1周内只喂粗饲料，不喂精饲料；第2周开始逐渐增加精料，每天喂1～2 kg玉米面或麸皮，不喂饼粕类，过渡期结束后，日粮配方由粗料型转为精料型。尽快使精粗饲料比例达到40：60，粗蛋白水平12%，日采食干物质7.0 kg。

肥育中期为50～60 d，牛完全适应各方面的条件，采食量增加，增重速度很快。日采食饲料干物质8～9 kg，精粗料比为60：40，日粮蛋白质水平11%。精料参考配方：玉米70%、饼类20%、麸皮10%、食盐20 g、预混料100 g，日增重1.3 kg左右。

肥育后期为20～30 d，干物质采食量达10 kg，精粗饲料比例为70：30，日粮粗蛋白水平为10%。此期主要是增加脂肪沉积，改善肉的品质。精料组成中可增加大麦喂量。精料参考配方：玉米65%、大麦20%、饼类10%、麸皮5%、食盐20 g、预混料100 g，日增重1.5 kg左右。体重超过500 kg即可出售。如果继续肥育则饲料转化率降低，利润减少。

全期肥育过程中，粗饲料可根据当地资源选用，如以玉米青贮为主，或以酒糟为主，或以氨化秸秆为主等。精料也应因地制宜，日粮配方可按肉牛饲养标准配制。

介绍几种日粮：

1. 青贮玉米秸类型日粮配方

青贮玉米秸是肉牛的优质粗饲料，合理的日粮配方可以更好地发挥肉牛生产潜力。肥育全程采取表6-5-1中所推荐日粮，日增重达到1.4 kg。

表 6-5-1　青贮玉米秸类型日粮配方

体重阶段/kg	精料配方/%						饲喂量/[kg/(d·头)]	
	玉米	麸皮	棉粕	尿素	食盐	石粉	精料	青贮玉米秸
300～350	71.8	3.3	21	1.4	1.5	1	5.2	15
350～400	76.8	4	15.6	1.4	1.5	0.7	6.1	15
400～500	77.8	0.7	18	1.7	1.2	0.6	5.6	15
450～500	84.5	—	11.6	1.9	1.2	0.8	8	15

2. 酒糟类型日粮配方

酒糟的营养价值因酿酒原料不同而不同。酒糟中蛋白质含量高，含有未知生长因子。因此，许多规模化肉牛场使用酒糟育肥肉牛，其育肥效果取决于日粮的合理搭配（表6-5-2）。

表 6-5-2　酒糟类型日粮配方

体重阶段/kg	精料配方/%						饲喂量/[kg/(d·头)]		
	玉米	麸皮	棉粕	尿素	食盐	石粉	精料	玉米秸	酒糟
300～350	58.9	20.3	17.7	0.4	1.5	1.2	4.1	1.5	11
350～400	75.1	11.1	9.7	1.6	1.5	1	7.6	1.7	11.3
400～500	80.8	7.8	7	2.1	1.5	0.8	7.5	1.8	12
450～500	85.2	5.9	4.5	2.3	1.5	0.6	8.2	1.8	13.1

3. 干玉米秸类型日粮配方（表6-5-3）

农区有大量的作物秸秆，是廉价的饲料资源。但秸秆的粗蛋白质、矿物质及维生素含量低，因木质化纤维结构而消化率低和有效能量低，成为影响秸秆营养价值及饲用效果的主要因素。对干玉米秸类型日粮进行合理搭配，可提高饲料利用率。育肥全程采取表6-5-3所推荐的日粮，平均日增重为1.33 kg。

表 6-5-3　干玉米秸类型日粮配方

体重阶段/kg	精料配方/%						饲喂量/[kg/(d·头)]		
	玉米	麸皮	棉粕	尿素	食盐	石粉	精料	玉米秸	酒糟
300～350	66.2	2.5	27.9	0.9	1.5	1	4.8	3.6	0.5
350～400	70.5	1.9	24.1	1.2	1.5	0.8	5.4	4	0.3
400～500	72.7	6.6	16.8	1.43	1.5	1	6	4.2	1.1
450～500	78.3	1.6	16.3	1.77	1.5	0.5	6.7	4.6	0.3

4. 酒精糟＋青贮玉米秸类型日粮配方

育肥全程采用表6-5-4所推荐的日粮配方，肥育效果较好，平均日增重达到1 kg以上。

表 6-5-4　酒精糟＋青贮玉米秸类型日粮配方

体重阶段/kg	精料配方/%					饲喂量/[kg/(d·头)]		
	玉米	麸皮	尿素	食盐	石粉	精料	青贮(鲜)	鲜酒精糟
250～350	93	2.8	1.2	1.8	1.2	2～3	10～12	10～12
350～450						3～4	12～14	12～14
450～550						4～5	14～16	14～16
550～650						5～6	16～18	16～18

不同季节应采取相应的饲养措施。在环境温度8～20℃，牛的增重速度较快。夏季气温过高，肉牛食欲下降，增重缓慢。因此夏季肥育时，应注意适当提高日粮的营养浓度，延长饲喂时间。气温30℃以上时，应采取防暑降温措施。冬季应给牛增加能量饲料，提高肉牛的防寒能力。不能喂带冰的饲料和饮冰冷的水。气温5℃以下时，应采取防寒保温措施。

五、架子牛的管理技术

1. 新到架子牛要严格消毒

新到架子牛要更换缰绳并消毒牛体，一般用过氧乙酸溶液、高锰酸钾溶液、火碱溶液来消毒。

2. 准备育肥舍

牛舍在进牛前，用20％生石灰或来苏儿消毒（图 6-5-2），门口设消毒池，以防病菌带入。牛体消毒可用0.3％的过氧乙酸消毒液逐头进行喷雾。牛舍应保持适宜的温度、湿度、气流、光照及新鲜清洁的空气。

3. 提供适宜环境

肉牛肥育以秋季最好，其次为春、冬季节。肉牛耐寒不耐热，夏季平均温度高于25℃时，采食量和日增重明显下降，肉牛自身代谢快，饲料报酬低，必须做好防暑降温工作。牛舍环境湿度不宜超过80％，湿度过

图 6-5-2　牛舍消毒

低，会在舍内形成过多的灰尘，易引起呼吸道疾病；湿度过高，会使病原体易于繁殖，使家畜易患癣、疥、湿疹等皮肤病，也会降低畜舍和舍内机械设备的寿命。现有牛舍的条件下，肉牛舍降温适宜方法主要有通风降温和蒸发降温，还可辅助遮阳降温和降低饲养密度。

要经常清除粪尿，保持舍内清洁干燥、空气新鲜。对牛舍内外、围栏、喂饮和刷拭用具等要定期消毒。注意观察牛的精神状态、食欲和粪便情况，发现异常要及时诊治。

4. 严格控制饲料品质，科学饲喂

日粮中加喂尿素时，一定要与精料拌匀，且不可喂后立即饮水，一般要间隔2 h。用酒糟喂牛时不可温度太低，且要运回后立即饲喂，不宜搁置太久。

用氨化秸秆喂牛时要事先排放氨味，以免影响牛的食欲和消化。每次喂牛时第一遍以干草为好，不加水，不加料；第二遍加草，适当加精料，加水搅拌；第三遍加草，要多加料，加水、加盐、加添加剂。做到先草多料少，后料多草少，刺激食欲，增加采食量。

5. 科学饮水

保持充足、清洁的饮水，冬季水温最好不低于10～20℃，每天3～4次。

饮水量为采食量的5倍，为增加饮水量可采取上槽下槽都饮水，中间补水的办法。

●●●●● 任务工单

任务名称	架子牛育肥技术		
任务描述	进一步学习补偿生长的原理在架子牛育肥中的应用，掌握架子牛的选择要求，掌握架子牛饲养管理要点		
准备工作	1. 补偿生长曲线 2. 架子牛的饲喂方案 3. 架子牛育肥视频 4. 架子牛图片		
实施步骤	1. 概括架子牛育肥和补偿生长的关系 2. 仔细观察图片，说明架子牛选择的要求 3. 观看视频，总结架子牛饲喂管理的要点 4. 分析架子牛饲喂方案，比对饲料组成、比例和其他育肥方式的不同		
考核评价	考核内容	评价标准	分值
	补偿生长的应用	补偿生长的原理(5分)；架子牛育肥的原理(5分)；架子牛育肥期要求(10分)	20分
	架子牛的选择	能够正确概括架子牛选购要点(10分)；正确分析品种、年龄和体重、性别、体形外貌、健康状况对架子牛育肥的影响(20分)	30分
	架子牛饲喂管理要点	饲喂要点(10分)；管理要点(10分)	20分
	牛场架子牛饲喂方案分析	准确指出各阶段精粗饲料比例(10分)；准确指出各种组分饲料的比例(10分)；分析饲喂方案可行性(10分)	30分

任务 6　肉牛饲喂与管理

●●●● 目标呼应

任务目标	课程教学目标
明确肉用牛的饲喂技术要点	掌握肉牛生产中常规饲养管理技术
明确肉用牛的管理技术要点	

●●●● 情境导入

当前，随着人们健康饮食观念的增强，对牛肉、羊肉等低脂肪、高蛋白质的肉品需求不断增加。其中，牛肉供需缺口持续加大，为了满足市场的需求，提供量多、质优的牛肉，就必须加强对肉用牛的饲养与管理。肉牛较高的日增重、饲料转化率、屠宰率等指标实现，都离不开良好的饲喂与管理。

●●●● 知识链接

一、肉用牛的饲喂技术

(一)饲喂时间

牛在黎明和黄昏前后，是每天采食最紧张的时刻，尤其在黄昏采食频率最大。因此，无论舍饲还是放牧，早晨和傍晚是喂牛的最佳时间。

多数牛的反刍时间在黑夜进行，特别是黄昏时，反刍活动最为活跃。因此在夜间应尽量减少干扰，使其充分消化粗饲料。

(二)饲喂次数

肉牛的饲喂可采用自由采食和定时定量饲喂两种方法。

自由采食牛可根据其自身的营养需求采食到足够的饲料，达到最高增重，并能有效节约劳动力，一个劳动力可管理 100～150 头牛，同时也便于大群管理，适合机械化、电子化管理。而采用定时定量饲喂时，牛不能根据自身要求采食饲料，因此限制了牛的生长发育速度，但饲料浪费少，粗饲料利用率高，更便于观察牛只的采食和健康状况。

(三)饲喂顺序

随着饲喂机械化程度越来越高，应逐渐推广全混合日粮(TMR)饲喂肉牛(图 6-6-1)，提高牛的采食量和饲料利用率。

不具备条件的牛场，可采用精、粗料分开饲喂的方法。为保持牛的旺盛食欲，促其多采食，应遵循"先干后湿，先粗后精，先喂后饮"的饲喂顺序，坚持

图 6-6-1　采用 TMR 饲喂的肉牛

少喂勤添、循环上料，同时要认真观察牛的食欲、消化等方面的变化，及时做出调整。

(四)饲料更换

在育肥牛的饲养过程中，随着牛体重的增加，各种饲料的比例也会有所调整，在饲料更换时应采取逐渐更换的办法，应该有 3～5 d 的过渡期。在饲料更换期间，饲养管理人员要勤观察，发现异常，及时采取应对措施。

(五)饮水

育肥牛采用自由饮水法最为适宜。在每个牛栏内装有能让牛随时饮到水的饮水器具。冬季北方天冷，饮水管道要有防冻措施。人工控制饮水时每天至少 3 次饮水。

(六)新引进牛只的饲养

对新引进牛只饲养，重点是缓解运输应激，使其尽快适应新的环境。

1. 及时补水

牛经过长距离、长时间的运输，胃肠食物少，体内缺水严重。因此对牛补水是首要的工作。补水方法是：第一次补水，饮水量限制在 15～20 kg，切忌暴饮，每头牛补喂人工盐 100 g；间隔 3～4 h 后，第二次饮水，此时可自由饮水，水中掺些麸皮效果会更好。

2. 日粮逐渐过渡到育肥日粮

开始时，只限量饲喂一些优质干草，每头牛 4～5 kg，加强观察，检查是否有厌食、下痢等症状。随着食欲的增加，逐渐增加干草喂量，添加青贮、块根类饲料和精饲料，经 5～6 d 后，可逐渐过渡到育肥日粮。

3. 创造舒适的环境

牛舍要清洁干燥，不要立即拴系，宜自由采食。围栏内要铺垫草，保持舍内安静，让牛尽快消除倦躁情绪。

(七)育肥期的分阶段饲养

生产中常把育肥期分成两个阶段，即生长育肥阶段和成熟育肥阶段。具体饲喂方法如下。

1. 生长育肥期

饲喂富含蛋白质、矿物质、维生素的优质粗料、青贮饲料，保持生长发育良好状态的同时，使消化器官得到锻炼。因为该阶段的重点是促进架子牛的骨骼、内脏、肌肉的生长；所以，此阶段精饲料喂量要限制，喂量不超过牛体重的 1.5%。该阶段日增重不宜追求过高，每头牛日增重 0.7～0.8 kg 为宜。

2. 成熟育肥期

经生长育肥期的饲养，骨骼已发育完好，肌肉也有相当程度的生长。因此，此期的饲养任务主要是改善牛肉品质，增加肌肉纤维间脂肪的沉积量。因此，肉牛日粮中粗饲料的比例不宜超过 30%～40%，日采食量达到牛活重的 2.1%～2.2%，在屠宰前 100 d 左右，日粮中增加能量饲料，进一步改善牛肉品质。肉牛生产过程中，脂肪的沉积程度，根据牛肉生产的需要来确定。高档牛肉生产，需要有足够的脂肪沉积。

二、肉用牛的管理技术

(一)合理分群

育肥前应根据育肥牛的品种、体重大小、性别、年龄、体质强弱及膘情情况合理分群。一群牛以 15～20 头为宜，牛群过大易发生争斗；过小不利于劳动生产效率的提高。

临近夜晚时分群易成功，同时要有人不定时的观察，防止争斗。

（二）及时编号

编号对生产管理、称重统计和防疫治疗工作都具有重要意义。编号可在犊牛出生时进行，也可在育肥前进行。采用易地育肥时，应在牛只进场后立即编号，并更换缰绳。编号方法多采用耳标法。

（三）定期称重

增重是肉牛生产性能高低的重要指标。为合理分群和及时了解育肥效果，要进行肥育前称重、肥育期称重及出栏称重。肥育期最好每月称重1次，既不影响育肥效果，又可及时挑选出生长速度慢甚至停滞的牛，随时处理。称重一般是在早晨饲喂前空腹时进行，每次称重的时间和顺序应基本相同。图6-6-2所示为智能称重系统。

（四）限制运动

在肥育中、后期，每次喂完后，将牛拴系在短木桩或休息栏内，缰绳系短，长度以牛能卧下为宜，缰绳长度一般不超过80 cm，以减少牛的活动消耗，提高育肥效果。

（五）每天刷拭牛体

随着肉牛肥育程度加大，其活动量越来越小。坚持每天上、下午刷拭牛体各1次，每次5～10 min。以增加血液循环，提高代谢效率。

图6-6-2 智能称重系统

（六）定期驱虫

寄生虫病的发生具有地方性和季节性的流行特征，且具有自然疫源性。因此，加强预防尤为重要。肉牛转入育肥期之前，应做一次全面的体内外驱虫和防疫注射；育肥过程中及放牧饲养的牛都应定期驱虫。外购牛经检查健康后方可转入生产牛舍。

寄生虫病的治疗，采用特效药物驱虫和对症治疗。使用驱虫、杀虫药物要剂量准确、对症。在进行大规模、大面积驱虫工作之前，必须先小群试验，取得经验并肯定其药效和安全性后，再开展全群的驱虫工作。

（七）加强防疫、消毒工作

每年春秋检疫后，要对牛舍内外及用具进行消毒；每出栏一批牛，都要对牛舍进行一次彻底清扫消毒；严格防疫卫生管理，谢绝参观。结合当地疫病流行情况，进行免疫接种。

（八）适时去势

现在，国际上育肥牛场普遍采用不去势公牛育肥。2岁前的公牛宜采取公牛肥育，生长快、瘦肉率高、饲料报酬高；2岁以上的公牛及高档牛肉的生产，宜去势后肥育，否则不便管理，会使牛肉有膻味，影响胴体品质。如需要去势，去势时间最好在育肥开始前进行。无论有血去势还是无血去势，愈合恢复的时间大约在半个月，这期间牛的生长较缓慢，愈合后，方可进入育肥期。

不同性别牛增重情况，见表6-6-1。

表 6-6-1　不同性别牛增重情况

项目		公牛	阉牛	母牛
头数		12	22	12
日龄		361	383	398
活重/kg		386.1	376.9	345.8
育肥后				
活重/kg		1 070	984	869
胴体		597	550	482
肌肉		398	323	271
脂肪		132	160	156
骨骼		77	67	55
肌肉	脂肪	3.02	2.02	1.74
	骨骼	5.1	4.8	4.9

(九)及时出栏

肉牛及时出栏，对提高养殖经济效益及保证牛肉品质，都具有极其重要的意义。活牛体重达到 500 kg 以上，胸部、腹肋部、腰部、坐骨部、下欣部内侧及阴囊部脂肪沉积良好，就可以出栏。

●●●●● **任务工单**

任务名称	肉用牛饲喂与管理		
任务描述	通过案例分析一例肉牛场饲养管理是否合理，在明确饲喂管理总原则基础上，提出合理化建议		
准备工作	1. 肉牛场饲养管理案例(包括牛场饲养群体、规模、饲喂制度、管理制度、牛群增重情况和出栏情况等) 2. 肉牛生产视频		
实施步骤	1. 观看视频，总结肉牛饲喂总的原则 2. 观看视频，总结肉牛管理总的原则 3. 分析案例，查找饲喂管理的优点，指出饲喂管理的不足 4. 对案例牛场提出合理化建议		
考核评价	考核内容	评价标准	分值
	饲喂总原则	正确概括饲喂要点(15分)；分析饲喂时间、次数、顺序对增重的影响(15分)	30分
	管理总原则	正确概括管理要点(15分)；指出分群、运动、刷拭、驱虫、去势对生产的影响(15分)	30分
	案例分析	正确指出案例优点(10分)；指出案例不足(10分)；提出合理化建议(20分)	40分

项目 7

羊的饲养管理

羊为人类提供了羊毛、羊皮、羊肉和羊乳等，发展养羊事业，既有市场，又有前景。在发展养羊过程中，要充分考虑养殖政策，还要综合自然条件与市场需求，立足于提供市场产品，选择合理的饲养方式，最终提高生产性能。科学的饲养与管理，正是在确保羊只健康生长的前提下，通过对羊习性、生理特点和消化特点的掌握和运用，挖掘羊只最大生产潜能。

任务 1　羊的生理特性

●●●●● 目标呼应

任务目标	课程教学目标
掌握羊的生活习性、消化特点和营养特点	掌握羊生产中常规饲养管理技术
能分析生产中的问题并提出改进措施	

●●●●● 情境导入

不同品种羊群具有不同特性，在饲养管理方面要求不同。无论饲养何种用途的羊，都要注意品种区别，熟悉其习性和特点，只有"运筹帷幄"，才能规避生产中的不易上膘、营养不良等情况，提高生产性能，实现"决胜千里"。

知识链接

一、羊的生活习性

（一）合群性强

羊的群居行为很强，羊群中通常是由原来熟悉的羊只形成小群体，小群体再构成大群体。在自然群体中，羊群的头羊多是由年龄较大、子孙较多的母羊来担任，也可利用山羊行动敏捷、易于训练及记忆力好的特点选做头羊。应注意，经常掉队的羊，往往不是因病就是老弱跟不上群。

利用合群性，在羊群出圈、入圈、饮水等活动时，只要有头羊先行，其他羊只即跟随头羊前进并发出保持联系的叫声，为生产中提供方便。但由于群居行为强，羊群间距离近时，容易混群，在管理上应避免。

（二）采食性

羊只善于啃食很短的牧草，故可以进行牛羊混牧，短草牧场也可放羊。羊的食性较广，对种类单调的饲草、饲料最易感到厌腻。

绵羊和山羊的采食特点有明显不同：山羊后肢能站立，有助于采食高处的灌木或乔木的幼嫩枝叶，而绵羊只能采食地面上或低处的杂草与枝叶；绵羊与山羊合群放牧时，山羊总是走在前面抢食，而绵羊则慢慢跟随后边低头啃食。山羊舌上苦味感受器发达，对各种苦味植物较乐意采食。

（三）喜干厌湿

养羊的放牧地、圈舍和休息场所，都以高燥为宜。久居泥泞潮湿之地，羊只易患寄生虫病和腐蹄病，甚至毛质降低，脱毛加重。

不同的绵羊、山羊品种对气候的适应性不同，细毛羊喜欢温暖、干旱、半干旱的气候，而肉用羊和肉毛兼用半细毛羊则喜欢温暖、湿润、全年温差较小的气候。罗姆尼羊，较能耐湿热气候和适应沼泽地区，对腐蹄病有较强的抵抗力。

根据羊对于湿度的适应性，一般相对湿度高于 85% 时为高湿环境，低于 50% 时为低湿环境。我国北方很多地区相对湿度平均在 40%～60%（仅冬、春两季有时可高达 75%），故适于养绵羊特别是养细毛羊；而在南方的高湿高热地区，则较适于养山羊和肉用羊。

（四）嗅觉灵敏

羊的嗅觉比视觉和听觉更灵敏。羔羊出生后与母羊接触几分钟，母羊就能通过嗅觉鉴别出自己的羔羊。羔羊吮乳时，母羊总要先嗅一嗅其臀尾部，以辨别是不是自己的羔羊，利用这一点在被寄养的孤羔和多胎羔身上涂抹保姆羊的羊水或尿液，寄养多会成功。

羊能依据植物的气味和外表选择含蛋白质多、粗纤维少、没有异味的牧草采食。

羊喜欢饮用清洁的饮水，而对污水、脏水等拒绝饮用。

（五）适应性强

1. 耐粗饲

与绵羊相比，山羊更能耐粗饲，除能采食各种杂草外，还能啃食一定数量的草根树皮，对粗纤维的消化率比绵羊要高出 3.7%。

2. 耐渴性

羊的耐渴性较强，尤其是当夏秋季缺水时，它能在黎明时分，沿牧场快速移动，用唇和舌接触牧草,以收集叶上凝结的露珠。比较而言,山羊更能耐渴。

3. 耐热性

绵羊耐热性较山羊差,夏季中午炎热时,常有停食、喘气和"扎窝子"等表现,而山羊气温37.8℃时仍能继续采食。

4. 耐寒性

绵羊由于有厚密的被毛和较多的皮下脂肪,可以减少体热散发,其耐寒性高于山羊。

5. 抗病力强

放牧条件下的各种羊,只要能吃饱饮足,一般全年发病较少。在夏秋膘肥时期,对疾病的耐受能力较强,一般不表现症状,有的临死还勉强吃草跟群。为做到早治,必须细致观察,才能及时发现。山羊的抗病能力强于绵羊,感染体内寄生虫和腐蹄病的也较少。

6. 度荒能力强

山羊因食量较小,食性较杂,抗灾度荒能力强于绵羊。公羊因强悍好斗,异化作用强,配种时期体力消耗大,如无补饲条件,则其损失比例要比母羊大,特别是育成公羊。

(六)神经活动

山羊性情机警灵敏,活泼好动,记忆力强,易于训练成特殊用途的羊;而绵羊则性情温顺,胆小易惊,反应迟钝,易受惊吓而出现"炸群"。

(七)善于游走

游走有助于增加放牧羊只的采食空间,特别是牧区的羊终年以放牧为主,需长途跋涉才能吃饱喝好。山羊喜登高,善跳跃,可跳跃60°的陡坡,而绵羊则需斜向作"之"字形游走。

二、羊的消化特点

(一)消化器官的特点

羊具有复胃结构,瘤胃呈椭圆形,容积最大,其功能是储藏在较短时间采食的未经充分咀嚼而咽下的大量牧草,待休息时反刍,内有大量的能够分解消化食物的微生物。网胃呈梨形,与瘤胃紧连在一起,其消化生理作用基本相似。瓣胃黏膜形成新月状的瓣叶,容积最小,对食物起机械压榨作用。皱胃可分泌胃液(主要是盐酸和胃蛋白酶),对食物进行化学性消化。

胃内容物进入小肠后,在各种消化液(胰液和肠液等)的参与下进行化学性消化,分解为各种营养物质被小肠吸收。未被消化吸收的食物,经小肠蠕动被推进大肠。

大肠的直径比小肠小,长度比小肠短,主要功能是吸收水分和形成粪便。在小肠没有被消化的食物进入大肠后,在大肠微生物和由小肠带入大肠的各种酶的作用下,继续消化吸收,余下部分变成粪便排出体外。

(二)消化机能的特点

1. 反刍

反刍是羊的重要消化生理特点,反刍停止是疾病征兆,不反刍会引起瘤胃膨气。

羔羊出生后,约40 d开始出现反刍行为。羔羊在哺乳期,早期补饲容易消化的植物性饲料,能刺激前胃的发育,可提早出现反刍行为。反刍多发生在吃草之后。反刍中也可随时转入吃草。反刍姿势多为侧卧式,少数为站立。

2. 瘤胃微生物的作用

(1) 消化碳水化合物，尤其是消化纤维素：食入的碳水化合物，在瘤胃内由于受到多种微生物分泌酶的综合作用，使其发酵和分解，并形成低级挥发性脂肪酸(VFA)，如乙酸、丙酸、丁酸等，这些酸被瘤胃壁吸收，通过血液循环，参与代谢，是羊体最重要的能量来源。据测定，由于瘤胃微生物的发酵作用，羊采食饲草饲料中有 55%～95% 的碳水化合物、70%～95% 的纤维素被消化。

(2) 可同时利用植物性蛋白质和非蛋白氮(NPN)合成微生物蛋白质：饲料中的植物性蛋白质，被分解为肽、氨基酸和氨；饲料中的非蛋白氮物质，也被分解为氨。瘤胃微生物在能源供应充足和具有一定数量蛋白质的条件下可将这些分解产物合成微生物蛋白质。微生物蛋白质含有各种必需氨基酸，且比例合适，组成较稳定，生物学价值高。在养羊业中，可利用部分非蛋白氮(尿素、铵盐等)作为补充饲料代替部分植物性蛋白质。瘤胃内可合成 10 种必需氨基酸，保证了绵羊必需氨基酸的需要。

(3) 对脂类有氢化作用：可以将牧草中不饱和脂肪酸转变成羊体内的硬脂酸。同时，瘤胃微生物亦能合成脂肪酸。

(4) 合成 B 族维生素：主要包括维生素 B_1、维生素 B_2、维生素 B_6、维生素 B_{12}、偏多酸和尼克酸等，同时还能合成维生素 K。这些维生素合成后，一部分在瘤胃中被吸收，其余在肠道中被吸收、利用。

三、羊的营养特点

1. 碳水化合物营养特点

碳水化合物是植物饲料的主要组成部分，含量可占其干物质的 50%～80%。碳水化合物在羊消化中分解的终产物以低级挥发性脂肪酸(VFA)为主，作为能源或构成体组织的原料。

2. 能够利用非蛋白氮(NPN)

瘤胃微生物的活动要求一定氨的浓度，而氨的来源是通过分解食物中的蛋白质而产生的。因此，不论是山羊、绵羊，饲料中均应加入一定浓度的非蛋白氮，如尿素、铵盐等，增加瘤胃中氨的浓度，有利于蛋白的合成，可节约蛋白质，降低饲料成本，提高经济效益。

3. 能有效利用粗饲料

在羊的饲料中必须有 40%～70% 的粗饲料，才能保证牛羊正常的消化生理需要，即使在高强度肥育条件下的颗粒饲料，也必须保证粗饲料的比例。这就能够有效地利用价格低廉、来源广泛的粗饲料。

4. 能合成维生素

在青贮饲料、青草及胡萝卜等正常供应的情况下，日粮中不需要添加合成的维生素。

●●●●● **任务工单**

任务名称	羊的生理特性		
任务描述	观察解剖图和实训羊只，说明羊的消化生理特点和营养特点，总结羊的行为特点，分析生产中的问题并提出解决方法		
准备工作	1. 羊消化系统解剖图 2. 处于生产活动中的实训羊场		
实施步骤	1. 分析胃室比例解剖图，说明羊的消化生理特点和营养特点 2. 观察羊的行为特点 3. 就生产中的问题，分析原因，提出解决方案		
考核评价	考核内容	评价标准	分值
	消化特点分析	能说明羊的多室胃结构及比例（10分）；能完整总结羊的消化器官特点（10分）；能正确总结羊的营养特点（10分）	30分
	行为特点分析	能认真观察并正确总结羊的合群性、采食性、耐寒耐热性、游走性、神经活动、嗅觉（30分）	30分
	解决问题	能举例说明生产中发生有关生理、行为方面的问题（10分）；能正确分析问题产生的原因（10分）；能正确提出合理的解决方案（20分）	40分

任务 2　羊的阶段饲养管理

●●●● 目标呼应

任务目标	课程教学目标
了解羊的饲养方式	掌握羊生产中常规饲养管理技术
掌握各阶段羊的饲养管理要点	
能进行各阶段常规饲养管理	

●●●● 情境导入

　　小张根据当地的环境和饲草资源，选择了舍饲圈养的模式进行养殖。面对羔羊、育成羊、种公羊、妊娠母羊、泌乳母羊等各个生理阶段，如何根据各阶段的特点和习性，进行科学的饲养管理呢？

●●●● 知识链接

一、羊的饲养方式

(一)舍饲圈养模式

　　舍饲圈养是把羊群集中在羊舍中饲喂，有利于形成饲养规模，降低生产消耗，提高产品质量与生产效益；有利于先进技术的推广应用；有利于生态环境的改善。要求有较宽敞的羊舍和饲喂草料的饲槽和草架，并开辟一定面积的运动场，供羊群活动。舍饲减少了羊放牧游走的能量消耗，有利于肉羊的育肥和奶羊形成更多的乳汁。要搞好舍饲饲养，必须收集和储备大量的青绿饲料、干草和秸秆，保证全年饲草的均衡供应。高产羊群在喂足青绿饲料和干草的基础上，还必须适当补饲精饲料。

(二)工厂化肉羊生产模式

　　工厂化高效肉羊生产是指在人工控制的环境下，不受自然条件和季节的限制，按市场需求组织生产。其特点是：羊场规模大、饲养密度高、生产周期短、生产的全过程技术密集、操作机械化、自动化、生产力和劳动生产率高、产品适应市场需求、饲养方式以全舍饲为主。羊场的管理从配种到销售形成一条连续流水式的生产线，各个生产阶段有计划、有节奏地进行。母羊一年四季均衡产羔，采用全进全出的生产方式。

　　1. 优质饲草的高产栽培，成熟的饲草加工处理技术

　　用青贮饲料喂羊可使羊常年有青绿多汁饲料供应，保持较好的营养状况和较高的生产力，尤其可以解决冬季缺乏青绿饲草的问题。用秸秆可降低饲草成本，处理技术主要有物理处理法(切碎、压扁、浸泡、蒸煮、膨化、热喷等)、化学处理法(碱化、氨化、脱木质素、酸处理、糖化法等)和微生物处理法(发酵、酶解等)。

　　2. 优良品种的引种、改良、杂交与利用

　　依各地的自然环境、经济、文化、消费习惯及市场发展等特点，科学地选定适合本地

的羊品种。确立生产方向后，采用现代繁殖技术，积极选择和引进推广适宜的新品种，建立高效、高产品种选育技术体系。

3. 高效饲养与管理

利用非蛋白氮、饲料组合效应、饲料卫生调控、饲草青贮与秸秆微贮，羔羊早期断乳与代乳品应用、环境与营养调控和系统管理等综合技术，控制养羊的生产效益与羊肉的质量。

4. 高频、高效繁殖与管理

高频高效繁殖与管理主要包括公羊生殖保健与人工授精技术、母羊发情调控、母羊多胎及高频繁殖(母羊一年两产、两年三产，当年母羔当年配种)的营养调控等配套技术，以保障养羊生产高效益的实现。

5. 羊群的兽医保健

对羔羊、种羊、围产期母羊实施兽医保健，对羊群主要疾病的防疫检疫与驱虫程序，饲草饲料及饮水的卫生质量控制，羊舍环境净化和营养性疾病的防治等实行综合管理，以确保羊群的安全生产。

二、种公羊的饲养管理

种公羊数量少，种用价值高，俗话说"公羊好，好一坡，母羊好，好一窝"。种公羊应保持均衡的营养状况，精力充沛，力求常年健壮和保持种用状况，保证旺盛的性欲和良好的精液品质。

种公羊的饲养管理可分为配种期和非配种期两个阶段。

(一)配种期的饲养管理

配种期可分为配种预备期(配种前1~1.5个月)、配种正式期(正式采精或本交阶段)及配种后复壮期(配种停止后1~1.5个月)3个阶段。在配种开始前的1个月左右，进入配种期的饲养管理。这一时期，应给公羊补饲富含蛋白质、维生素和矿物质等营养丰富的日粮，且易消化，适口性好。蛋白质是否充足，对提高公羊性欲、增加精子密度和射精量有决定性作用，种公羊每生成1 mL精液，约需可消化粗蛋白质50 g；钙、磷等矿物质也是保证公羊精液品质和种用体况的重要元素；当维生素A不足时，公羊性欲差，精液品质不佳；维生素E缺乏时，会引起生殖器上皮和精子形成病理性变化。所以，种公羊的日粮应由公羊喜食的、品质好的多种饲料组成，其补饲定额应根据公羊体重、腰情与采精次数来决定。优选的粗饲料有苜蓿草、三叶草、青燕麦草等。多汁饲料有胡萝卜、甜菜或青贮玉米等。精饲料有燕麦、大麦、豌豆、黑豆、玉米、高粱、豆饼、麦麸等。优质的禾本科和豆科混合干草是种公羊的主要饲料，应该尽量全年喂给。

一般应在配种开始前1个月加强营养，精饲料量可按配种时期的60%~70%喂给。到配种旺季，随着种公羊配种(或采精)次数的增加，除供给足够的植物性蛋白质、维生素和矿物质(包括钙、磷、锌、硒等常量和微量元素)外，日粮还应增喂一定的动物性饲料等。种公羊的日粮体积不宜过大，避免形成草腹，影响配种。

在补饲的同时，要加强种公羊的运动，每天驱赶运动2 h左右，若运动不足，公羊脂肪沉积严重，性欲下降，严重时不射精。

在配种前1个月开始采精，可每周1次，进行精液品质检查，调整日粮。舍饲时应坚持每天让种公羊运动2~3 h，以驱赶运动为主。合理控制运动速度和时间，冬季可安排在中午温暖时运动，夏季安排在早晚凉爽时运动。为避免种公羊之间角斗损伤，减少体力消耗，最好进行单圈或单栏饲养。配种期间为保证其种用体况，延长利用年限，应合理利用种公羊。在公、母混群饲养并自由交配时，应注意公、母比例，一般绵羊为1∶（20～30），山羊为1∶（30～40）；在公、母分群饲养并人工辅助交配时，合理控制配种次数，一般成年公羊每天1～2次，青年公羊减半，配种间隔8 h左右，使公羊有足够的休息时间；人工授精时成年公羊每天采精可达3～4次，青年公羊每天采精1～2次，2次采精间隔时间2 h以上。连续使用种公羊4～5 d，让其休息1～2 d。种公羊需根据体质和精液品质确定其利用年限，一般为6～8年。

与母羊分圈喂养，公羊在采精或配种前不宜吃得过饱。淘汰劣羊，从繁殖力强的公羊世代中选留种公羊，经常检查公羊的精液品质，包括pH、精子活力和畸形率等，及时淘汰受胎低或不育的公羊。

（二）非配种期的饲养管理

配种快结束时，转入非配种期。舍饲应逐渐降低日粮营养水平，逐步减少精饲料的喂量，但仍不能忽视饲养管理工作。精饲料的喂量需根据种公羊的体质和季节的不同进行调整，一般混合精料不低于0.5 kg、干草3 kg、胡萝卜0.5 kg、食盐5～10 g。每天喂3～4次，饮水1～2次，并保持适当运动。

三、母羊的饲养管理

种母羊的饲养管理与羔羊的生长发育及成活关系密切，繁殖母羊应常年保持良好的营养水平，以达到多胎、多产和羔羊多活、多壮的目的。一年中母羊可分为空怀期、妊娠期和哺乳期3个阶段。对各阶段的母羊应根据其配种、妊娠、哺乳情况给予合理饲养。

（一）空怀期母羊的饲养管理

空怀期是指种母羊从哺乳期结束后到下一配种期的一段时间，由于各地产羔季节不同，母羊空怀季节也有差异。我国北方地区产冬羔的母羊一般5—7月为空怀期；产春羔的母羊一般8—10月为空怀期。空怀期的长短与生产者的要求有关，在1年1产的情况下，空怀期的时间为3～4个月（哺乳期按3～4个月计）；在1年2产或2年3产的情况下，空怀期的时间很短。空怀期饲养的重点是迅速恢复种母羊的体况，为下一个配种期做准备，饲喂以青粗饲料为主，延长饲喂时间，每天喂3次，并适当补喂精饲料。在夏季能吃上青草时，可以不补饲；在冬季应当补饲，以保证体重有所增长为前提。在此阶段除做好饲养管理工作外，还要对羊群的繁殖状况进行调整，淘汰老龄种母羊和生长发育差、哺乳性能不好的种母羊，将这些种母羊育肥出售，从而保证羊群有很好的繁殖性能。配种前1～1.5个月进行短期优饲，根据母羊的体况，开始补充精饲料，精饲料的喂量逐渐增加到每天0.2～0.3 kg，如果母羊体质较差，可适当增加喂量；如果膘情较好，可减少喂量或不喂精饲料，防止过肥。管理上应重点观察母羊的发情情况，做好发情鉴定，及时配种，以免影响母羊的繁殖。

（二）妊娠期母羊的饲养管理

1. 妊娠前期的饲养

妊娠前期是指母羊妊娠的前3个月，此时胎儿生长发育缓慢，营养需求量不大，饲养的主要任务是保胎并促使胎儿生长发育良好。舍饲一般喂给干草1～1.5 kg、青贮饲料1.5～2 kg、胡萝卜0.5 kg、食盐和骨粉各15 g、精饲料0.4～0.5 kg。

2. 妊娠后期的饲养

妊娠后期是指母羊妊娠的后 2 个月,此时胎儿生长迅速,增重加快,羔羊初生重的 90％左右是在这一时期增加的。此外,母羊自身也需储备营养,为产后的泌乳做准备,因此本阶段营养需求量大。如果营养不足,羔羊初生重小,被毛稀疏,抵抗力弱,成活率低,极易死亡;母羊体质差,泌乳量降低。因此,此时要有足够的青干草,必须补给充分的营养添加剂,另外补给适量的食盐和钙、磷等矿物饲料。在妊娠前期的基础上,能量和可消化蛋白质分别提高 20％～30％和 40％～60％。日粮的精料比例提高到 20％,产前 6 周为 25％～30％,在产前 1 周为防止乳房炎和胎儿体重过大而造成难产,应适当减少精饲料和多汁饲料的喂量。

3. 妊娠期的管理

在管理上主要强调"稳、慢",重点做好母羊的防流保胎工作。饲喂时应注意满足母羊的营养需求,给怀孕母羊的必须是优质草料,严禁喂给发霉、腐败、变质、冰冻或有毒有害的饲料。寒冷季节不能让母羊空腹饮水或饮冰渣水。在日常管理上要求饲养员对羊只亲和,在出入圈门、饮水、喂料等时要防止拥挤、滑跌,禁止无故捕捉、惊扰羊群。要有足够数量的草架、料槽及水槽,不要给母羊服用大剂量的泻剂和子宫收缩药,坚持运动,以防难产,发现母羊有临产征兆,立即将其转入产房。妊娠期的母羊不宜进行防疫注射,圈舍要求保暖、干燥、通风良好。同时,羊场要建立合理的防疫制度并严格执行、定期消毒,做好羊场的防疫工作,防止发生疾病而导致母羊流产。

(三)哺乳期母羊的饲养管理

哺乳期一般为 3～4 个月,分为哺乳前期和哺乳后期。

哺乳母羊的饲养管理与妊娠后期的饲养管理一样重要,一是母羊产羔后,体质虚弱,需要很快恢复;二是羔羊在哺乳期生长发育快,需要较多的营养,完全依赖于母羊的乳汁;三是从母羊的泌乳特点来看,产羔 15～20 d 内的泌乳量增加很快,并在随后的 1 个月内保持较高的泌乳量,在这个阶段母羊将饲料转换为乳的能力比较强,增加营养可以起到增加泌乳效果的作用。

1. 哺乳前期的饲养

即哺乳期前 2 个月,这一阶段主要是保证母羊有充足的乳来哺喂羔羊。母羊泌乳量越多,羔羊发育越好,生长越快,抗病能力越强,成活率越高。因此,为了促进母羊泌乳,要加强对哺乳母羊的补饲,在夏季要充分满足母羊的青草供应,在冬季要饲喂品质较好的青干草和各种树叶等。根据母羊哺乳羔羊的数量、母羊的体况来考虑哺乳母羊的补饲量,一般单羔母羊每天补喂精饲料 0.5 kg、双羔母羊 0.7 kg,若双羔以上精饲料每天喂量可达 0.9 kg,食盐 10～15 g,骨粉 10～15 g,产单、双羔母羊每天平均喂给干草 3～3.5 kg、胡萝卜 1.5 kg。但在母羊产羔后的 2～5 d 内,不宜饲喂较多的精饲料,以防止母羊乳房炎的发生,饲料的增加要从少到多,有条件时多喂青绿饲草及补充多汁饲料等。

2. 哺乳后期的饲养

产羔后的第 3～4 个月称为哺乳后期,这一阶段母羊的泌乳性能逐渐下降,产乳量减少,同时羔羊的瘤胃功能已日趋完善,采食能力和消化能力逐渐提高,对母乳的依赖程度减小,饲养上注意恢复母羊体况和为下次配种做准备。因此,对母羊可逐渐降低补饲标准,一般精饲料可减至 0.3～0.4 kg,干草 1～2 kg、胡萝卜 1 kg。羔羊断乳前几天,要减少母羊多汁饲料和精饲料的喂量，以免发生乳房炎。

3. 哺乳期母羊的管理

哺乳母羊的圈舍应勤换垫草，保持清洁、干燥，每天打扫 1~2 次。产羔后应注意看护，胎衣、毛团、石块、杂草等要及时清除，以防羔羊吞食而引起疾病，保持圈舍清洁干燥。应经常检查母羊乳房，如果发现有乳孔闭塞、乳房发炎或乳汁过多等情况，要及时采取相应措施。

（四）母羊繁殖率的计算

繁殖力指动物维持正常生殖机能、繁衍后代的能力。评定动物繁殖力，可以随时掌握畜群的增殖水平；反映某项技术措施对提高繁殖力的效果；随时发现畜群的繁殖障碍，以便采取相应的手段，不断提高动物繁殖效率，增加畜产品数量。繁殖率是指在一定时间和一定条件下繁殖后代的数量，用多胎参数来表示，它受环境条件和人为因素的影响。

母羊的繁殖力因品种、饲养管理水平和生态条件等不同而有差异。绵羊大多 1 年 1 产或 2 年 3 产。其中，湖羊、小尾寒羊有时可在 1 年内产 2 胎，每胎产 2 羔或 3 羔的比例也很高，产 4 羔的也有，个别能产 6 羔。山羊一般每年产 1 胎，有的品种可在 1 年内产 2 胎，每胎可产羔 1~3 只，个别可产羔 4~5 只。

1. 总受胎率

它指本年度内受胎母羊数占参加配种母羊数的百分率。其反映母羊群中受胎母羊的比例，计算公式为：

$$总受胎率 = \frac{受胎母羊数}{配种母羊数} \times 100\%$$

2. 情期受胎率

它指在一定的期限内，受胎母羊数占本期内参加配种的母羊数的百分率。反映母羊发情周期的配种质量，计算公式为：

$$情期受胎率 = \frac{受胎母羊数}{情期配种数} \times 100\%$$

3. 第一情期受胎率

它指第一次配种就受胎的妊娠母羊数占第一情期配种母羊数的百分率，主要反映配种质量和畜群生殖能力。人工授精技术水平、精液质量、公畜交配频率，母畜屡配不孕等因素，均可影响情期受胎率。其计算公式为：

$$第一情期受胎率 = \frac{第一情期配种的受胎母羊数}{第一情期配种母羊数} \times 100\%$$

4. 不返情率

它指在一定期限内（如 30 d、40 d、60 d），经配种后未再出现发情母羊数占本期内参加配种母羊数的百分率。随着配种后时间的延长，不返情率越来越接近于实际受胎率。

5. 繁殖率

它指本年度内实繁母羊数占应繁母羊数的百分率。此项指标是生产力的指标之一，可用来衡量羊场生产技术管理水平。

6. 受胎指数

它指每次受胎所需的配种次数。无论自然交配还是人工授精，指数超过 2 都表示配种工作没有组织好或配种技术需要进一步提高。

7. 产羔间隔

它指两次产羔间隔时间。由于妊娠期是一定的，因此提高母羊产后发情率和配种受胎率，是缩短产羔间隔、提高羊群繁殖力的重要措施。

8. 羔羊成活率

它指出生后 3 个月时羔羊成活数占产活羔羊数的百分率。

9. 产羔率

它指产羔母羊的产羔数占分娩母羊数的百分率。其反映母羊妊娠及产羔情况质量，计算公式为：

$$产羔率 = \frac{产出羔羊数}{分娩母羊数} \times 100\%$$

10. 双羔率

它指产双羔母羊数占产羔母羊数的百分比，计算公式为：

$$双羔率 = \frac{产双羔母羊数}{产羔母羊总数} \times 100\%$$

11. 成活率

它分繁殖成活率和断乳成活率两种，用以反映年内羔羊成活的成绩和适繁母羊产羔成活的成绩，计算公式为：

$$繁殖成活率 = \frac{年内成活羔羊数}{产活羔头数} \times 100\%$$

$$断乳成活率 = \frac{断乳成活羔羊数}{产活羔头数} \times 100\%$$

(五)母羊产羔日期的推算方法

准确判断母羊产羔时间，对合理饲养怀孕母羊，及时做好接产准备都有好处。判断母羊产羔的时间方法如下。

1. 根据配种的日期推算

一般山羊的怀孕期为 152 d(141~159 d)，绵羊为 150 d(140~158 d)。从配种日期起，往后推 5 个月，即为产羔的时间。

2. 临产表现

若不知道配种的日期，也可根据怀孕后期的临产表现来推断。孕羊产前半个月，见腹围显著增大、乳房膨胀、阴户肿大松弛、尾根部肌肉下陷时则可能在一两天内就要产羔，这时应停止放牧。如果发现孕羊不愿走动、前蹄刨地、时起时卧、排尿频繁、阴户流出黏液、不断努责和咩叫，这说明马上就要产羔，应做好一切接产准备，随时接产。

四、羔羊的饲养管理

(一)初生羔羊的饲养管理措施

羔羊生长发育快，对环境适应能力差，可塑性强。另外，羔羊刚出生时，瘤胃微生物区系尚未形成，瘤胃和网胃发育的速度受采食量的影响较大。单一哺乳的羔羊瘤胃和网胃的发育不完善，当采食精饲料和饲草时，瘤胃、网胃发育加快。因此，对羔羊应尽早补饲一些嫩草、多汁饲料或优质干草，以促进胃肠道的发育。

羔羊的哺乳期一般为 3~4 个月。哺乳羔羊的饲养管理应该做到以下几点。

1. 早吃初乳，吃好常乳

(1)早吃初乳：母羊分娩后 1～7 d 内分泌的乳汁称为初乳。初乳浓稠呈浅黄色，营养丰富，蛋白质含量高达 17.1%，脂肪为 9.4%，含有大量的抗体和镁盐。因此初乳具有轻泻的作用，能促进肠道蠕动，有利于胎粪的排出和清理肠道，并能增加羔羊的抗病力。羔羊出生后应在 0.5 h 内吃上初乳，因为初乳中免疫物质的含量会随母羊产后时间的延长而下降，羔羊的消化系统对初乳中免疫物质的吸收能力也会随之下降，若不能及时吃上初乳则会影响羔羊的抗病能力，使其生产性能下降，死亡率增加。对初生弱羔，初产母羊或护仔行为不强的母羊所产羔羊，需人工辅助其哺乳。

(2)吃好常乳：1 月龄内的羔羊以母乳为主，母乳充足，可使羔羊 2 周龄体重达到其初生重的 1 倍以上。吃饱乳的羔羊表现为精神状态良好、背腰直、腿粗壮、毛光亮、眼有神、长得快；吃不饱乳的羔羊则表现为被毛蓬松，腹部小，无精打采、拱腰背、常咩叫等。羔羊每天哺乳的次数因日龄不同而有所区别，1～7 日龄每天自由哺乳数次，7～15 日龄日喂 6～7 次，15～30 日龄 4～5 次，30～60 日龄 3 次，60 日龄至断乳 1～2 次。

2. 合理补饲，适时断乳

(1)合理补饲：为促进羔羊瘤胃消化机能的完善，出生后 15 日龄左右，即可训练采食干草，1 月龄左右补喂精饲料。早补料能刺激消化器官和消化腺的发育，促进心肺功能的完善。为防止浪费应注意喂量，少给勤添，有些羊场饲喂干草时将干草捆成小捆，从羊舍棚顶上吊起让其采食。羔羊补饲精饲料最好在补饲栏中进行，防止母羊抢食。待全部羔羊会吃料时再改为定时定量补料，其喂量应随日龄而调整，一般 1 月龄羔羊日喂量为 50～100 g，2 月龄喂给 150～200 g，3 月龄喂给 200～250 g，4 月龄喂给 250～300 g。同时保证草料的干净，及时清理料槽，防止引起疾病。

(2)适时断乳：羔羊一般 3～4 月龄断乳，此时也是羔羊生长发育较危险的时期。如果饲养管理不当，会使羔羊体质下降，增加死亡率。如果进行舍饲，羔羊除自由采食干草外，还要喂给一定量适口性好、容易消化的精饲料。

羔羊断乳时间应根据其消化系统、免疫系统的成熟程度(采食和发病情况)和羊场具体条件而定。常用一次性断乳法，母子分开后不再合群，一般 4～5 d，可断乳成功。但若为双羔或多羔，且发育不整齐时，可采用分次断乳法，先将发育好的羔羊断乳，发育较差的留下继续哺乳一段时间再断乳。

3. 安排运动，注意防病

早期训练运动可促进羔羊健康。舍饲时，10 日龄可让羔羊在运动场内自由运动，接受阳光照射。

初生羔羊体温调节机能不完善，血液中缺乏免疫抗体，肠道适应性差，抗病或抗寒能力差，死亡率较高。危害较大的疾病是"三炎一痢"(肺炎、肠胃炎、脐带炎和羔羊痢疾)，应注意观察，发现患病羔羊应及时隔离治疗。

4. 做好寄养和其他工作

羔羊出生后，若母羊死亡或母羊一胎产羔过多，泌乳量过低时，应进行寄养或人工哺乳，保姆羊可由产单羔但乳汁分泌量足和产后羔羊死亡的母羊担任。母羊的嗅觉灵敏，可将保姆羊的乳汁涂在羔羊的臀部或尾根，或将羔羊的尿液涂抹在保姆羊的鼻端，母羊难于辨认，有利于寄养，寄养工作最好安排在夜间进行。

加强护理，搞好圈舍卫生，避免"贼风"侵入，保证吃乳时间均匀，做到"三查"（即查食欲、查精神和查粪便），有效地提高羔羊的成活率。

(二)羔羊编号、断尾、去势和去角方法

1. 编号

编号是育种工作上必不可少的一个项目，羊的编号分为群号、等级号和个体号3种。群号是指在同一群羊中、羊体上的同一部位所做的同一种记号，便于与其他羊群相区别；等级号用来进行羊的鉴定；个体号常用的编号方法有耳标法、剪耳法、墨刺法和烙角法等。

(1)耳标法：耳标用金属或塑料制成，有圆形、长条形和凸形。长条形耳标在多灌木的地区放牧易被刮掉，圆形者比较牢固。耳标用来记载羊的品种符号、出生年份及个体号等。羔羊出生后15 d左右，用特制的钢字钉把需要的号数打在耳标上，将耳标戴在左耳基下部，用打耳钳打孔时，要避开血管，在拟打孔的地方先用碘酒消毒，要在蚊蝇未起季节安置耳标。

①品种标记，以品种的第一个汉字或汉语拼音的第一个大写字母代表，如新疆细毛羊取"新"或"X"作为品种标记。

②年号，取公历年份的最后一位数，如"2019"取"9"作为年号，放在个体号前，编号时以10年为一个编号年度计，各地可参考执行。

③个体号，根据羊场羊群的大小，取三位或四位数；尾数单号代表公羊，双数代表母羊，可编出1 000~10 000只羊的耳号，如系双羔，可在编号后加"—"标出1或2；若羔羊数量多，可在编号前加"0"。

例如：某母羊2019年出生，双羔，其父本为新疆细毛羊(X表示)，母本为小尾寒羊(H表示)，羔羊编号为48，则该羊完整的编号为XH948—1。

(2)剪耳法：一般用作等级标记。剪耳是用特制的钳子将耳朵剪上缺口或打上圆孔，以代表号码。其规定是，左耳作个位数，右耳作十位数；左耳的上缘剪一缺口代表3，下缘代表1，耳尖剪一缺口代表100，耳中间打一孔代表400；右耳的上缘剪一缺口代表30，下缘代表10，耳尖剪一缺口代表200，耳中间打一孔代表800，这个方法简便易行，但羊的数量多了不适用，缺口多了容易认错。因此，剪耳法常用作种羊鉴定等级的标记，纯种羊以右耳做标记，杂种羊以左耳做标记。具体规定如下：特级羊在耳尖剪1个缺口；一级羊在耳下缘剪1个缺口；二级羊在耳下缘剪2个缺口；三级羊在耳上缘剪1个缺口；四级羊在耳上、下缘各剪1个缺口。

(3)墨刺法：这是用特制刺墨钳(钳上有针制的字钉，可随意置换)蘸墨汁把号打在羊耳朵里边，本方法简便经济，且不掉号，缺点是有时字迹模糊，不易辨认，羊耳是黑色和褐色时不宜使用。这也可作个体编号，或者其他"辅助编号"。

(4)烙角法：限于大型有角公羊使用，即用烧红的钢字，把号码烙在角上，一般右角烙个体号，左角烙出生号，但也可用作辅助编号。

众多标记方法中，目前采用较多的还是塑料耳标法。

2. 断尾

断尾法仅限于长瘦尾羊，如纯种细毛羊、半细毛羊及其高代杂种，其目的是保持羊毛的清洁，提高羊毛品质，有利于配种。羔羊出生一周左右即可断尾，最好选择在风和日丽的上午进行，以便全天观察和护理，若遇羔羊体弱或天气寒冷时可以适当推迟，断尾的方法有热断法和结扎法。

（1）热断法：需要一个特制的断尾铲（断尾钳）和两块边长 20 cm 的方木板。一块木板称挡板，在其下方挖一个半月形缺口，断尾时，把尾巴正压在这个半月形的缺口里，同时防止灼热的断尾铲烫伤羔羊的肛门和睾丸，木板的两面钉上铁皮，以防被烧坏。另外一块木板称垫板，仅两面钉上铁皮，断尾时，把它衬在板凳上面，以免把板凳烫坏。

操作需两个人配合。一人保定羔羊，即两手分别握住羔羊的前后肢，把羔羊的背贴在自己胸前，保定员骑在一条长板凳上，正好把羔羊蹲坐在垫板上。断尾操作员在离羔羊尾根 4 cm 处（在第 3、第 4 尾椎之间），用带有半月形缺口的挡板，把尾巴紧紧压住，把灼热的断尾铲取来（最好用两个尾铲，轮换操作使用），稍微用力在尾巴上往下压，即将尾巴断下。切的速度不能过急，否则往往止不住血，断尾后若流血可用热铲止血，并用碘酊消毒。

此法速度快，操作简便，失血少，但伤口愈合慢。

（2）结扎法：用橡皮圈在第 3、第 4 尾椎之间紧紧扎住，断绝血液流通，下端的尾巴，经过 10～15 d 即自行脱落。此法简便易行，便于推广，但所需时间较长，要求技术人员应定期检查，防止橡皮圈断裂或由于不能扎紧，而导致断尾失败。

3. 去势

羊在肥育前要去势，去势又称阉割。去势的羊统称为羯羊。凡不作种用的公羔在出生后 1～2 周应去势。去势后的公羔性情温顺，管理方便，节省饲料，肉无膻味且较细嫩。去势常用方法有去势钳法、刀切法、结扎法、药物去势法。

（1）去势钳法：用特制的去势钳，在公羔的阴囊上部用力将精索夹断，睾丸逐渐萎缩。该方法快速有效，不开伤口，无失血与感染危险，但操作者要有一定的经验。

（2）刀切法：使用锋利的小刀切开阴囊，摘除睾丸。常需两人配合，一人保定羊，方法与断尾法相同，使羔羊半蹲或半仰，置于凳上或站立，阴囊外部用碘酒清毒，消毒后，实施手术者用左手将羊的睾丸挤到其阴囊底部，右手持消过毒的手术刀在羊的阴囊底部做一切口，切口长度以能挤出睾丸为度，轻轻挤出两侧睾丸，撕断精索；也可以在羊阴囊的侧下方切口，挤出一侧睾丸后将阴囊的纵隔从内部切开，再挤出另一侧睾丸，然后将伤口用碘酒消毒或撒上消炎粉，让其自愈。过 1～2 d 检查手术部位，如阴囊收缩，则为安全的表现；如果阴囊肿胀，可挤出其中的血水，再涂碘酒消毒或撒上消炎粉。去势的羔羊，要收容在有洁净褥草的羊圈内，以防感染。

（3）结扎法：当公羔一周大时，将睾丸挤到阴囊底部，然后用橡皮筋或细绳将阴囊的上部紧紧扎住，以阻断血液流通。经过 10～15 d，阴囊及睾丸萎缩自然脱落。此法简单易行，无出血，无感染。

（4）药物去势法：操作人员一手将公羔的睾丸挤到阴囊底部，并对其阴囊顶部与睾丸对应处消毒，另一手拿吸有消睾注射液的注射器，从睾丸顶部顺睾丸长径方向平行进针，扎入睾丸实质，针尖抵达睾丸下 1/3 处时慢慢注射，边注射边退针，使药物停留于睾丸中 1/3 处，依同法做另一侧睾丸注射。公羔注射后的睾丸呈膨胀状态，所以切勿挤压，以防药物外溢。药物的注射量为 0.5～1 mL/只，注射时最好用 9 号针头。羔羊去势后要进行适当的运动，放牧时不要追逐、远牧和浸水，经常检查有无炎症出现并及时处理。

4. 去角

为了便于羊只在舍内采食、管理，防止羊角斗造成伤亡、流产或顶伤饲养管理人员，羊场要结合实际情况进行羊只的去角。羔羊适宜去角时间是出生后 5～10 d，去角常用烙铁法、氢氧化钾去角法、锯断法等。

(1)烙铁法：将羔羊夹在操作人员的两腿中间，给角基周围的皮肤涂上凡士林以防止烧伤皮肤。去角人员手持 300 W 的手枪式电烙铁或"丁"字形烙铁(直径 1.5 cm，长 8～10 cm，在其中部接一个木柄)，在角的基部画圈烧烙，其直径为 2～2.5 cm，烧烙骨质角突，直至破坏角芽细胞的生长，每次烧烙一般 10～15 s 为宜，全部完成需要 3～5 min 的时间。

(2)氢氧化钾去角法：首先剪掉角突周围羊毛，然后在角突周围涂一圈凡士林，以防药液流入眼睛或损伤周围其他组织，再用氢氧化钾棒在两个角芽处由内到外，由小到大、轮流涂擦，以去掉皮肤、破坏角芽细胞的生长为宜。涂擦时位置要准确，磨面要略大于角基部，如涂擦面过小或位置不正，往往会出现片状短角；涂擦面过大会造成凹痕和眼皮上翻。羔羊去角后应与母羊隔离一段时间，以免羔羊吃乳时灼伤母羊乳房。为了防止羔羊因疼痛用蹄子抓破伤口，需用绳子将羔羊后肢拴系，经 2～4 h，待伤口干燥和疼痛消失后解开。

(3)锯断法：对于小时候未去角或没有去角干净的羊只，以后又生出弯曲状角并伸出羊的头皮，羊只经常表现不安，可用去角锯将其角顶端锯断。锯断后涂消炎药物，用纱布包扎，防止出血过多。

(三)羔羊早期断乳技术

早期断乳，实质上是控制哺乳期，缩短母羊产羔间隔和控制繁殖周期，达到 1 年 2 胎或 2 年 3 胎、3 年 5 胎、多胎多产的一项重要技术措施。

早期断乳必须让羔羊吃到初乳后再断乳，否则会影响羔羊的健康和生长发育。但哺乳时间过长，训练羔羊吃代乳品就困难，而且不利于母羊干乳，也易得乳房炎。从母羊产后泌乳规律来看，产后 3 周泌乳达到高峰，然后逐渐下降，到羔羊生后 7～8 周龄，母乳已远远不能满足其营养需要，而且这时乳汁形成的饲料消耗也大增，经济上很不合算。从羔羊胃肠功能发育来看，生后 7 周龄时，已能像成年羊一样有效地利用牧草。

早期断乳现有两种：生后 1 周断乳和生后 40 d 断乳，早期断乳必须使初生羔羊吃足 1～2 d 的初乳，否则不易成活。

1.1 周龄断乳法

羔羊生后 1 周断乳，或至羔羊活重达 5 kg 时断乳，然后用代乳品进行人工育羔，方法是将代乳品加水 4 倍稀释，日喂 4 次，为期 3 周。代乳品应根据绵羊乳的成分进行配制。生后 1 周代乳品配方为：脂肪 30%～32%，乳蛋白 22%～24%，乳糖 22%～25%，纤维素 1%，矿物质 5%～10%，维生素和抗生素 5% 等。

2. 40 d 断乳法

羔羊生后 40 d 断乳，可完全饲喂草料。断乳与羔羊胃容量及其活重之间有显著相关。因此，确定断乳时间时，还要考虑羔羊体重，体重过小的羔羊断乳后，生长发育明显受阻。一般建议，半细毛改良羊公羔体重达 15 kg 以上，母羔达 12 kg 以上；山羊羔体重达 9 kg 以上时断乳比较适宜。

五、育成羊的饲养管理

(一)育成羊的饲养

育成羊是指断乳后至第 1 次配种前的青年羊(4～18 月龄),羔羊断乳后 5～10 个月生长很快,一般毛肉兼用和肉毛兼用品种公、母羊增重可达 15～20 kg,营养物质需要较多。这一阶段如满足其对营养物质的需要,能促进羊只的生长发育,提高生产性能;如不能满足其对营养物质的需要,则会导致生长发育受阻,易出现胸浅体窄、腿高骨细、体质弱、体重小、抗病力差等不良个体,从而直接影响利用价值。

在实际生产中,一般将育成羊分为育成前期(4～8 月龄)和育成后期(9～18 月龄)两个阶段进行饲养。

1. 育成前期的饲养

育成前期,尤其是刚断乳不久的羔羊,生长发育快,瘤胃容积有限且功能不完善,对粗饲料的利用能力较差。这一阶段饲养的好坏,直接影响羊的体格大小、体形和成年后的生产性能,应按羔羊的平均日增重及体重,依据饲养标准,供给体积小、营养价值高、容易消化的日粮。羔羊断乳时,不要同时断料,断乳后应按性别单独组群。

2. 育成后期的饲养

育成后期羊的瘤胃消化功能趋于完善,可以采食大量的牧草和农作物秸秆。粗劣的秸秆不宜用来饲喂育成羊,即使使用,在日粮中的比例也不可超过 25%,使用前还应进行合理的加工调制。在育成阶段,可通过体重变化来检查羊的发育情况,在 1.5 岁以前,从羊群中随机抽出 5%～10% 的羊,每月定期在早晨未饲喂时或出牧之前进行称重。

(二)育成羊的管理

舍饲要加强运动,有利于羊的生长发育和防止形成草腹。育成母羊体重达到 35 kg 以上可参加配种;育成公羊在 1.5 岁以后,体重达到 40 kg 以上可参加配种,配种前还应保持良好的体况,适时进行配种和采精调教。

搞好圈舍卫生,做好羊的防疫工作。怀孕母羊产前 20～30 d,皮下注射羔羊痢疾疫苗 2 mL,10 d 后再注射 3 mL;在 2 月底,成年羊和羔羊每只肌内注射羊三联苗 5 mL;3 月上旬,羊痘疫苗每只用量 0.5 mL;3 月中旬,口蹄疫疫苗每只 1 头份;9 月上旬、中旬,布鲁氏菌病、炭疽按说明书防疫;9 月下旬,再注射 1 次羊三联苗。

在有寄生虫感染的地区,每年春、秋季节进行预防性驱虫两次,羔羊也应驱虫。驱除体内寄生虫的药物可选用丙硫苯咪唑,剂量为每千克体重 10～15 mg。用药的方法:一是拌在饲料中单个羊补食;二是用 3.0% 丙硫苯咪唑悬浮剂口服。

羊应经常护理肢蹄,羊蹄如果不及时修整,易长成畸形,而且会引发蹄尖上卷,蹄壁开裂等蹄病,严重时四肢变形。羊须每年修蹄一次,修蹄一般在雨后进行,此时蹄质变软,容易修理。修蹄的工具可使用修蹄剪。修蹄时,可将羊背靠在修蹄人两腿之间,使臀部着地,用修蹄剪或快刀先修前蹄,再修后蹄。如发现蹄趾间、蹄底和蹄冠部的皮肤红肿、甚至分泌有臭味的黏液,或羊跛行,应及时检查治疗,轻者可用 5% 硫酸铜溶液或 10% 甲醛溶液洗蹄 1～2 min,或用 2% 来苏儿液洗净蹄部并涂以碘酒。

●●●●● **任务工单**1

任务名称	羊只阶段饲养管理技术		
任务描述	通过视频，总结羊只不同阶段饲养管理要点，明确各时期饲养管理要求		
准备工作	1. 公羊、母羊、羔羊、育成羊饲养管理视频 2. 纸和笔		
实施步骤	1. 观看视频 2. 总结各时期饲养管理特点及要求		
考核评价	考核内容	评价标准	分值
	公羊饲养管理要点	配种期饲养管理要点总结正确（15分）；非配种期饲养管理要点总结正确（10分）	25分
	母羊饲养管理要点	空怀母羊饲养管理要点总结正确（10分）；妊娠母羊饲养管理总结正确（10分）；哺乳母羊饲养管理总结正确（10分）	30分
	羔羊饲养管理要点	哺乳羔羊饲养要点（10分）；断乳羔羊饲养要点（5分）；羔羊管理（10分）	25分
	育成羊饲养管理要点	育成前期饲养管理要点（10分）；育成后期饲养管理要点（10分）	20分

●●●●● **任务工单**2

任务名称	羊只塑料耳标标记法		
任务描述	通过塑料耳标对羊只的标记，掌握标记的方法及注意事项		
准备工作	1. 碘酒、记号笔、耳号牌、耳标钳 2. 待编号羊只		
实施步骤	1. 说明羊的编号方法 2. 练习使用耳标钳 3. 在塑料耳标上书写耳号 4. 保定羊只，打耳号 5. 对操作进行总结，分析不当之处，并提出注意事项		
考核评价	考核内容	评价标准	分值
	编号方法	能正确指出品种标记、年号、个体号的编号方法（每项5分，能正确编号5分）	20分
	耳标钳的正确使用	正确放置耳号牌（10分）；正确使用耳标钳（10分）	20分
	耳号书写	将编好的耳号书写在耳标正确面上（10分）；书写字迹清晰规范（10分）	20分

	考核内容	评价标准	分值
考核评价	打耳号	准确选择打孔位置(10分);正确进行羊耳、器具消毒(10分);正确戴耳标、做到"稳、准、快"(10分)	30分
	总结	能分析操作过程中存在的问题,并改进(10分)	10分

任务3 肉用羊育肥技术

●●●● 目标呼应

任务目标	课程教学目标
了解肉羊肥育方式	掌握羊生产中常规饲养管理技术
掌握羔羊、成年羊肥育技术要点	
掌握羊药浴的方法	

●●●● 情境导入

　　肉羊具有食性广、耐粗饲、抗逆性强等特点。饲养肉羊投资少、周转快、效益稳、回报率高。近年来，随着我国人们生活水平的不断提升，对羊肉的需求也逐渐增加，为肉羊产业的发展提供了巨大空间。

●●●● 知识链接

一、肉用羊的育肥方式

　　肉羊育肥方式有放牧育肥、舍饲育肥和混合育肥。

(一)放牧育肥

　　放牧育肥是利用天然草场、人工草场或秋茬地放牧抓膘的一种育肥方式。其生产成本低，安排得当时能获得理想的效益。

(二)舍饲育肥

　　舍饲育肥是根据肉羊生长发育规律，按照羊的饲养标准和饲料营养价值，配制育肥日粮，并完全在舍内进行喂、饮、运动的一种育肥方式。饲料的投入相对较高，但羊的增重快，胴体大，出栏早，经济效益高，便于按照市场的需要进行规模化、工厂化的肉羊生产。

(三)混合育肥

　　混合育肥是放牧与补饲相结合的育肥方式。它既能利用夏、秋牧草生长旺季，进行放牧育肥，又可利用各种农副产品及少许精料，进行补饲或后期催肥。

二、羔羊育肥技术

　　现代羊肉生产的主流是羔羊肉，尤其是肥羔肉。随着我国肉羊产业的发展和人们生活、经济条件的改善，羔羊肉的生产将是羊的育肥重点。

(一)育肥期及育肥强度的确定

　　羔羊在生长期间，由于各部位的各种组织在生长发育阶段代谢率不同，体内主要组织的比例也有不同的变化，通常早熟肉用品种羊在生长最初3个月内骨骼的发育最快，此后变慢、变粗，4～6个月龄时，肌肉组织发育最快，以后几个月脂肪组织的增长加快，到1

岁时肌肉和脂肪的增长速度几乎相等。

1. 肥羔生产

按照羔羊的生长发育规律，周岁以内尤其是 4～6 月龄以前的羔羊，生长速度很快，平均日增重一般可达 200～300 g。如果从羔羊 2～4 月龄开始，采用强度育肥的方法，育肥期 50～60 d，其育肥期内的平均日增重能达到或超过原有水平，这样羔羊长到 4～6 月龄时，体重可达成年羊体重的 50% 以上，出栏早，屠宰率高，胴体重大，肉质好，深受市场欢迎。

2. 羔羊肉生产

对于 2～4 月龄平均日增重达不到 200 g 的羔羊，须等体重达 25 kg 以上，至少是 20 kg 以上时，才能转入育肥，即进行羔羊肉生产。

这种方式须等羔羊断奶后，才能进行育肥且育肥期较长（90～120 d），一般分前、后两期育肥，前期育肥强度不宜过大，后期（羔羊体重 30 kg 以上）进行强度育肥，一般在羔羊出生后 10～12 月龄就能达到上市体重和出栏要求。

羔羊断奶后育肥是羊肉生产的主要方式，因为断奶后的羔羊除小部分选留到后备群外，大部分要进行出售处理。一般来讲，对体重小或体况差的进行适度育肥，对体重大或体况好的进行强度育肥。

(二)羔羊育肥期的饲养管理

对进行羔羊肉生产的育肥羔羊，适合采用能量较高、保持一定蛋白质水平和矿物质含量的混合精料来进行育肥。育肥期可分预饲期（10～15 d）、正式育肥期和出栏三个阶段。

育肥前应做好饲草（料）的收集、储备和加工调制，圈舍场地的维修、清扫、消毒和设备的配置等工作。预饲期应完成对羊只的健康检查、防疫、驱虫、去势、称重、健胃、分群、饲料过渡等项目的执行。正式育肥期主要是按饲养标准配合育肥日粮，进行投喂，定期称重，了解生长发育情况，合理安排饲喂、放牧、饮水、运动、消毒等生产环节，采用正确的饲喂方法，避免羊只拥挤和争食，尤其防止弱羊采食不到饲料，保证饮水充足，清洁卫生。出栏阶段主要是根据品种和育肥强度，确定出栏体重和出栏时间，育肥羔羊一般在 6～8 月龄，体重达 30～40 kg 时出售屠宰，应视市场需要、价格、增重速度和饲养管理等综合因素确定。

三、成年羊育肥技术

成年羊育肥在年龄上可划分为 1～1.5 岁羊和 2 岁以上的成年羊（多数为老龄羊），并按膘情好坏、年龄、性别、品种、体重、外貌等进行必要的挑选，然后进行育肥。主要目的是为了短期内增加羊的膘度，使其迅速达到上市的良好育肥状态。目前主要的育肥方式为颗粒饲料型，颗粒饲料中，秸秆和干草粉可占 55%～60%，精饲料占 35%～40%。

1. 育肥羊的选择

成年羊育肥应挑选好羊只，一般来讲，凡不做种用的公、母羊和淘汰的老弱病残羊均可用来育肥，但为了提高肥育效益，要求用来育肥的羊体形大，增重快，健康无病，最好是肉用性能突出的品种，年龄在 1.5～2 岁。

2. 育肥期的饲养管理

成年羊的整个育肥期可划分为预饲期（15 d）、正式育肥期（30～60 d）、出栏三个阶段。

　　预饲期的主要任务是让羊只适应新的环境、饲料、饲养方式的转变，完成健康检查、注射疫苗、驱虫、称重、分群、灭癣、修蹄等生产环节。预饲期应以粗饲料为主，适量搭配精饲料，并逐步将精饲料的比例提高到40％，进入正式育肥期，精饲料的比例可提高到60％。补饲用混合精料的配方比例可大致为：玉米、大麦、燕麦等能量籽实类饲料占80％左右，蚕豆、豌豆、饼粕类等植物性蛋白质饲料占20％左右，食盐、矿物质和添加剂的比例可占到混合精料的1％～2％。

　　成年羊育肥应充分利用秸秆、天然牧草、农副产品及各种下脚料，制定合理的饲料配方，必要时可使用尿素和各种饲料添加剂。日粮的日喂量依配方不同而有差异，一般为2.5 kg左右，每天投料两次，以饲槽内基本不剩为调整标准。要制定合理的饲养管理工作日程，定时定量饲喂，保证饮水。注意清洁卫生，定期称重，随市场需要适时出栏，一般肥育时间应在50 d以内。若肥育时间过长，经济效益则会因饲料转化率和生长速度较低而降低。

　　现代化羊场也在学习牛场，应用了TMR日粮进行饲喂和育肥，效果非常好(图7-3-1)。

图 7-3-1　羊场 TMR 饲喂技术

●●●●● 任务工单

任务名称	羊育肥技术		
任务描述	通过视频，掌握肉羊育肥方式和羔羊、成年羊育肥技术		
准备工作	1. 羔羊育肥视频 2. 成年羊育肥视频		
实施步骤	1. 观看视频 2. 总结肉羊育肥方式、羔羊育肥技术要点和成年羊育肥技术要点		
考核评价	考核内容	评价标准	分值
	肉羊育肥方式	放牧育肥(10分)；舍饲育肥(10分)；混合育肥(10分)	30分
	羔羊育肥技术要点	育肥阶段(5分)；育肥时间(10分)；育肥要点(10分)；出栏体重要求(10分)	35分
	成年羊育肥技术要点	育肥羊选择(10分)；饲养阶段划分(10分)；饲养管理要点(15分)	35分

任务4 奶山羊饲养管理

●●●● 目标呼应

任务目标	课程教学目标
掌握奶山羊饲养管理技术要点	掌握羊生产中常规饲养管理技术
掌握奶山羊挤乳方法	

●●●● 情境导入

随着生活水平的提高，羊奶越来越受到人们的青睐，羊奶不仅营养比牛奶更为丰富，而且还有较好的保健作用。目前盒装羊奶、羊奶粉等颇受欢迎。另外，奶山羊饲料利用率比较高，投资少，见效快。因此，奶山羊产业有很好的发展趋势和市场前景。

●●●● 知识链接

一、奶山羊泌乳期的饲养管理

奶山羊的泌乳期依照泌乳规律可分为4个阶段，即泌乳初期、泌乳盛期、泌乳稳定期和泌乳后期。

(一)泌乳初期

母羊产羔后20 d内为泌乳初期，也称恢复期。由于母羊刚分娩，体质虚弱，腹部空虚且消化功能较差，生殖器官尚未恢复，泌乳及血液循环系统功能还不正常，部分羊乳房、四肢和腹下水肿还未消失。因此，此期饲养目的是尽快恢复母羊的食欲和体力，减少体重损失，确保母羊泌乳量稳定上升。产后应避免母羊吞食胎衣，产后5～6 d应饲喂易消化的优质青干草，饮用温盐水或麸皮汤，少补精饲料，以免消化不良或发生乳房炎。6 d以后逐渐增加青贮饲料或多汁饲料，14 d精饲料增加到正常的喂量。精饲料添加量应根据母羊的体况、食欲、乳房膨胀程度、消化能力等具体情况而定，防止突然过量导致腹泻和胃肠功能紊乱，日粮中粗蛋白质占12%～16%，粗纤维占16%～18%，干物质按体重的3%～4%供给。

(二)泌乳盛期

母羊产后21～120 d为泌乳盛期(泌乳高峰期)，其中40～70 d产乳量最高，大约占全泌乳期产乳量的50%，这个时期母羊的饲养管理水平对泌乳能力的发挥起关键性作用。母羊产后20 d，体质逐渐恢复，泌乳量不断上升，体内蓄积的营养物质因大量产乳而消耗很大，羊体逐渐消瘦。此时应适当增加饲喂次数，多喂青绿多汁饲料，优质干草的喂量占体重的1.5%左右，一般每产1.5 kg乳给0.5 kg混合精饲料，饲料应注意多样化与适口性，为提高产乳量，可采用提前增加精饲料的办法，即抓好催乳。催乳从产后20 d左右开始，在原来精饲料量(0.5～0.75 kg)的基础上，每天增加50～80 g，只要乳量不断上升，就继续增加；当增加到每千克乳给 0.35～0.40 kg 精饲料，乳量不升时，再将超过饲养标准的精饲料量减下来并保持相对稳定。此时要看食欲是否旺盛，乳量是否继续上升，是否排软粪，要时刻保持羊只旺盛食欲，并防止消化不良。

高产母羊的泌乳高峰期出现较早，而采食高峰出现较晚，为了防止泌乳高峰期营养亏损，要求饲料的适口性要好、体积小、营养高、种类多、易消化，要增加饲喂次数，定时定量，少给勤添，还要增加多汁饲料，保证充足饮水，自由采食优质干草和食盐。

(三)泌乳稳定期

母羊产后 121～180 d 为泌乳稳定期，该期泌乳量逐渐下降。在饲养管理上要调配好日粮，尽量避免饲料、饲养方法及工作日程的改变，多给一些青绿多汁饲料，保证清洁的饮水，缓慢减料，加强运动，按摩乳房，精细管理，尽可能地使高产乳量稳定，并保持相对较长的时期。

(四)泌乳后期

产后 180～210 d 为泌乳后期，由于怀孕的影响，产乳量显著下降，精饲料的喂量要适当减少，并注意妊娠前期的营养供给。

二、奶山羊干乳期的饲养管理

母羊经过泌乳和妊娠，营养消耗很大，膘情较差，为了使其有恢复和补充的机会，让母羊停止产乳，称为干乳，停止产乳的这段时间称为干乳期。干乳能保障母羊恢复体况，为胎儿正常发育进行营养储备，所以母羊在干乳期应得到充足的蛋白质、矿物质和维生素，使母羊乳腺组织得到恢复，保证胎儿发育，为下一轮泌乳储备营养。

干乳期的长短取决于母羊的体质、产乳量高低、泌乳胎次等，干乳期母羊饲养可分为干乳前期和干乳后期。

(一)干乳前期的饲养管理

此期青贮饲料和多汁饲料不宜饲喂过多，以免引起早产，营养良好的母羊应喂给优质粗饲料和少量精饲料；营养不良的母羊除优质饲草外，要加喂一定量混合精饲料。此外，还应补充含磷、钙丰富的矿物质饲料。

(二)干乳后期的饲养管理

干乳后期胎儿发育较快，需要更多的营养，同时为满足分娩后泌乳需要，干乳后期应加强饲养，饲喂营养价值较高的饲料。精饲料喂量应逐渐增加，青干草应自由采食，多喂青绿饲料。一般按体重 50 kg、日产乳 1～1.5 kg 的母羊所需的营养标准，每日供给混合精饲料 0.5 kg、青干草 1 kg、青贮料 1.5～2 kg。

母羊分娩前 1 周左右，应适当减少喂给精饲料和多汁饲料。干乳后应加强运动，防止争斗、拥挤，注意保胎护羔。

三、奶山羊的挤乳方法

挤乳是奶山羊泌乳期的一项日常性管理工作，技术要求高，劳动强度大，挤乳技术的好坏，不仅影响奶山羊产乳量，而且会因操作不当而造成乳房炎。挤乳包括机器挤乳和人工挤乳两种方法。

(一)机器挤乳

奶山羊场一般都配有不同规格的挤乳间(图 7-4-1)，挤乳间的构造和奶牛挤乳厅类似，挤乳台距地面约 1 m，以挤乳员操作方便为宜。挤乳机的关键部件为挤乳杯，其设计是根据奶山羊的泌乳特点和乳头构造等确定的。发育良好的乳房围度为 37～38 cm，乳头长短要适中，过小不利于挤乳操作。乳头与挤乳台台面的距离应在 20 cm 以上，否则容易造成羊乳污染，奶山羊机器挤乳的速度很快，3～5 min 即可完成，前 2 min 内的挤乳量大约为产乳量的 85％。

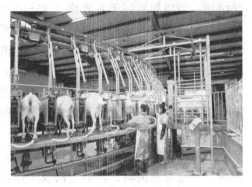

图 7-4-1　奶山羊的转盘挤奶

　　机器挤奶的流程和奶牛一样，即：挤乳前药浴——挤掉前三把奶——擦干——上奶杯——挤奶——脱杯——后药浴。

(二)人工挤乳

　　饲养奶山羊较多的羊场，应有专门的挤乳室，设在羊舍一端，室内要清洁卫生，光线明亮，无尘土飞扬。设有专门的挤乳台，台面距地面 40 cm，台宽 50 cm，台长 110 cm。前面颈枷总高为 1.4～1.6 m，颈枷前方悬挂饲槽。台面右侧前方有方凳，为挤乳员操作时的座位。另外，需配备挤乳桶、热水桶、盛乳桶、台秤、毛巾、方凳和记录表格等。

　　奶山羊每次挤乳的次数依产乳量而定，一般每天 2 次；日产乳 5 kg 左右的羊，每天 3 次。每次挤乳的时间间隔应相同。

●●●●● **任务工单**

任务名称	奶山羊饲养管理技术		
任务描述	通过奶山羊养殖视频，总结奶山羊饲养管理要点，分析对比奶山羊和泌乳牛挤奶的异同		
准备工作	1. 奶山羊养殖视频 2. 奶山羊挤奶视频		
实施步骤	1. 观看奶山羊养殖视频 2. 总结奶山羊饲料要求和管理要点 3. 和泌乳牛对比，分析挤奶操作的异同		
考核评价	考核内容	评价标准	分值
	奶山羊饲养要点	准确说明奶山羊的营养需要(10分)；正确总结奶山羊泌乳期饲喂特点(10分)；正确总结干奶期饲喂特点(10分)	30分
	奶山羊管理要点	正确总结泌乳期管理要点(15分)；正确总结干奶期管理要点(15分)	30分
	挤奶操作	说明挤奶流程(10分)；说明挤奶各操作步骤作用及注意事项(10分)；分析对比泌乳牛挤奶流程，查找异同点(20分)	40分

项目 8
牛羊场运行管理

牛羊场的运行管理，包括岗位设置和生产定额、疫病监控、财务管理及生产计划等。牛羊场的运行管理是保障生产正常运转的前提，场区常常因为这方面的管理缺失而导致生产不便。科学合理的设置岗位，有计划、有目的地组织生产，有预期、有结果地辛勤付出，才能创造牛羊场美好的明天。

任务 1　牛羊场岗位设置与生产定额

●●●●● 目标呼应

任务目标	课程教学目标
明确岗位设置	能安排牛羊场简单运行
明确生产定额	

●●●●● 情境导入

一个 1 200 头规模的奶牛场，配备了场长 1 人、财务 1 人、技术场长 1 人、繁育员 1 人、兽医 1 人、奶厅管理 1 人、挤奶员 12 人、饲养员 10 人、TMR 饲料搅拌 2 人、料库管理 1 人、粪污处理 2 人，共计 33 人。这个牛场的岗位设置及配备是否合理？

●●●●● 知识链接

一、奶牛场的岗位设置
奶牛场的岗位设置与其规模、设施、工艺等密切相关，不可能制定统一的标准。应根据不同的劳动作业、每个人的劳动能力和技术熟练程度、机械化及自动化水平等条件，设置适当的岗位，规定适宜的劳动定额。一些岗位的职能可以通过社会化专业服务实现，业务量小的情况下，部分岗位可以一人多岗。

（一）管理岗位

奶牛场的核心管理层一般由场长、副场长、财务总监等组成，分别负责技术、行政和财务工作。

1. 场长

奶牛场工作的技术性很强，场长一般应受过畜牧兽医专业的系统培训，有奶牛场工作经验，熟悉奶牛场的全面工作。场长的业务能力、管理水平在很大程度上决定了牛场的整体水平，是奶牛场经营成败的关键，要高度重视场长的选拔和培养。场长负责全面经营管理工作，对投资人负责，主要职责如下。

（1）提出牛场发展规划、年度工作计划，落实已经确定的技术和经营管理目标。

（2）遵守相关法律法规，确保安全生产、依法经营，杜绝重大疫病和安全责任事故的发生。

（3）决定各部门、岗位工作的内容和工作制度，决定人员的聘任、解聘等。

（4）决定内部管理制度、饲养管理方案等。

（5）调整管理人员，协调、监督各管理岗位工作，建立良好的工作秩序。

（6）熟悉行业发展情况，掌握内部存在的问题，采取有效措施不断提高牛场饲养管理水平。

（7）对财务预、决算，员工待遇等提出建议，决定员工奖惩。

2. 副场长

视工作需要设 1～2 名行政、技术副场长，在场长的领导下开展工作，对场长负责，主要职责如下。

（1）提出分管工作的发展目标、年度工作计划，落实已确定的计划和目标。

（2）提出分管工作范围内各岗位的工作内容、目标和制度。

（3）提出分管工作范围内人员聘用、解聘、调整建议。

（4）协调分管工作范围内各岗位工作，建立良好工作秩序。

（5）分析分管工作中的问题，提出改进措施。

3. 财务总监

负责牛场全面财务工作，对投资人负责，业务上接受场长领导。财务总监的主要职责是严格按照国家有关法律法规和企业内部财务制度进行财务管理，为奶牛场的健康运行提供财务保障，进行全面成本分析，协助场长做好成本控制。

（二）辅助管理岗位

1. 办公室

办公室是综合管理部门，负责上情下达、会议组织、对外联系、通知、接待、统计、文书等方面的工作。奶牛场一般需要有 1 名专职办公人员，规模较大的奶牛场可组建办公室，由数名人员分工负责办公室工作。

2. 财务管理

财务管理分别设置会计和出纳岗位，视情况安排专职或兼职人员担任。

3. 物资保管

饲料、兽药、工具、耗材、机械零配件等物资均需要建立保管、出入库记录、台账等管理制度，有专人负责落实。视工作量安排专职或兼职人员进行管理。

4. 统计员

大中型奶牛场一般应设 1 名专职统计员，小型奶牛场可由畜牧技术人员或办公人员兼任。统计员的职责是发放、收集各种统计报表，监督数据记录质量，对数据进行汇总、统计、分析，形成有助于管理决策的统计报表。

5. 安保人员

安全保卫是奶牛场的重要工作，应由场长或 1 名副场长牵头负责，建立人防、技防、群防相结合的安保体系，同时安排专职安保人员负责门卫、巡视、监控等工作。

(三)技术岗位

1. 营养师

营养师负责奶牛场的饲料营养和饲养管理工作，具体任务包括日粮配方设计、饲料品质鉴定、奶牛阶段饲养管理、奶牛体形外貌鉴定等。大型奶牛场应设专职营养师，中小型奶牛场可由场长或技术副场长兼任，或联合几个奶牛场聘用 1 名营养师。

2. 育种员

育种员负责奶牛发情鉴定和人工授精操作，奶牛场一般应至少设 1 名专职育种员，使用计步器辅助发情诊断的奶牛场可使用社会化专业技术服务人员，无辅助发情诊断系统的奶牛场，必须在具备良好发情诊断能力的条件下才能使用社会化专业技术服务人员。一般每名育种员可负责 300 头能繁母牛的配种任务。要求按配种计划适时配种，保证受胎率在 95% 以上，受胎母牛平均使用冻精不超过 3 支。

3. 兽医师

奶牛场一般需要配备专职兽医师，负责疾病诊治、两病定期检疫以及疫病防控工作。一般每名兽医师可负责 200~400 头牛的疾病诊治和疫病防控任务。

4. 修蹄员

修蹄员负责成母牛和大育成牛的定期修蹄任务，每 400 头牛可配备 1 名修蹄员，一般奶牛场的修蹄员都是由兽医师负责，营养师和育种员协助工作。

5. 化验员

建议超过 1 000 头的牛场需配置 1~2 名专职化验员。化验工作主要服务于饲料品质管理和疾病诊断。

6. 机电维护人员

机电维护人员负责供电线路、设施设备的日程维护修理，视情况设 1 名或数名专职人员。

(四)生产人员

1. 饲料工

饲料工负责日常饲料粉碎、TMR 搅拌、送料等工作，人员定额受设备水平、加工工艺影响。一般每名饲料工每天可粉碎精料 5 t，输送饲草 5 t，输送混合精料 2~3 t，千头牛场最好配备精饲料加工车间，具备粉碎、混合、压片和制粒功能，需要 7~10 人。

2. 饲养工

饲养工负责牛只饲喂、刷拭、护理等工作，并能熟悉管理牛只的采食、反刍、粪尿、生长发育等方面的情况。国内一般每名饲养工可管理犊牛 25～30 头、临产母牛 10～20 头、泌乳牛 30～40 头或干奶牛 50～60 头。采用 TMR 饲喂工艺可大幅度减少饲养工数量，每名饲养工可管理 200 头以上成母牛。

3. 挤奶厅工作人员

挤奶厅工作人员包括挤奶工和乳品处理工。乳品处理工负责原料奶冷却、奶罐及管道消毒、原料奶发送等工作，每个挤奶厅配备 1 人；挤奶工负责挤奶操作、奶厅清洁，可按每 80～100 头泌乳牛配备 1 名挤奶工。

4. 清洁工

清洁工负责场区消毒、房间及道路清洁、垃圾清理等工作。1 名清洁工可负责 300～500 m² 道路、房间的清扫清洁任务。

5. 粪污处理

粪污处理工作包括牛舍、运动场清粪，堆肥，固液分离，沼气处理，污水处理等。粪污处理工劳动定额与设施、设备条件和处理工艺有很大关系，人工清粪牛舍，每名清粪工可负担 50～100 头牛的清粪任务，使用刮粪板机械清粪的牛舍，每名清粪工可负担 200～400 头牛的清粪任务。运动场清粪，每名清粪工可负担 100 头左右牛的清粪任务。固液分离、沼气处理、污水处理设施设备操作和管理，堆肥处理，处理粪污还田等工作劳动定额视需要确定。

二、生产定额

牛场的生产定额种类很多，按用途分主要有人员配备定额、劳动定额、饲料储备定额、饲料消耗定额、机械设备定额、物资储备定额、产品定额和财务定额（包括资金占用定额、成本定额和费用定额）等。在生产管理中，制定科学合理的生产定额可有效提高牛场的经济效益。

(一)人员配备定额

人员配备定额，即完成一定任务应配备的生产人员、技术人员和服务人员标准。每个牛场均应根据各自的实际情况合理定额，配备人员，以发挥最大的劳动生产效率。

实例 1：人员配备定额，某规模为 600 头的奶牛场，其中成年母牛 350 头，拴系式饲养，管道式机械挤奶，平均单产 7 500 kg，其人员配备为：管理 4 人（场长 1 人、生产主管 1 人、会计 1 人、出纳 1 人）；技术人员 5 人（人工授精员 2 人、统计 1 人、兽医 2 人）；直接生产人员 45 人（饲养员 17 人、挤奶员 10 人、清洁工 5 人、接产员 2 人、轮休 2 人、饲料加工及运送 5 人、夜班 2 人、奶库及原料奶管理 2 人）；间接生产人员 7 人（机修 3 人、仓库管理及锅炉工 1 人、保安 1 人、绿化 1 人、司机 1 人）。

实例 2：一规模为 800 头的奶牛场，其中成年母牛 500 头，散放式饲养，挤奶厅机械挤奶，传统饲喂方式，平均单产 7 800 kg，其人员配备为：管理 4 人（场长 1 人、生产主管 1 人、会计 1 人、出纳 1 人）；技术人员 6 人（人工授精员 3 人、统计 1 人、兽医 2 人）；直接生产人员 48 人（饲养员 21 人、挤奶员 9 人、清洁工 6 人、接产员 2 人、轮休 2 人、饲料加工及运送 5 人、原料奶管理 1 人、夜班 2 人）；间接生产人员 7 人（机修 2 人、仓库管理及锅炉工 2 人、保安 1 人、绿化 1 人、司机 1 人）。

实例3：规模为 10 000 头的泌乳牛场，其中成母牛 5 119 头（泌乳牛 4 814 头）。两套阿菲金 72 位挤奶转盘，4 台自走式 TMR 饲喂设备，平均单产 36.71 kg，牛场日产鲜奶 173 473.2 kg。人员配置，主管经理 12 人（总经理 1 人、副总经理 1 人、主管经理 10 人）；牧场办公室 4 人（含办公室主任 1 人）；会计 3 人（含财务经理 1 人）；采购部 4 人（含采购经理 1 人、出纳入库 2 人）；繁育 14 人（技术员 9 人、实习生 5 人）；饲养 22 人（含营养师 3 人、TMR 司机 6 人、铲车司机 6 人、现场管理员 3 人）；挤奶员 65 人（分成 6 个班次）；犊牛饲养员 9 人；兽医 25 人（包括产后保健 5 人、病牛治疗 4 人、修蹄保健 3 人、乳房炎治疗 2 人、接产员 6 人）；清粪工外包人数不确定；风扇喷淋 8 人；间接生产人员 18 人（机修间 7 人、保安 6 人、绿化 2 人、锅炉工 2 人、牧场司机 1 人）。

（二）劳动定额

劳动定额是在一定生产技术和组织条件下，为生产一定的合格产品或完成一定的工作量，所规定的必要劳动消耗量，是计算产量、成本、劳动生产率等各项经济指标和编制生产、成本和劳动等项目计划的基础依据。劳动工资是一项较大的支出。奶牛场在做好人员配备定额外，还应根据不同的劳动作业、每个人的劳动能力和技术熟练程度，机械化、自动化水平以及其他设备条件，规定适宜的劳动定额。在我国目前情况下，各奶牛场主要工种劳动定额如下。

1. 挤奶工

挤奶工负责挤奶、清扫卫生、护理奶牛乳房以及协助观察母牛发情等工作。手工挤奶每人可管理泌乳牛 10～12 头；管道式机械挤奶时，每人可管理 35～45 头；挤奶厅机械挤奶时，每人可管理 60～80 头。可根据机械化程度、饲料条件及泌乳量进行调整。

2. 饲养工

饲养工负责饲喂、清理饲槽、刷拭牛体，并经常观察牛只的食欲、反刍、排粪、发情及生长发育等情况。每人可管理成年母牛 50～60 头；犊牛饲养工每人管理犊牛 35～40 头，要求犊牛 2 月龄断奶，哺乳量 300 kg，日增重达 700～750 g，成活率不低于 95%；育成牛饲养工管理定额为 60～70 头，日增重达 700～800 g。

3. 产房工

产房工每人定额 18～20 头，负责围产期母牛的饲养、清洁卫生、接产以及产后挤奶工作。要求管理仔细，不发生人为事故。

4. 兽医

兽医每人定额 200～250 头，手工操作，负责检疫、治疗、接产、修蹄、牛舍消毒、医药和器械的购买及保管等。要求全年牛群死亡率不超过 3%。

5. 配种员

配种员每人定额 250 头，负责母牛人工授精、孕检及保健工作。要按配种计划适时配种，保证受胎率在 96% 以上，全年繁殖率不低于 85%，受胎母牛平均使用冻精不超过 3 粒（支）。

6. 饲料加工供应员

饲料加工供应员每人定额 120～150 头，手工和机械操作相结合。负责饲料称重入库，加工粉碎，清除异物，配制混合，并做到现喂现送。

7. 乳品处理工

乳品处理工负责乳品冷却、消毒、清洁盛乳器及鲜牛奶出售等，坏乳率及出售损耗率不超过2%。

8. 清洁工

清洁工负责牛体、牛床、牛舍以及周围环境的卫生。每人可管理各类牛120~150头。

每个奶牛场均应根据各自的实际情况，合理制定定额，配备人员，提高劳动生产效率。

(三)饲料消耗定额

饲料消耗定额是生产单位重量牛奶或增重所规定的饲料消耗标准，是确定饲料需要量、合理利用饲料、节约饲料和实行经济核算的重要依据。

在制定不同类别奶牛的饲料消耗定额时，首先应查找其饲养标准中对各种营养成分的需要量，参照不同饲料的营养价值确定日粮的配给量；其次以日粮的配给量为基础，计算不同饲料在日粮中的占有量；最后再根据占有量和牛的年饲养头日数即可计算出年饲料的消耗定额。由于各种饲料在实际饲喂时都有一定的损耗，尚需要加上一定损耗量。

一般情况下，奶牛饲料消耗定额为：成年母牛每头每天平均需5 kg优质干草，玉米青贮20 kg；育成牛每头每天平均需干草3 kg，玉米青贮15 kg。成年母牛精饲料按2.5~3.5 kg奶给1 kg精饲料外，每头每天还需加基础料2 kg；初孕牛平均每头每天2.5~3 kg精料；育成牛为2.5 kg；犊牛为1.5 kg。

(四)成本定额

成本定额通常指生产单位奶量或增重所消耗的生产资料和所支付的劳动报酬的总和。其包括各年龄母牛群的饲养日成本和牛奶单位成本。

牛群饲养日成本等于牛群饲养费用除以牛群饲养头日数。牛群饲养费用定额，即构成饲养日成本各项费用定额之和。牛群和产品的成本项目包括：工资和福利费、饲料费、燃料费和动力费、医药费、牛群摊销、固定资产折旧费、固定资产修理费、低值易耗品费、其他直接费用、共同生产费、企业管理费等。这些费用定额的制定，可参照历年的实际费用、当年的生产条件和计划来确定。

生产定额是在一定条件下制定的，反映一定时期的技术和管理水平。由于生产的客观条件在不断发展变化，因此，在每年编制计划前，必须对上一年的定额进行一次全面的调查、收集、整理和分析，对不符合新条件的定额进行重新修订，从而使定额标准更为科学、准确和可行。

●●●●● **任务工单**

任务名称	牛羊场岗位设置与生产定额		
任务描述	通过案例分析，确定生产中的岗位设置，并根据生产规模，分析生产中的人员定额		
准备工作	准备一份详细的牛(或羊)场规模资料及人员配备相关情况数据		
实施步骤	1. 分析牛(或羊)场岗位设置 2. 分析牛(或羊)场各岗位定额是否合理 3. 针对人员定额提出建设性意见		
考核评价	考核内容	评价标准	分值
	岗位设置	分析案例牛(或羊)场岗位设置和岗位职责，管理岗位(8分)；辅助管理岗位(8分)；技术岗位(8分)；生产岗位(8分)	32分
	岗位人员定额	依据案例，分析管理岗位人员定额(7分)；分析辅助管理岗位人员定额(7分)；分析技术岗位人员定额(7分)；分析生产岗位人员定额(7分)	28分
	分析岗位定额	在岗位工作量均衡的前提下，管理岗位人员定额合理性分析，提出建议(10分)；辅助管理岗位人员定额合理性分析，提出建议(10分)；技术岗位人员定额合理性分析，提出建议(10分)；生产岗位人员定额合理性分析，提出建议(10分)	40分

任务 2　场区疫病监控

●●●● 目标呼应

任务目标	课程教学目标
明确卫生防疫制度	
明确免疫接种分类	能安排牛羊场简单运行
说明常见传染性疾病和寄生虫疾病有哪些	

●●●● 情境导入

遵照"预防为主"的原则,在牛场的选址、建设与牛的饲养、管理等方面严防疫病的传入与流行。要严格建立兽医卫生防疫制度,必要时坚持"自繁自养"的原则,防止疫病传入。加强牛、羊的科学饲养、合理生产,增强牛羊抵抗力,认真执行免疫计划,定期进行预防接种,对主要疫病进行疫情监测。遵循"早、快、严、小"的处理原则,及早发现,及时处理,采取严格的综合性防控措施,迅速扑灭疫情,防止疫情扩散。

●●●● 知识链接

牛疫病的监测与防治措施通常分为预防性和扑灭性措施两种,前者是以预防为目的的经常性的工作,后者为迅速扑灭已发生的疫病,二者均应以预防为主。针对传染病发生流行过程中的传染源、传播途径、易感动物三个环节,查明和消灭传染源,采取适当措施加强防疫消毒工作,改善饲养管理,切断传播途径,提高牛羊对疫病的抵抗能力,增强控制疾病的主动性。

一、场区的选址与建设

场区的选址与建设即从选择场址、建设场区时就应对牛疫病的预防有周密而全面的考虑。

二、建立兽医卫生制度

建立健全兽医卫生制度是防止外源病原传入、降低内源病原微生物致病的有效预防性措施。

1. 生产区入口管理

非本场人员和车辆未经场长或兽医部门同意不准随意进入生产区;生产区入口应设消毒池,消毒池长度以 1.5 个车轮长为宜,池深应以浸没 1/2 轮胎为宜,池内每天保持有效消毒药液,车辆经消毒后方可进人;有条件的牛场可设消毒室,人员更换专用消毒工作服、鞋帽后方可进人;工作人员和挤乳、饲养人员的工作服、工具要保持清洁,经常清洗消毒,不得带出牛舍(生产区入口消毒和着装要求,见项目 1 任务 7)。

2. 污物清理

牛床、运动场及周围每天要进行牛粪及其他污物的清理工作，并建立符合环保要求的牛粪尿与污水处理系统。每个季度大扫除，大消毒一次。病牛舍、产房、隔离牛舍等每天进行清扫和消毒。

3. 淘汰牛只处理

对治疗无效的病牛或死亡的牛，主管兽医要填写淘汰报告或申请剖检报告，上报主管场长，同意签字后，方能淘汰或剖检。

4. 场内不准饲养其他畜禽

其他畜禽禁止饲养，禁止将市售畜禽及其产品带入生产区进行清洗、加工等。

5. 定期灭蚊、蝇、虫鼠害

每年春、夏、秋季，要进行大范围灭蚊蝇及吸血昆虫的活动。平时要采取经常性的灭虫措施，以降低虫害造成的损失。

6. 设立兽医室

兽医室除备有常用的诊疗器械、兽药及疫苗等以外，还应有牛的病史卡、疾病统计表、结核病及布鲁氏菌病的检测结果表、预防注射疫苗的记录表、寄生虫检测结果表、病牛的尸体剖检申请表及尸体剖检结果表等常规记录登记统计表及日记簿。

7. 员工体检

牛场全体员工每年必须进行一次健康检查，发现结核病、布鲁氏菌病及其他传染病的患者，应及时调离生产区。新入职员工必须进行健康检查，证实无结核病与其他传染病时方能上岗工作。

三、疫病监测

疫病监测是利用血清学、病原学等方法，对动物疫病的病原或感染抗体进行监测，以掌握动物群体疫病情况，及时发现疫情，尽快采取有效防治措施。

(1)适龄牛必须接受布鲁氏菌病、结核病监测(适龄牛指 20 日龄以上)。牛场每年开展两次或两次以上布鲁氏菌病、结核病监测工作，要求对适龄牛监测率达 100%。

(2)布鲁氏菌病、结核病监测及判定方法按农业部颁布标准执行，即布鲁氏菌病采用试管凝集试验、虎红平板凝集试验、补体结合反应等方法，结核病用提纯结核菌素皮内变态反应方法。

(3)初生犊牛应于 20~30 日龄时用提纯结核菌素皮内注射法进行第一次监测。假定健康牛群的犊牛除隔离饲养外，还应于 100~120 日龄进行第二次检测。凡检出的阳性牛应及时淘汰处理，疑似反应者，隔离后 30 d 进行复检，复检为阳性牛只应立即淘汰处理，若其结果仍为可疑反应时，经 30~45 d 后再复检，如仍为疑似反应，应判为阳性。

(4)检出结核阳性反应的牛群，经淘汰阳性牛后，认定为假定健康牛群。假定健康牛群还应该每年用提纯结核菌素皮内变态反应进行三次以上检测，及时淘汰阳性牛，对可疑牛处理同第三条，连续两次监测不再发现阳性反应牛时，可认为是健康牛群。健康牛群结核病每年检测率需达 100%，如在健康牛群中(包括犊牛群)检出阳性反应牛时，应于 30~45 d 内进行复检，连续两次监测未发现阳性反应牛时，认定是健康牛群。

(5)布鲁氏菌病每年监测率 100%，凡检出是阳性的牛应立即处理，对疑似反应牛必须进行复检，连续两次为疑似反应者，应判为阳性。犊牛在 80~90 日龄进行第一次监测，6

月龄进行第二次监测，均为阴性者，方可转入健康牛群。

（6）运输牛时，须持有当地动物防疫监督机构签发的有效检疫证明，方准运出，禁止将病牛出售及运出疫区。由外地引进牛时，必须在当地进行布鲁氏菌病、结核病检疫，呈阴性者，凭当地防疫监督机构签发的有效检疫证明方可引进。入场后，隔离、观察一个月，经布鲁氏菌病、结核病检疫呈阴性反应，方可转入健康牛群。如发现阳性反应牛，应立即隔离淘汰，其余阴性牛再进行一次检疫，全部阴性时，方可转入健康牛群。

（7）凡在健康牛场内饲养的其他牲畜，也要进行布鲁氏菌病、结核病监测。

四、免疫监测

所谓免疫监测，就是利用血清学方法，对某些疫苗免疫动物在免疫接种前后的抗体跟踪监测，以确定接种时间和免疫效果。在免疫前，监测有无相应抗体及其水平，以便掌握合理的免疫时机，避免重复和失误；在免疫后，监测是为了了解免疫效果，如不理想可查找原因，进行重免；有时还可及时发现疫情，尽快采取扑灭措施。

定期开展牛口蹄疫等疫病的免疫抗体监测，及时修正免疫程序，提高疫苗保护率。

五、免疫

免疫接种是给动物接种各种免疫制剂（疫苗、类毒素及免疫血清），使动物个体和群体产生对传染病的特异性免疫力。免疫接种是预防和治疗传染病的主要手段，也是使易感动物群转化为非易感动物群的唯一手段。根据免疫接种的时机不同，可分为预防接种和紧急接种两类。

1. 预防接种

预防接种是在平时为了预防某些传染病的发生和流行，有组织有计划地按免疫程序给健康畜群进行的免疫接种。预防接种常用的免疫制剂有疫苗、类毒素等。由于所用免疫制剂的品种不同，接种方法也不一样，有皮下注射、肌内注射、皮肤刺种、口服、点眼、滴鼻、喷雾吸入等。预防接种应首先对本地区近几年来动物曾发生过的传染病流行情况进行调查了解，然后有针对性地拟订年度预防接种计划，确定免疫制剂的种类和接种时间，按所制定的免疫程序进行免疫接种，争取做到逐头注射免疫。

在预防接种后，要注意观察被接种牛的局部或全身反应（免疫反应）。局部反应是接种局部出现一般的炎症变化（红、肿、热、痛）；全身反应，则呈现体温升高，精神不振，食欲减少，泌乳量降低等。轻微反应是正常的，若反应严重，则应进行适当的对症治疗。

2. 紧急接种

紧急接种是指在发生传染病时，为了迅速控制和扑灭疫病的流行，而对疫区和受威胁区尚未发病的牛进行紧急免疫接种。应用疫苗进行紧急接种时，必须先对牛群逐头进行详细的临床检查，只能对无任何临床症状的牛进行紧急接种，对患病和处于潜伏期的牛，不能接种疫苗，应立即隔离治疗或扑杀。但应注意，在临床检查无症状而貌似健康的牛中，必然混有一部分处于潜伏期的牛，在接种疫苗后不仅得不到保护，反而促进其发病，造成一定的损失，这是一种正常的不可避免的现象。但由于这些急性传染病潜伏期短，而疫苗接种后又能很快产生免疫力，因而发病后不久即可下降，疫情会得到控制，多数动物得到保护。

六、发生传染病时的扑灭措施

(一)疫情报告

当发生国家规定的一些动物传染病时，要立即向当地动物防疫监督机构报告疫情，包括发病时间、地点、发病及死亡动物数、临床症状、剖检变化、初诊病名及防治情况等。

(二)对发病牛群迅速隔离

在发生严重的传染病，如口蹄疫、炭疽等时，则应采取封锁措施。

(三)严格消毒

对被患病牛污染的垫草、饲料、用具、动物笼舍、运动场以及粪尿等，进行严格消毒。死亡和淘汰牛只按《动物防疫法》处理。

七、寄生虫病的预防

寄生虫种类多，生物学特性各异，牛寄生虫病的防治应根据地理环境、自然条件的不同，采取综合性防治措施。根据饲养环境需要，每年可对牛群用药物进行1~2次肝片吸虫的驱虫工作。对血吸虫病流行地区，应实行圈养，并定期进行血吸虫病的普查及治疗工作，在焦虫病流行疫区内，每年要定期进行血液检查。在温暖季节，如发现牛体上有蜱寄生虫时，应及时用杀虫药物杀虫。

检查出病牛要及时隔离饲养并用药物治疗，以防引起疫病的流行；其他牛可用药物进行预防注射。

八、常见传染性疾病与寄生虫病

(一)常见传染性疾病

牛群一旦发生某种传染病，应及时准确地进行疾病诊断，并根据该病的特点提出综合防治措施。传染病有炭疽、布鲁式菌病、结核病、口蹄疫、牛巴氏杆菌病、牛沙门氏菌病、犊牛大肠杆菌病、牛流行热及牛的传染性鼻气管炎等。

(二)常见寄生虫病

常见的寄生虫病包括肝片形吸虫病、牛血吸虫病、绦虫病、牛囊尾蚴病、消化道线虫病、焦虫病和牛球虫病等。

九、兽医工作指标(表8-2-1)

表8-2-1　兽医工作指标

指　标	目标值	指　标	目标值
犊牛死亡率/%	<5	胎衣不下发病率/%	<10
育成牛死亡率/%	<3	临床乳房炎发病率/%	<20
成母牛死亡率/%	<3	犊牛年药费成本/元	<200
A、O型与亚Ⅰ型口蹄疫二联苗免疫次数/次	≥3	育成、青年牛年药费成本/元	<50
布病阳性年检出率/%	<0.3	成年奶牛年药费成本/元	<150
结核阳性年检出率/%	<0.4	—	—

●●●●● 任务工单

任务名称	场区疫病监控		
任务描述	分析案例牛场卫生防疫制度的完整性；分析案例牛场免疫接种类型；通过教学视频，指出牛场常见传染性疾病和寄生虫性疾病的种类		
准备工作	1. 牛场卫生防疫制度 2. 牛场免疫接种案例 3. 牛场卫生防疫视频		
实施步骤	1. 对案例牛场的卫生防疫制度进行分析，并提出合理化建议 2. 对案例牛场的免疫接种进行分析，说明免疫接种的类型、作用 3. 通过观看视频，总结牛场常见的传染性疾病有哪些，常见的寄生虫疾病有哪些		
考核评价	考核内容	评价标准	分值
	卫生防疫制度分析	牛场入口和生产区入口防疫要求(10分)；牛生活环境的防疫要求(10分)；牛场季节性防疫要求(10分)；牛场工作人员的防疫要求(10分)	40分
	免疫接种分析	分析案例牛场免疫接种的类型(15分)；这种免疫的作用(15分)	30分
	易感的传染性疾病和寄生虫病	指出视频中提到的传染性疾病名称(15分)；指出常见的寄生虫疾病名称(15分)	30分

任务3　生产财务管理

●●●● 目标呼应

任务目标	课程教学目标
了解固定资金和流动资金的概念	能安排牛羊场简单运行
会成本核算的方法	
能说明考核利润的指标	

●●●● 情境导入

　　财务管理是一项复杂而政策性很强的工作,是监督企业经济活动中的一个有力手段。财务管理应做到遵守财务有关规定,一切费用进出必须有原始凭证、项目完整、报表完善、逐月提供财务收支报表、通报效益进度;做好各项资金管理工作,可提高资金的周转率,缩短资金的周转期;做好成本分析和核算工作,在做好各项生产成本分析和核算的基础上,提出分析意见,以便制定明确的节本增效措施,提高牧场整体盈利能力。

●●●● 知识链接

一、固定资金与流动资金管理

(一)固定资金

　　固定资金是固定资产的货币表现。它包括土地费用、房屋与建筑物费用、动力费用、设备与设施费用、劳动力费用、科学研究费用、机器折旧费用、机器维修费用和林木费用等。其费用大小程度受管理水平、有关决策和计划制订等多方面的影响,其费用使用期为1年以上。这项费用同整个牧场的各项经济活动都有关系。

　　1. 固定资产和固定资金的特点

　　固定资产的特点决定了固定资金的特点,固定资产的特点是价值较大,多是一次性投资;使用时间较长,可长期参加生产过程;固定资产在生产过程中有磨损,但实物形态没有明显的改变。固定资金的特点是循环周期长;固定资金的价值补偿和实物更新是分别进行的,即价值补偿是随着固定资产的折旧逐渐完成;在改造和购置固定资产的时候,需要支付相当数量的货币资金。

　　2. 固定资金核算的主要任务

　　通过对固定资产利用情况的分析,挖掘潜力,提高利用率。

　　3. 固定资金核算

　　固定资金核算包括固定资金利用情况核算和折旧核算两方面内容。

(二)流动资金

　　流动资金是牛场垫支在生产过程和流通过程中使用的周转资金。即支付工资和支付其他费用的资金，一次或全部地把价值转移到产品成本中去，并随着产品的销售而收回，并重新用于支出，以保证再生产的继续进行。

1. 流动资金的特点

只参加一次生产过程就被消耗，在生产过程中，完全改变了它原来的物质形态，一般把全部价值一次转入新的产品成本中去。

2. 流动资金的利用效果

流动资金周转率是指在　定时期内流动资金周转的次数。流动资金的周转天数表示流动资金周转一次所需要的天数。

二、成本核算管理

成本管理是牛场产品成本方面一切管理工作的总称。在产品的整个生产、销售全过程中，所有费用的发生和产品成本的形成所进行的组织、计划、核算和分析等一系列的管理工作。

(一)牛场生产费用

牛场生产费用是场内在一定时期内，进行生产经营活动所花费的货币总额。生产费用是构成本时期产品成本的基础。其中在生产费用中，饲料成本超过总支出的 50%，劳动力支出超过 15%，牛只淘汰超过 15%。

1. 工资和福利

其包括直接从事养殖生产管理人员的工资、福利和其他相应活动费。

2. 饲料费

其包括饲养牛群所消耗的全部饲料费。

3. 燃料和动力费

其包括牛群饲养与管理过程中所消耗的全部燃料、动力和运输费等。

4. 医药费

其包括防治牛群疫病所消耗的全部药品和医疗费。

5. 种公牛、母牛折旧费

其包括种公牛从参加配种开始计算，种母牛从产犊开始计算。

6. 固定资产折旧费

其包括牛舍折旧费、其他设施折旧费和专用饲养机械折旧费等。

(二)成本核算的方法

1. 饲养日成本

饲养日成本是指一头牛饲养一天的费用。其计算公式：

$$牛群饲养日成本＝该群饲养费用/该群饲养头日数$$

2. 增重单位成本

增重单位成本是指犊牛或育肥牛增重体重的平均单位成本。其计算公式：

$$增重单位成本＝\frac{该群饲养费用－副产品价值}{该群增重量}$$

3. 活重单位成本

活重单位成本是指牛群全部活重单位成本。其计算公式：

$$活重单位成本＝\frac{期初全群成本＋该群饲养费用－副产品价值}{该群产品总产量}$$

4. 主产品单位成本

其计算公式：

$$主产品单位成本＝\frac{该群饲养费用－副产品价值}{主产品总产量}$$

$$每千克牛奶成本＝\frac{种公牛、成年母牛群全年饲料费用－副产品价值}{全年总产奶量＋全年产犊头数×100}$$

其中：每千克牛奶成本的计算中一般多采用每头犊牛折算 100 kg 牛奶计算。

(三)考核利润指标

1. 产值利润及产值利润率

产值利润是产品产值减去可变成本和固定成本后的余额。产值利润率是一定时期内总利润额与产品产值之比，其计算公式：

$$产值利润率＝\frac{利润总额}{产品产值}×100\%$$

2. 销售利润及销售利润率

销售利润计算公式：

$$销售利润＝销售收入－生产成本－销售费用－税金$$

销售利润率计算公式：

$$销售利润率＝\frac{产品销售利润}{产品销售收入}×100\%$$

3. 经营利润及经营利润率

经营利润计算公式：

$$经营利润＝营业利润±营业外损益$$

式中，营业外损益指与企业的生产活动没有直接联系的各种收入或支出。

经营利润率计算公式：

$$经营利润率＝\frac{经营利润}{产品销售收入}×100\%$$

三、衡量一个企业的盈利能力

牛生产是以流动资金购入饲料、医药、燃料等，在人的劳动作用下转化成牛产品，通过销售又回收了资金，这个过程叫资金周转一次。利润就是资金周转一次或使用一次的结果。既然资金在周转中获得利润，那么周转越快、次数越多，企业获利就越多。资金周转的衡量指标是一定时期内流动资金周转率。资金周转率和资金利润率的计算公式：

$$资金周转率(年)＝\frac{年销售总额}{年流动资金总额}×100\%$$

$$资金利润率＝资金周转率×销售利润率$$

四、奶牛场盈利关键环节

1. 组建责权明确、协作高效的经营管理团队

2. 努力提高奶牛单产水平

3. 采取良好的成本控制措施

主要通过以下几方面措施控制饲料成本：

(1)建立不同牛群科学饲养管理方案。

(2)使用优质粗饲料。

（3）确保饲料供应均衡。

（4）加强后备牛的培育。

4. 实行科学的饲养管理

5. 建立良好的内部管理体系

6. 充分发挥人力资源的力量

7. 加强企业与外界的联系

●●●●● 任务工单

任务名称	成本核算		
任务描述	利用案例数据，进行养殖场的饲养日成本计算，进行主产品单位成本核算		
准备工作	1. 牛场数据（牛场牛群数据、牛群饲养费用统计、牛场全年总产奶量统计、全年牛群生产犊牛数） 2. 材料准备：计算器、纸、笔		
实施步骤	1. 利用案例数据，计算饲养日成本 2. 利用案例数据，计算每千克牛奶成本		
考核评价	考核内容	评价标准	分值
	饲养日成本计算	正确选择公式（10分）；将牛场相应数据代入公式（10分）；计算结果正确（10分）；分析结果，评价牛场效益（20分）	50
	千克奶成本计算	正确选择公式（10分）；将牛场相应数据代入公式（10分）；计算结果正确（10分）；分析结果，评价牛场效益（20分）	50

任务 4　制订奶牛场生产计划

●●●●目标呼应

任务目标	课程教学目标
能制订牛群周转计划	能安排牛羊场简单运行
能制订产奶计划	
能制订饲料计划	

●●●●情境导入

　　生产计划是牛场组织生产、实行科学管理的前提。编制年度周转计划,可以调整期内牛群结构状况,掌握牛群变动方向,使牛群内部的结构合理化。编制产奶计划,产奶计划是奶牛场生产计划的中心,场内饲料生产与供应计划、劳动力需求计划、财务计划等都受其制约。编制饲料计划,预计牛场饲料供应情况,保证牛群饲料质量和数量。

●●●●知识链接

一、牛群周转计划

　　牛场中由于犊牛的出生、育成牛的生长发育、成年牛生产阶段的变化,以及牛的购入、出售、淘汰和死亡等原因,致使牛群结构不断发生变化。在一定时期内,牛群结构的这种变化称为牛群周转。

　　牛场每年年初都应制订牛群周转计划。牛群周转计划宜在场长的领导下,由负责育种的技术人员起草制订,经研究批准后实施。

　　1. 编制牛群周转计划应具备的资料

　　(1)计划年度初牛群规模及结构。

　　(2)年度末牛群规模及结构。

　　(3)各月母牛分娩头数及产犊数。

　　(4)淘汰牛头数和淘汰日期。

　　(5)出售犊牛或育成牛的数量和时间。

　　2. 编制方法及步骤

　　(1)统计出年初各类牛的头数,填入 1 月月初栏中。

　　(2)确定各类牛年末应达到的头数,填入 12 月月末栏中。

　　(3)确定各月将要出生的母犊头数,填入犊牛的"转入"栏中。

　　(4)上年 7—12 月所生母犊数,分别填入犊牛 1—6 月的"转出"栏中。

　　(5)本年 1—6 月出生的母犊数,分别填入犊牛 7—12 月的"转出"栏中。

　　(6)将各月转出的母犊数对应地填入育成牛"转入"栏中。

(7)查出各月份分娩的育成母牛头数，对应填入育成牛"转出"及成年母牛"转入"栏(表8-4-1)。

表 8-4-1　牛只增加减少统计表

月份	犊牛							育成牛							成年母牛						
	月初	增加		减少			月末	月初	增加		减少			月末	月初	增加		减少			月末
		转入	购入	转出	死亡	淘汰			转入	购入	转出	死亡	淘汰			转入	购入	转出	死亡	淘汰	
1	17	4	—	2	—	—	19	52	2	—	1	—	—	53	104	1	—	—	—	—	105
2	19	2	—	2	—	—	19	53	2	—	2	—	—	53	105	2	—	—	—	3	104
3	19	5	1	2	1	3	19	53	2	—	2	—	1	54	104	1	—	—	—	—	105
4	19	3	—	—	—	1	21	54	—	—	1	—	—	53	105	1	—	—	—	2	104
5	21	3	—	7	—	—	16	53	7	—	4	—	2	55	104	4	—	—	—	—	108
6	16	3	—	2	—	—	16	55	2	—	1	—	—	55	108	2	—	—	—	4	106
7	16	1	—	4	—	—	13	55	4	—	3	2	—	54	106	3	—	—	—	—	109
8	13	6	2	—	—	2	16	54	—	—	1	—	—	55	109	1	—	—	—	2	108
9	16	3	—	5	1	1	12	55	5	1	—	—	3	57	108	1	—	—	—	1	108
10	12	9	1	3	—	—	19	57	3	—	—	—	2	57	108	1	—	—	—	4	105
11	19	7	—	3	—	2	21	57	—	—	1	—	—	56	105	1	—	—	—	1	105
12	21	4	—	3	—	2	20	56	3	—	2	—	2	53	105	2	2	—	—	2	107
合计	—	50	4	35	4	12	—	—	35	3	20	4	13	—	—	20	2	—	—	19	—

二、产奶计划

在制订个体牛产奶计划的基础上，制订出全群年度产奶计划。具体步骤如下。

(1)查清母牛的年龄、胎次。

(2)查清母牛所处的泌乳月。

(3)清楚母牛的预产期，确定干奶时间(干奶期一般为60 d)。

(4)查清母牛上一个泌乳期的实际产奶量，并将其校正为305 d产奶量。然后，将校正后的305 d产奶量代入下面公式中的"上胎产奶量"，推算出本胎产奶量。

$$预计本胎产奶量 = \frac{上胎产奶量 \times 本胎比例数}{上胎比例数} \times 100\%$$

公式中各胎次产奶量变化比例见表8-4-2。

表 8-4-2　胎次产奶量系数

胎次	1	2	3	4	5	6	7	8	9
比例数	0.808	0.917	0.966	0.972	1.000	0.925	0.915	0.910	0.802

(5)根据校正后的产奶量，确定下一泌乳期各泌乳月的计划日平均产奶量(表8-4-3)，并根据具体情况加以修订。

表 8-4-3　计划日平均产奶量

泌乳月	1	2	3	4	5	6	7	8	9	10
计划全泌乳期产奶量	计划日平均产奶量									
4 200	17	19	17	16	15	14	13	11	10	9
4 500	18	20	19	17	16	15	14	12	10	9
4 800	19	21	20	19	17	16	14	13	11	10
5 100	20	23	21	20	18	17	15	14	12	10
5 400	21	24	22	21	19	18	16	15	13	11
5 700	22	25	24	22	20	19	17	15	14	12
6 000	24	27	25	23	21	20	18	16	14	12
6 300	25	28	26	24	22	21	19	17	15	13
6 600	27	29	27	25	23	22	20	18	16	14
6 900	28	30	28	26	24	23	21	19	17	15
7 200	29	31	29	27	25	24	22	20	18	16
7 500	30	32	30	28	26	25	23	21	19	17
7 800	31	33	31	29	27	26	24	22	20	18
8 100	32	34	32	30	28	27	25	23	21	19
8 400	33	35	33	31	29	28	26	24	22	20
8 700	34	36	34	32	30	29	27	25	23	21
9 000	35	37	35	33	31	30	28	26	24	22

(6)将各泌乳月的计划日平均产奶量，乘各月的实际泌乳日数，求出各月的计划产奶量，汇总每头牛年度计划产奶量，最后求出全群年度计划产奶量(表 8-4-4)。

表 8-4-4　牛只信息统计

牛　号		0023	9821	9713	……
上胎次情况	产次	2	4	5	……
	产犊日期	2018.3.4	2018.5.8	2018.1.4	……
	305 d 标准乳量	4 542	9 000	10 000	……
本胎次情况	产犊日期(或预产期)	2019.2.16	2019.4.16	2018.12.14	……
	预计干奶日期	2019.12.16	2020.2.16	2019.10.14	……
	预计全泌乳期产奶量	4 785	9 259	9 250	……
全年各月份计划产奶量	1 月	—	—	1 150	……
	2 月	224	—	1 072	……
	3 月	619	—	1 082	……
	4 月	616	504	988	……

续表

牛　号		0023	9821	9713	…
全年各月份计划产奶量	5 月	605	1 146	975	…
	6 月	542	1 112	898	…
	7 月	512	1 086	865	…
	8 月	466	1 024	786	…
	9 月	406	946	704	…
	10 月	373	931	322	…
	11 月	316	842	—	…
	12 月	160	792	—	…
年度计划产奶量		4 839	8 383	8 842	…

三、饲料计划

(一)确定平均饲养头数

年平均饲养头数计算公式：

$$年平均饲养头数（成年母牛、育成牛、犊牛）＝\frac{全年饲养头日数}{365}$$

(二)确定各种饲料需要量

1. 混合精饲料

混合精饲料需要量计算公式：

$$成年母牛年基础料需要量（kg）＝年平均饲养头数×3（kg）×365$$
$$成年母牛年产奶料需要量（kg）＝全群总产奶量÷3（kg）$$
$$育成牛年需要量（kg）＝年平均饲养头数×3（kg）×365$$
$$犊牛年需要量（kg）＝年平均饲养头数×1.5（kg）×365$$

2. 青贮玉米

青贮玉米需要量计算公式：

$$成年母牛年需要量（kg）＝年平均饲养头数×20（kg）×365$$
$$育成牛年需要量（kg）＝年平均饲养头数×15（kg）×365$$

3. 干草

干草需要量计算公式：

$$成年母牛年需要量（kg）＝年平均饲养头数×6（kg）×365$$
$$育成牛年需要量（kg）＝年平均饲养头数×4（kg）×365$$
$$犊牛年需要量（kg）＝年平均饲养头数×2（kg）×365$$

4. 甜菜渣

甜菜渣需要量计算公式：

$$成年母牛年需要量（kg）＝年平均饲养头数×20（kg）×180$$

5. 矿物质饲料

一般按混合精料量的3%～5%供给。

四、繁殖工作指标

(一)年总受胎率

年总受胎率是指年内受胎母牛头数占实配母牛头数的百分比，要求在 90% 以上。

(二)情期受胎率

情期受胎率是指年内受胎母牛头数占输精情期数的百分比，反映配种的技术水平，要求在 55% 以上。

(三)繁殖率

繁殖率是指年内实际分娩的母牛头数占应繁殖母牛头数的百分比，要求在 90% 以上。

(四)年空怀率

年空怀率是指年平均空怀头数占年平均母牛饲养头数的百分比，要求在 5% 以下。

(五)产犊间隔

产犊间隔是指母牛两次产犊间隔的时间，一般为 12.5～13 个月，要求不超过 13 个月。

(六)犊牛成活率

犊牛成活率是指全年 6 月龄母犊成活数占产活母犊数的百分比，生产中应该达到 95% 以上。

(七)始配天数

始配天数是指母牛产后第一次参加配种时的泌乳天数，牛群平均应在 70～90 d。

(八)情期平均用精量

情期平均用精量是指年内冻精用量与配种情期数之比，一般为 1.1～1.2 剂。

(九)初配月龄

初配月龄是指初产牛第一次配种的时间，一般为 15～16 月龄。

(十)干奶期

干奶期是指停止泌乳到下一次产犊的时间，一般为 45～60 d。

●●●●● **任务工单** 1

任务名称	制订牛群周转计划		
任务描述	依据牛场数据，制订牛场牛群周转计划		
准备工作	1. 牛场数据 2. 牛只增加减少统计空白表 3. 计算器、纸和笔		
实施步骤	1. 分析牛只增加减少统计空白表中各项指标含义 2. 将案例牛场数据进行筛选，找到需要的已知数据并填到表中相应位置 3. 推导未知数据 4. 计划完成，分析解释计划		
考核评价	考核内容	评价标准	分值
	牛群周转计划指标	犊牛年初、转入、转出(5分)；育成牛年初、转入、转出(5分)；成年牛年初、转入、转出(5分)	15分
	已知数据填写	填写年初数据(5分)；填写12月末，牛场目标数据(5分)；确定各月将要出生的母犊头数，填入犊牛转入栏(5分)	15分
	未知数据推导	推导1—12月犊牛转出数(10分)；推导育成牛1—12月转入和转出数(20分)；推导成年牛各月转入和淘汰数(20分)	50分
	阐述计划	完成计划，全面阐述计划合理性(20分)	20分

●●●●● **任务工单** 2

任务名称	制订牛群产奶计划
任务描述	根据牛场提供的数据，制订牛场产奶计划
准备工作	1. 牛场数据(牛只信息，母牛年龄、胎次，母牛所处的泌乳月，母牛预产期，上一个泌乳期的实际产奶量) 2. 胎次产奶量系数表 3. 计划日平均产奶量表 4. 牛只计划信息统计表 5. 计算器、纸和笔
实施步骤	1. 确定母牛预产期和干奶日期 2. 将上一个泌乳期的实际产奶量校正为305 d产奶量，并代入公式，推算出本胎产奶量 3. 确定下一泌乳期各泌乳月的计划日平均产奶量，并根据具体情况修订 4. 进一步求出各月的计划产奶量 5. 汇总每头牛年度计划产奶量，求出全群年度计划产奶量

续表

	考核内容	评价标准	分值
考核评价	确定母牛预产期和干奶日期	准确确定预产期(8分)；正确根据预产期推导干奶日期(10分)	18分
	推导本胎产奶量	将上一胎次产奶量校正为305 d产奶量(10分)；依据公式，推导本胎次产奶量(10分)	20分
	确定计划日平均产奶量	会正确查表，确定下一泌乳期的各泌乳月计划日平均产奶量(15分)；能正确根据情况进行修订(5分)	20分
	推导各月计划产奶量	正确计算各月的计划产奶量(每个月1分，共12分)	12分
	年度计划产奶量	正确汇总每头牛年度计划产奶量(15分)；正确统计全群年度计划产奶量(15分)	30分

●●●●● 任务工单3

任务名称	制订牛群饲料供应计划		
任务描述	依据牛场提供的数据，制定饲料供应计划		
准备工作	1. 牛场数据(成母牛、育成牛、犊牛转入转出情况) 2. 所需各种饲料量公式 3. 计算器，纸和笔		
实施步骤	1. 计算成年母牛全年饲养头日数，育成牛全年饲养头日数，犊牛全年饲养头日数 2. 确定混合精饲料、青贮饲料、干草及矿物质饲料需要量		
考核评价	考核内容	评价标准	分值
	饲养头日数计算	成母牛饲养头日数(12分)；育成牛饲养头日数(12分)；犊牛饲养头日数(12分)	36分
	混合精料需要量	正确计算年成母牛需要量(6分)；正确计算年育成牛需要量(6分)；正确计算年犊牛需要量(6分)	18分
	青贮饲料需要量	正确计算年成母牛需要量(6分)；正确计算年育成牛需要量(6分)；正确计算年犊牛需要量(6分)	18分
	干草需要量	正确计算年成母牛需要量(6分)；正确计算年育成牛需要量(6分)；正确计算年犊牛需要量(6分)	18分
	矿物质饲料需要量	计算混合精料量总量(5分)；计算矿物质需要总量(精料量3%～5%)(5分)	10分

任务5　制订羊场生产计划

●●●● 目标呼应

任务目标	课程教学目标
熟悉羊场存栏结构要求	能安排牛羊场简单运行
明确羊场频繁产羔体系计划制订	

●●●● 情境导入

生产计划是羊场行使组织指挥监督控制等管理职能的依据，也是羊场在经营思想和经营方针指导下，根据市场预测经营决策以及国家的远景规划，对羊场一段时期内生产经营活动做出的统筹安排。

●●●● 知识链接

一、编制计划的原则

(一)整体性原则

编制的羊场经营计划一定要服从和适应国家的养羊业计划，满足社会对羊产品的要求。因此，在编制计划时，必须在国家计划指导下，根据市场需要，围绕羊场经营目标，处理好国家、企业、劳动者三者的利益关系，统筹兼顾，合理安排。作为行动方案，不能仅提出和规定一些方向性的问题，而且应当规定详尽的经营步骤、措施和行为等内容。

(二)适应性原则

养羊生产是自然再生产和经济再生产、植物第一性生产和动物第二性生产交织在一起的复杂生产过程，生产经营范围广泛，其不可控影响因素较多。因此，计划要有一定弹性，以适应内部条件和外部环境条件的变化。

(三)科学性原则

编制羊场生产经营计划要有科学态度，一切从实际出发，深入调查分析有利条件和不利因素，进行科学的预测和决策，使计划尽可能地符合客观实际，符合经济规律。编制计划使用的数据资料要准确，计划指标要科学，不能太高，也不能太低。要注重市场，以销定产，即要根据市场需求倾向和容量来安排组织羊场的经营活动，充分考虑消费者需求以及潜在的竞争对手，以避免供过于求，造成经济损失。

(四)平衡性原则

羊场安排计划要统筹兼顾，综合平衡。羊场生产经营活动与各项计划、各个生产环节、各种生产要素以及各个指标之间，应相互联系，相互衔接，相互补充。所以，应当把它们看作一个整体，各个计划指标要平衡一致，使羊场各个方面、各个阶段的生产经营活动协调一致，使之能够充分发挥羊场优势，达到各项指标和完成各项任务。因此，要注重两个方面：一是加强调查研究，广泛收集资料数据，进行深入分析，确定可行的、最优的指标方案。二是计划指标要综合平衡，要留有余地，不能破坏羊场的长期协调发展，也不能余地过小，使羊场生产处于经常性的被动局面。

二、技术路线及流程

(一)技术路线

技术路线重点是：以产羔率、出生重、日增重为选择性状，通过选种选配，以人工授精作为配种方式，以系谱记录作为配种工作的依据，加强选配、选育、饲养管理，逐步提高群体的产羔、产肉性能。

(二)肉羊生产工艺流程(图 8-5-1)

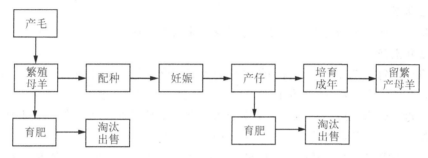

图 8-5-1 肉羊生产流程

三、羊场存栏结构

(一)计算方法

妊娠母羊数＝周配母羊数×20 周

哺乳母羊数＝周分娩母羊数×8 周

空怀断奶母羊数＝周断奶母羊数×2 周

成年公羊数＝周配母羊数×2/3(公羊周使用次数)

羔羊数＝周分娩胎数×8 周×2 头/胎

保育羊数＝周断奶数×9 周

育成羊数＝周保育成活数×9 周

年上市肉羊数＝周分娩胎数×52 周×2 头/胎

(二)存栏数

300 头基础母羊场标准存栏：

妊娠母羊数＝200 头

哺乳母羊数＝72 头

空怀断奶母羊数＝19 头

后备母羊数＝60 头

成年公羊数＝6 头

后备公羊数＝2 头

羔羊数 156 头

保育羊＝140 头   育成羊＝134 头

合计 789 头(基础母羊 300 头)，年上市 780 头。

四、羊场频繁产羔计划

(一)一年两产

羊场一年平均每只繁殖羊生产 2 次，6 个月 1 次，空怀 1 个月。这种生产方式过于紧凑，生产上很难实现。

(二)两年三产

羊场平均两年生产 3 次，即一年 1.5 产。羊生产中，由于受品种、营养、饲草的均衡供应、管理水平等影响，常用的生产模式为两年三产，即把场内现有的基础母羊分成 3 个组，每隔 2 个月安排 1 次配种，每隔 3 个月产 1 次羔羊，在 2 年期间产 3 次羔羊。是比较多见的生产模式。

(三)三年四产

三年生产 4 次，平均每产 9 个月，每产空怀休息 4 个月。

(四)三年五产

三年五产，每产 7.2 个月。将一年平均分为五部分，每一部分是 2.4 个月。这样，每两个部分，4.8 个月约为一个妊娠期，空怀 2.4 个月，开始下一产。

将基础母羊分为三组，A 组在一年中的第一个 2.4 月配种，第三个 2.4 月产羔；第四个 2.4 月配种，下一年第一个 2.4 月产羔……

B 母羊组在第二个 2.4 个月配种，C 母羊组在第三个 2.4 个月配种，依此类推，一直这样循环下去，三年一个大重复，这也是母羊分成三组的原因。三年五产体系，使一年中的每一个 2.4 个月都有配种的母羊组，都有产羔的母羊组，见图 8-5-2。

图 8-5-2　三年五产示意图

(五)机会产羔体系

母羊随机配种，随机产羔。这种养殖模式缺乏计划性。

五、种羊场羊群的组成

(一)羊群结构

羊群结构一般由成年公羊、后备公羊、成年母羊、后备母羊组成，公羊的比例根据饲养数量一般在 5%～10%，母羊比例在 95%～90%，母羊的利用年限一般为 5 年，每年的死亡率、疾病淘汰率、老年淘汰率三者和为 20%～25%，因此育成母羊的年均递补不能低于 20%。若实行两年三产模式，一般是 9、10 月配种，2、3 月产羔，翌年的 5、6 月配种，10、11 月产羔，第 3 年 1、2 月配种，6、7 月产羔。初配母羊(产羔率 100%～150%)占 20%，经产母羊(产羔率 150%～200%)占 80%，配种分娩率为 80%～90%。

每批次产羔数＝[初配母羊数×(0.9～1.5)]＋[经产母羊数×(0.9～2.0)]

断乳成活数＝产羔数×0.9

育成羊的育成数＝断乳成活数×0.97

公羊淘汰数＝公羊数×0.65

以 600 只基础母羊计算，每批次待配母羊数为 200 只，产羔数 320 只，断乳成活数 280 只(公羊 140 只、母羊 140 只)，每年母羊的递补率 25%，每次递补母羊 50 只，每批次大约可出售育成母羊 90 只，育成公羊 140 只。

种羊场经建设达到正常生产时，每年可生产断乳成活羔羊 1 260 只，每只母羊提供断乳羔羊 2.1 只。每年递补育成母羊 150 只，递补育成公羊 30 只，每年可出售种羊和商品羊 1 140 只，其中，育成母羊 450 只，育成公羊 570 只，正常淘汰、疾病淘汰、老年淘汰羊 120 只。羊群结构公羊 44 只(育成羊 30 只、成年羊 14 只)，母羊 600 只(育成羊 120 只、成年羊 480 只)。

(二)主要技术参数

(1)母羊受配率 100%。

(2)母羊受胎率 95% 以上。

(3)产仔成活率 98%。

(4)经产母羊产羔率≥115%。

(5)初生羔公羔≥4.3 kg，母羔≥4.0 kg。

(6)胴体重平均 16.5 kg。

(7)年产毛量≥1 kg。

(8)一级成年公羊体重≥83 kg，母羊体重≥60 kg。

●●●●● 任务工单

任务名称	制订肉羊场频繁产羔体系		
任务描述	分析羊场的存栏结构，制订频繁产羔体系计划		
准备工作	1. 羊场规模 2. 羊场基础母羊数据 3. 年产羔羊数量计划 4. 计算器、纸和笔		
实施步骤	1. 分析羊场的存栏结构 2. 统计基础母羊数据 3. 制订羊场"三年五产"产羔体系计划		
考核评价	考核内容	评价标准	分值
	羊群存栏结构分析	基础母羊存栏(10分)；公羊存栏(10分)；羔羊存栏(10分)	30分
	基础母羊统计及分组	正确将羊分组(20分)	20分
	三年五产体系制定	设计第一组母羊工作任务(10分)；设计第二组母羊工作任务(10分)；设计第三组母羊工作任务(10分)；绘制三年五产体系图(20分)	50分

参考文献

［1］陈晓华. 牛羊生产与疾病防治［M］. 北京：中国轻工业出版社，2014.

［2］闫明伟. 牛生产［M］. 北京：中国农业出版社，2011.

［3］张力. 牛羊生产技术［M］. 北京：中国农业出版社，2015.

［4］莫放. 养牛生产学［M］. 2版. 北京：中国农业大学出版社，2012.

［5］张英杰. 羊生产学［M］. 北京：中国农业大学出版社，2010.

［6］陈晓华，刘海霞. 牛羊生产技术［M］. 北京：中国农业科学技术出版社，2012.

［7］岳炳辉，任建存. 养羊与羊病防治［M］. 北京：中国农业出版社，2014.

［8］陈幼春. 现代肉牛生产［M］. 2版. 北京：中国农业出版社，2012.

［9］周鑫宇，李胜利. 奶牛场标准化操作规程［M］. 北京：中国农业出版社，2016.

［10］马记成. 玉米青贮操作实务［M］. 内蒙古：内蒙古青贮传奇科技有限公司，2019.

［11］李建国. 现代奶牛生产［M］. 北京：中国农业大学出版社，2007.

［12］郑爱武，魏刚才. 实用养羊大全［M］. 郑州：河南科学技术出版社，2014.

［13］王之盛，刘长松. 奶牛标准化规模养殖图册［M］. 北京：中国农业出版社，2013.

［14］方伟江. 奶牛标准化生产技术周记［M］. 哈尔滨：黑龙江科学技术出版社，2007.

［15］宋连喜. 牛生产［M］. 北京：中国农业大学出版社，2007.

［16］李胜利. 中国学生饮用奶奶源基地建设探索与实践［M］. 北京：中国农业大学出版社，2011.

［17］昝林森. 牛生产学［M］. 2版. 北京：中国农业出版社，2007.

［18］丁洪涛. 牛生产［M］. 北京：中国农业出版社，2008.

［19］覃国森，丁洪涛. 养牛与牛病防治［M］. 北京：中国农业出版社，2006.

［20］梁学武. 现代奶牛生产［M］. 北京：中国农业出版社，2002.

［21］王根林. 养牛学［M］. 2版. 北京：中国农业出版社，2006.

［22］肖定汉. 奶牛饲养与疾病防治［M］. 北京：中国农业大学出版社，2001.

［23］冀一伦. 实用养牛学［M］. 北京：中国农业出版社，2001.

［24］王福兆. 乳牛学［M］. 3版. 北京：科学技术文献出版社，2004.

［25］刘海霞，张力. 牛羊生产［M］. 北京：中国农业出版社，2012.